Herausgegeben von der Hochschule Zittau/Görlitz

Oberlausitzer Energie-Symposium 2017

AF873175

TUDpress

Herausgegeben von der
Hochschule Zittau/Görlitz

Oberlausitzer Energie-Symposium 2017

Symposium für Instandhaltungsmanagement energietechnischer Komponenten vom 25.-26. Oktober 2017 an der Hochschule Zittau/Görlitz

Fachliche Koordination
Prof. Dr.-Ing. Wolfgang Kästner, Hochschule Zittau/Görlitz
Prof. Dr. techn. Stefan Kornhuber, Hochschule Zittau/Görlitz
Dr. Thomas Krüger, Lausitz Energie Kraftwerke AG
Michael Lukas, Lausitz Energie Kraftwerke AG

Kontakt
Dr.-Ing. Stefan Kittan, Hochschule Zittau/Görlitz

TUD*press*
2017

Der Herausgeber veröffentlicht einen Sammelband unter dem Titel „Beitragsband zum Oberlausitzer Energiesymposium 2017". Die Verantwortung für den Inhalt der Beiträge liegen bei den entsprechenden Autoren. Die Autoren versichern zugleich, dass der Beitrag und etwaige Bildvorlagen frei von Rechten Dritter sind und Rechte Dritter, insbesondere Persönlichkeitsrechte, nicht verletzt werden.

Bibliografische Information der Deutschen Nationalbibliothek
Die Deutsche Nationalbibliothek verzeichnet diese Publikation in der Deutschen Nationalbibliografie; detaillierte bibliografische Daten sind im Internet über http://dnb.d-nb.de abrufbar.

Bibliographic information published by the Deutsche Nationalbibliothek
The Deutsche Nationalbibliothek lists this publication in the Deutsche Nationalbibliografie; detailed bibliographic data are available in the Internet at http://dnb.d-nb.de.

ISBN 978-3-95908-121-4

© 2017 THELEM
Universitätsverlag & Buchhandel
GmbH & Co. KG
Bergstr. 70 | D-01069 Dresden
http://www.tudpress.de

TUDpress ist ein Imprint von THELEM
Alle Rechte vorbehalten. All rights reserved.
Gesetzt vom Autor.
Printed in Germany.

Inhalt

Grußworte

Beitrag zum Plenarvortrag

Inhaltliche Beiträge

Themenbereich 1

Sicherheits- und Zuverlässigkeitsanalyse, Gefährdungs-, Sicherheits-, Risikoanalyse, Zuverlässigkeit von Komponenten und Systemen

Themenbereich 2

Zyklusoptimierung im dynamischen Marktumfeld, Flexibilisierung Betrieb vs. Instandhaltung, Marktgeführte Instandhaltungsstrategie

Themenbereich 3

Monitoring, Diagnose und Bewertung, an Großkomponenten, Entscheidungsfindung bei ansteigenden, Datenmengen

Themenbereich 4

IT-Strategien in der Instandhaltung, IT-gestützte Zusammenarbeit bei der Instandhaltung, IT-Sicherheit in der Energietechnik

Grußworte

Hochschule Zittau/Görlitz
Prof. Dr. phil. Friedrich Albrecht
Rektor

Grußwort

Sehr geehrte Teilnehmerinnen und Teilnehmer,
sehr geehrte Veranstalterinnen und Veranstalter des 1. Oberlausitzer Energie-Symposiums 2017,

ich freue mich sehr, dass ich Sie alle heute hier zu diesem zweitägigen Symposium an unserer Hochschule begrüßen darf. Mein herzliches Willkommen gilt den Teilnehmern aus dem Ausland, so aus Irland, den Niederlanden, der Schweiz, Österreich und selbstverständlich auch aus Deutschland.

Das Symposium orientiert sich an der Profillinie „Energie und Umwelt" unserer Hochschule und soll im zweijährigen Rhythmus dazu dienen, aktuelle Themen aus Forschung und Entwicklung vorzustellen und zu diskutieren.

Deshalb möchte ich den Wissenschaftlern unserer Fakultät Elektrotechnik und Informatik, allen voran Prof. Stefan Kornhuber und Prof. Wolfgang Kästner sowie vonseiten der Lausitz Energie Kraftwerke AG Dr. Thomas Krüger und Michael Lukas danken, dass sie gemeinsam diese Initiative ergriffen haben, um das Symposium in Bezug auf die energietechnische und energiepolitische Rolle der Lausitz zu etablieren und umzusetzen. Damit wird eine Tradition unserer Hochschule im neuen Format unter Mitwirkung von zahlreichen Industriepartnern und Hochschulen wieder aufgegriffen.

Sie, werte Teilnehmerinnen und Teilnehmer, werden sich in den kommenden beiden Tagen schwerpunktmäßig vor allem zum Thema

„Instandhaltungsmanagement energietechnischer Komponenten"

austauschen.

Danken möchte ich Herrn Thomas Hörtinger, Leiter technisches Kraftwerksmanagement bei der Lausitz Energie Kraftwerke AG, sehr herzlich dafür, dass er sich bereit erklärt hat, den Plenarvortrag für das Symposium zu halten.

Zugleich werden Sie einen Einblick in aktuelle Forschungs- und Entwicklungsprojekte an unserer Hochschule erhalten.

Ich bin mir sicher, dass es gelingt, unsere Hochschule den teilnehmenden Unternehmen gut zu präsentieren, die Kooperation mit den Industriepartnern weiter zu vertiefen, unseren Studierenden einen Einblick in aktuelle Forschungsthemen zu geben und damit gleichzeitig einen Beitrag zur Stärkung der ingenieurtechnischen Kompetenz am Standort Zittau zu leisten.

In diesem Sinne wünsche ich dem Symposium einen erfolgreichen Verlauf, und Ihnen allen, dass Sie mit neuen Ideen und Impulsen aus Zittau zurückkehren.

Stadt Zittau
Thomas Zenker
Oberbürgermeister

Grußwort

Sehr geehrte Damen und Herren,

über die Planungen der Fakultät Elektrotechnik und Informatik zur Durchführung des Oberlausitzer Energie-Symposiums habe ich mich sehr gefreut. Das Format dient der Schärfung des energietechnischen Profils unserer Hochschule, dessen Wurzeln in Zittau über 50 Jahre zurückreichen. Der Schwerpunkt auf dem Instandhaltungsmanagement energietechnischer Komponenten unterstreicht die auf diesem Gebiet gesammelte Kompetenz und wird sicher das Interesse zahlreicher Fachkollegen wecken. Gleichzeitig bietet sich so eine gute Gelegenheit, die Unternehmen der Energiewirtschaft mit der Hochschule und den Studierenden zusammen zu bringen. Die Einrichtung eines regelmäßigen Energie-Symposiums kann ich nur begrüßen.

Ich wünsche der Veranstaltung einen erfolgreichen Verlauf und ihren Teilnehmern wertvolle Erkenntnisse und intensiven Austausch sowie eine gute Zeit in Zittau.

Hochschule Zittau/Görlitz
Prof. Dr.-Ing. habil Tobias Zschunke
Prorektor Forschung

Grußwort

Sehr geehrte Teilnehmer!

Das Oberlausitzer Energie-Symposium ist ein neuer wichtiger Bestandteil der wissenschaftlichen Öffentlichkeitsarbeit des Forschungsschwerpunktes Energie und Umwelt der Hochschule Zittau/Görlitz. Erwachsen aus langfristigen, sorgfältig und beharrlich gepflegten Arbeitskontakten der Organisatoren mit Praxispartnern in den Unternehmen der Energiebranche, wird es nun zu einem wichtigen Forum für Fachleute aus ganz Deutschland und darüber hinaus aus andern europäischen Ländern. Wichtige Themenfelder, die sich aus der Modernisierung der Energieversorgungstechnik, besonders der Elektroenergieversorgung, ergeben, werden jeweils fokussiert in das Blickfeld genommen. In diesem Jahr steht das Instandhaltungsmanagement energietechnischer Komponenten im Mittelpunkt der Tagung. Die steigende Dynamik durch CO2-freien Wind- und PV-Strom im energietechnischen Gesamtsystem stellt die Ingenieure hier vor interessante neue Herausforderungen.

Die Hochschule Zittau/Görlitz ist Teil des Hochschul-Transferbundes Saxony5, der im Bundeswettbewerb *Innovative Hochschule* des Bundesforschungsministeriums ausgewählt wurde, und darin u.a. für Koordinationsaufgaben im Schwerpunkt Versorgungsinfrastrukturen zuständig. In diesem Zusammenhang ist die mit der Tagung sichtbar werdende erfreuliche Entwicklung der interdisziplinären sowie praxis- und unternehmensorientierten Zusammenarbeit im Forschungsschwerpunkt Energie und Umwelt sehr positiv zu sehen. Ich freue mich über das Interesse aus Wirtschaft, Hochschulen und anderen wissenschaftlichen Einrichtungen am Erfahrungs- und Wissensaustausch und wünsche den Organisatoren und Teilnehmern einen großen Erfolg.

Fakultät Elektrotechnik und Informatik
Prof. Dr-Ing. Klaus-Dieter Haim
Dekan

Grußwort

Sehr geehrte Teilnehmer des Oberlausitzer Energiesymposiums,

im Namen der Fakultät Elektrotechnik und Informatik darf ich Sie recht herzlich zu diesem Symposium begrüßen. In diesem Jahr steht die Veranstaltung unter dem Schwerpunkt „Instandhaltung energietechnischer Komponenten". Insbesondere die stabile Versorgung mit elektrischer Energie beruht auf einer hohen Zuverlässigkeit der Komponenten, welche durch geeignete Maßnahmen erreicht werden kann. Durch Kostenreduktion beim Betrieb von Netzen und aufgrund des ökonomischen Spannungsfeldes der Einspeisetarife müssen auch im Rahmen der Instandhaltung, Wartung und Zustandsbewertung neue Wege beschritten werden.

Auf der anderen Seite ermöglichen digitale Lösungen (Stichwort „Industrie 4.0") neue Möglichkeiten für eine fehlerreduzierte und optimierte Instandhaltung, wobei auch neue Risiken wie die bewusste Beschädigung von Komponenten oder die IT-Sicherheit zu beachten sind.

Dieses Symposium soll mit Vorträgen und Posterbeiträgen den Austausch unter den Teilnehmern anregen, um unter Beachtung der unterschiedlichen Blickwinkel die besten Lösungen zu finden. Insbesondere die Instandhaltung Energietechnischer Komponenten zeigt den engen Bezug zwischen Elektrotechnik und Informatik, Maschinenwesen, Wirtschaftswissenschaften aber auch sozialer Aspekte, welche an der Hochschule Zittau/Görlitz in Lehre und Forschung beheimatet sind. Auch in Bezug auf die IT-Sicherheit können wir mit der Fraunhofer Kooperation „Lernlabor Cybersicherheit" als Fakultät einen Beitrag für eine auch künftig stabile und zuverlässige Energieversorgung leisten.

Ich wünsche Ihnen allen spannende Beiträge, inspirierende Diskussionen und eine gute Zeit an unserer Hochschule Zittau/Görlitz.

Institut für Prozesstechnik,
Prozessautomatisierung und Messtechnik
Prof. Dr.-Ing. Alexander Kratzsch
Direktor

Grußwort

Herzlich Willkommen zum Oberlausitzer Energiesymposium

Der Umbau des Energieversorgungssystems in Deutschland führt zu neuen Herausforderungen insbesondere bei der Wartung und Instandhaltung von Energieanlagen Hinzu kommen die Aufgaben, die sich im Zuge der Digitalisierung der Energietechnik ergeben. Damit verbunden sind die Schwerpunkthemen Sicherheits- und Zuverlässigskeitsanalyse von energietechnischen Komponenten, Monitoring, Diagnose und Bewertung sowie IT-Strategien in der Instandhaltung.
Das diesjährige Oberlausitzer Energie-Symposium greift die genannten hochaktuellen Schwerpunkte auf und bietet Studierenden, Industrievertretern und Wissenschaftlern eine Diskussionsplattform an der traditionsreichen Energie-Hochschule Zittau/Görlitz.

Das zweitägige Symposium hält mit über fünfzehn wissenschaftlich-technischen Präsentationen und zahlreichen Posterpräsentationen ein sehr spannendes und vielfältiges Programm bereit. Dabei ist es den Organisatoren aus der Fakultät Elektrotechnik und Informatik und dem Institut für Prozesstechnik, Prozessautomatisierung und Messtechnik der Hochschule Zittau/Görlitz gelungen, namhafte Experten aus Industrie und Wissenschaft in Zittau zusammenzubringen.

Besonders hervorzuheben ist, dass die Teilnahme an der Veranstaltung allen Mitarbeitern und vor allem unseren Studierenden offensteht. Dadurch ergibt sich die, für die Hochschule Zittau/Görlitz typische Verbindung zwischen Lehre und Forschung. Die Studierenden haben die Möglichkeit, sich über aktuelle Themenstellungen zu informieren und mit Industrievertretern und Wissenschaftlern ins Gespräch zu kommen.

Ich bedanke mich bei allen Akteuren, die zum Gelingen des Oberlausitzer Energie-Symposiums beitragen und wünsche allen Teilnehmern zwei schöne und erfolgreiche Tage in der Oberlausitz.

Wirtschaftsinitiative Lausitz e. V.
Klaus Aha
Geschäftsführer

Grußwort

Die Wirtschaftsinitiative Lausitz ist ein Zusammenschluss von rund 80 Unternehmen und Institutionen, die sich zum Ziel gesetzt haben, einen Beitrag für eine erfolgreiche Entwicklung der Lausitz zu leisten.

Aktuell konzentrieren wir uns auf das Thema Energiewende und treten ein u. a. für zusätzliche Wissenschaftsangebote an der Hochschule Zittau/Görlitz und der BTU Cottbus-Senftenberg und die Ansiedlung von Arbeitsplätzen des öffentlichen Sektors als Ausgleich für die Arbeitsplatzverluste im Bergbau, den Kraftwerken und den Serviceunternehmen.

Ein weiteres wichtiges Feld ist die Förderung der Zusammenarbeit der Hochschulen und der Wirtschaft, um auf diesem Weg Wachstumsimpulse zu setzen.

Das Oberlausitzer Energie-Symposium 2017 ist ein ausgezeichnetes Beispiel dieser praxisorientierten Kooperation zwischen Wissenschaft und Wirtschaft. Wir freuen uns, dass neben den Wissenschaftlern auch Vertreter unserer Mitgliedsunternehmen als hochqualifizierte Referenten ihre Erfahrungen beisteuern.

Die Themen decken ein weites Spektrum ab, von der Qualitätssicherung und Instandhaltung von Kraftwerken und Transformatoren, aber auch so neuen Fragestellungen, wie der IT-Sicherheit in Zeiten von Cyber-Kriminalität.

Wir wünschen der Veranstaltung einen erfolgreichen Verlauf und sehen darin ein exzellentes Beispiel für die Verbindung von Wissenschaft und Praxis.

Glückauf

IHK Dresden, Geschäftsstelle Zittau
Matthias Schwarzbach

Grußwort

Ja, es ist so: Die Hochschule mit ihren Instituten und der Fraunhofer Gesellschaft auf dem Campus sind enorm wichtige infrastrukturelle Einrichtungen in und für die

Region. Sie sind Lehreinrichtung, Impulsgeber und besitzen Potential zur Sicherung des akademischen Nachwuchses in der Region und tragen hiermit zur Nachhaltigkeit bei.

Wir haben in der Ober- und Niederlausitz nur eine Chance, Wirtschaft und Arbeitsmarkt langfristig zu sichern, wenn wir permanent die Prozess- und Produktinnovation vorantreiben und als Wettbewerbsvorteil nutzen. Und hierfür sind selbstredend die Hochschulen in Zittau, Görlitz und Cottbus unabdingbar. Nicht zu vergessen auch die Universität im nahen Liberec.

Ich wage die These, dass wir in der Region auf gutem Wege sind, den Schulterschluss zwischen Hochschule und Wirtschaft voran gebracht und verstetigt haben. Das liegt in erster Linie an den beteiligten Akteuren im Prozess. Hochschullehrer sind nahbar, Unternehmer aufgeschlossen für die Zusammenarbeit hier in der Lausitz. Lokal- und Landespolitiker unterstützen und befördern diesen Schulterschluss engagiert. Wir als Kammer sind Mittler, Brückenbauer und Wegbereiter mit unseren Kontakten und Veranstaltungsformaten in der Region.

Der Energietechnik kommt eine besondere Rolle beim Strukturwandel in der Lausitz zu: weg von fossilen Grundlagen der Energiegewinnung hin zu alternativer, regenerativer Energie - das Einfache, was so schwer zu machen ist; vor allem kurzfristig. Auch hier bedarf es mehr denn je des Schulterschlusses zwischen allen Verantwortlichen und eines überdurchschnittlichen Engagements sowieso. Meiner Auffassung nach sind Speichern und Regelung von regenerativ erzeugter Energie die größten Herausforderungen und wichtige Faktoren für ein Gelingen der Energiewende.

Und noch etwas stellt uns dabei vor Herausforderungen: Die zunehmende Automatisierung und Vernetzung ist zweifellos unabdingbar, wenn wir im Wettbewerb mitmischen wollen. Sie benötigt aber ein hohes Maß an Sicherheit und Risikobegrenzung.

Ich wünsche dem Oberlausitzer Energie-Symposium viel Erfolg, bedeutende Impulse und allen Beteiligten gute Kontakte!

Beitrag zum Plenarvortrag

Leiter Technisches Kraftwerksmanagement der LEAG
Thomas Hörtinger

Die LEAG heute und morgen

1. Über LEAG

Mit der Übertragung der Eigentümeranteile ist am 30. September 2016, der Verkauf der deutschen Vattenfall-Braunkohlensparte an das tschechische Konsortium der Energetický a Průmyslový Holding (EPH) und PPF Investments abgeschlossen worden. Das Braunkohlengeschäft beinhaltet neben den Tagebauen Jänschwalde, Welzow-Süd, Nochten und Reichwalde sowie dem ehemaligen Tagebau Cottbus-Nord und künftigen Cottbuser Ostsee auch die Kraftwerke Jänschwalde, Schwarze Pumpe und Boxberg in der Lausitz sowie ein 50-prozentiger Anteil am Kraftwerk Lippendorf in Mitteldeutschland. Mit einer installierten Leistung von mehr als 8000 MW zählen die verkauften Unternehmen Vattenfall Europe Mining AG und Vattenfall Europe Generation AG zu den vier größten Energieversorgern Deutschlands.

2. Aktuelle Situation

Die Bruttostromerzeugung in Deutschland von rund 650 Mrd. kWh im Jahr 2016 war hauptsächlich geprägt durch folgende Primärenergieträger: Erneuerbare rund 30 %, Braunkohle rund 23 % und Steinkohle rund 17 %. Des Weiteren lieferte Kernenergie rund 13 %, Erdgas rund 12 % und Sonstige rund 5 %. Herausforderungen ergeben sich aktuell aus der volatilen und vom Bedarf entkoppelten Einspeisung von Windkraft- und PV-Anlagen, welche rund 60 % der Erneuerbaren Einspeisung ausmachen. Das Problem wird durch unzureichende Transportkapazitäten der Stromnetze und kaum vorhandene Speichertechnologien für Strom verschärft.

Braunkohlekraftwerke wirken in dieser Situation stabilisierend, da sie eine verlässliche Rund-um-die-Uhr-Versorgung unabhängig von der Wetterlage sicher stellen. Gleichzeitig bieten sie ein flexibles Zusammenspiel mit regenerativer Stromerzeugung und die kostengünstigste Stromerzeugungsform mit einer einheimischer Ressource.

3. Neue Randbedingungen

Durch anhaltend niedrige Preise für Elektrizität an den Großhandelsmärkten, fällt es konventionellen Anlagen zunehmend schwer ihre Vollkosten zu erwirtschaften. Die fehlenden Erträge führen bei Betreibern dieser Anlagen zu steigendem Kostendruck. Die LEAG begegnet dieser Herausforderung strategisch mit einer differenzierten Instandhaltungsstrategie.

4. Neues Revierkonzept

Am 31.03.2017 wurde ein neues Revierkonzept veröffentlicht. Die LEAG hat hiermit ein Konzept für die nächsten 25 - 30 Jahre entschieden.

5. Zukunftsfelder und F&E

LEAG beschäftigt sich intensiv mit seiner unternehmerischen Weiterentwicklung. Dabei fokussieren sich die Aktivitäten einerseits auf die Optimierung der Bestandsanlagen um noch besser die Anforderungen des aktuellen und zukünftigen Strommarkts bedienen zu können. Andererseits werden die Großtechnische Anwendung innovativer Technologien wie Batteriespeicher sowie vollständig neue Geschäftsfelder wie Power2X untersucht.

6. Ausblick

Konventionelle Anlagen werden für eine technisch sichere und preiswerte Energieversorgung jetzt und in der absehbaren Zukunft gebraucht. Braunkohlekraftwerke können und werden dabei eine entscheidende Rolle spielen. LEAG bereitet sich pro-aktiv auf die Zukunft vor und nutzt dabei die vorhandene solide Basis.

„Wir bleiben, wer wir sind. Aber wir werden, was wir wollen.“

Themengebiet 1

Sicherheits- und Zuverlässigkeitsanalyse
Gefährdungs-, Sicherheits-, Risikoanalyse
Zuverlässigkeit von Komponenten und Systemen

Reduzierung der Umweltgefährdung durch den Einsatz natürlicher Ester

Ernst Pagger*
EPP Consulting GmbH, Koschatstraße 15a, 9400 Wolfsberg/Austria

Mark-André Thelen
Cargill Deutschland GmbH, Cerestarstr. 2, 47809 Krefeld/Germany

Seit mehr als hundert Jahren wird Mineralöl als Isolierflüssigkeit in der Hochspannungstechnik eingesetzt. Gemeinsam mit Cellulose bildet Mineralöl ein Isolationssystem mit ausgezeichneten dielektrischen Eigenschaften. Die Nachteile des Mineralöls sind, neben den vor allem in den letzten Jahren verstärkten Klimaschutz, dass diese Flüssigkeit biologisch schwer abbaubar ist und eine hohe Brandlast darstellt. Um vor allem das Risiko eines Schadens an Umwelt und Menschen zu minimieren, wurden in den letzten Jahren neue Isolierflüssigkeiten entwickelt. Diese Isolierflüssigkeiten sind unter dem Begriff „Ester" am Markt erhältlich. Bei den Isolierflüssigkeiten auf Esterbasis unterscheidet man wiederum zwischen synthetischen- und natürlichen Ester. Der natürliche Ester ist biologisch abbaubar, fällt mit einem Brennpunkt von 360 °C unter die K-Klasse und hat einen äußerst geringen CO_2 Footprint. Zum Beispiel wird der natürliche Ester Envirotemp FR3™ - auf Basis Sojabohnenöl - von Cargill bereits schon über 20 Jahre erfolgreich in der Hochspannungstechnik eingesetzt und hat bereits die Spannungsebene von 420 kV erreicht.

1. Motivation

Leistungstransformatoren, gefüllt mit Mineralöl, sind wegen der zum Teil großen Isolierölmengen und dem direkten Kontakt mit Hochspannungselementen eines der gefährlichsten elektrischen Geräte [1].

Elektrische Fehler, die zu Lichtbögen führen, können die Ursache sein, dass das Mineralöl die dielektrischen Eigenschaften verliert. Das Mineralöl verdampft und erzeugt im Transformator einen Druckanstieg. Überschreitet der Transformatorinnendruck die mechanische Festigkeit des Kessels, so kommt es zur Explosion. Ein Brand ist mit großer Wahrscheinlichkeit die Folge. Einen nicht unerheblichen Einfluss auf die Anfälligkeit eines Transformatorausfalles hat der Wassergehalt des Papiers, da mit Zunahme des Wassergehaltes die Durchschlagfestigkeit herabgesetzt wird. Gerade bei Transformatoren, die in den 1950er und 60er Jahren in Betrieb gesetzt wurden, häufen sich diese Fehler.

Die elektrischen Transformatoren sind zwar mit Schutzmechanismen ausgestattet, die zu hohe Energieströme erkennen, doch sind sie oft, obwohl die Ansprechzeiten sich im Bereich von Millisekunden bewegen, zu langsam, um die Energiezufuhr rechtzeitig, vor Ausbruch des Schadereignisses, abzuschalten [2].

Einer der schrecklichsten Unfälle aus diesem Titel geschah im Jahre 2010 in Dhaka. Bei diesem Transformatorenbrand kamen durch das Ereignis und dessen Folgewirkung über einhundert Menschen ums Leben [3] und über zweihundert wurden mit kritischen Verletzungen - vor allem mit Verbrennungen - in die Spitäler eingeliefert [4]. Das Ausmaß des Unglücks war deshalb so dramatisch, weil der Transformator in einem eng verbauten Gebiet, umgeben von einer Plastikfabrik, aufgestellt war.

Wenn auch dieses Ereignis, in diesem Ausmaß, als äußerst dramatisch und eher als singuläres Ereignis angesehen werden muss, passieren immer wieder Unfälle mit Mineralöl gefüllten Transformatoren. So auch in jüngster Vergangenheit wie z. Bsp. bei einer Transformatorexplosion in Bangladesch, bei der ein junger Mann getötet wurde [5], oder wie bei jener in Istanbul, bei der zwei Personen ums Leben kamen [6], oder jener in Panama, bei der ein Mann tödliche Verletzungen erlitt [7].

In den 1960er und 1970er Jahren wurden PCB haltige Flüssigkeiten (Ascarele) als Ersatz für das Mineralöl eingesetzt. Diese Flüssigkeiten hatten ausgezeichnete dielektrische und thermische Eigenschaften (Klasse K) mit einem Brennpunkt > 300 °C. Wegen deren toxischen, karzinogenen Eigenschaften wurden diese Flüssigkeiten aber wieder vom Markt genommen und dürfen wegen des weltweiten PCB Verbots auch nicht mehr eingesetzt werden. Da noch immer Transformatoren aus dieser Zeit in Betrieb sind, werden bei Leckagen weiterhin diese Substanzen in den Boden eingetragen [8]. Seit Beginn der 1990er Jahre erfolgten intensive Forschungsarbeiten auf dem Gebiet der

Esterflüssigkeiten für den Einsatz als dielektrische Flüssigkeit. Grundsätzlich unterscheidet der Markt zwei Arten von Esterflüssigkeiten:

- ✓ Synthetische Ester
- ✓ Natürliche Ester

Synthetische Ester bestehen aus unterschiedlichen Karbonsäuren mit Pentaerythrit im Zentrum. Chemikalien, die nicht biologischen Ursprungs und deren Rohstoffe somit begrenzt sind. Wegen des hohen Flammpunktes (360 °C) und des geringen CO_2 Footprints gegenüber dem synthetischen Ester, wird hier in erster Linie auf einen natürlichen Ester näher eingegangen.

Trafobrände und Trafoexplosionen müssen aber nicht immer gleich Personenschäden verursachen. Enthalten Transformatoren Mineralöl, so bedeutet dies, sowohl bei Austritt, als auch bei Brand, eine permanente Gefahr für die Umwelt und des Ökosystems, welches für längere Zeit geschädigt sein kann [9].

2. Natürliche Ester

Intensive Forschungsarbeiten ließen neue Isolierflüssigkeiten entstehen, die pflanzlichen Ursprungs sind, einen hohen Flamm- Brennpunkt (Klasse K) haben und wegen deren guten dielektrischen und thermischen Eigenschaften als Mineralölersatz verwendet werden können. Diese Isolierflüssigkeiten bestehen aus Triglyceriden, mit je nach Pflanzenherkunft unterschiedlichen Fettsäuren und werden unter dem Begriff „natürliche Ester“ subsumiert. Einer dieser natürlichen Ester wurde vor beinahe 30 Jahren in den USA entwickelt und wird bereits in vielen Ländern sehr erfolgreich eingesetzt. Diese Isolierflüssigkeit, auf Basis Sojabohnenöl, wurde nach umfangreichen Untersuchungen verschiedener Basisöle und Mixturen entwickelt und ist unter dem Namen Envirotemp FR3™ am Markt erhältlich. Die Isolierflüssigkeit ist ein Beispiel für den schonenden und nachhaltigen Umgang der vorhandenen Ressourcen. Sojabohnenöl wird aus der Sojabohne, einer eiweißreichen Frucht, welche 17 bis 21 % Rohfett/Öl enthält, gewonnen. Es ist ein Kopplungsprodukt bei der Herstellung von Sojaschrott (Hauptprodukt) für die Tiernahrung.

Wegen der Reduzierung der Umweltgefährdung kommen natürliche Ester als Isolierflüssigkeit in letzter Zeit verstärkt zum Einsatz.

3. Wesentliche Unterschiede des natürlichen Esters Envirotemp FR3™ zum Mineralöl

Aufgrund der chemischen Beschaffenheit besitzen die natürlichen Ester Eigenschaften, die diese Isolierflüssigkeiten deutlich von den anderen Isolierflüssigkeiten abheben.

3.1. Verhalten gegenüber der Feststoffisolierung

Natürliche Ester, als auch synthetische Ester, sind in der Lage, Wasser sowohl chemisch als auch physikalisch zu binden. Die chemische Bindung ist praktisch die Rückreaktion zu den Ausgangsstoffen des Esters. Da wird Wasser verbraucht. Physikalisch können die Ester mehr Wasser aufnehmen, da sie etwas polarer wie Mineralöl sind. Die maximale Wasseraufnahme der Isolierflüssigkeiten hängt von der Temperatur ab. Die mathematische Funktion ist in der Formel (1) dargestellt und aus [10] entnommen.

$$S(T) = 10^{A-\frac{B}{273+T}} \qquad (1)$$

	Mineralöl	FR3™
A	7,0895	5,3318
B	1567	684

In Abbildung 1 sind die nach (1) berechneten Sättigungslinien des natürlichen Esters Evirotemp FR3™ und des Mineralöls in Abhängigkeit von der Temperatur gegenübergestellt.

Bei Raumtemperatur kann der Ester ungefähr 1000 mg/kg Wasser aufnehmen, während der Wert des Mineralöls ca. 55 mg/kg beträgt. Damit wird der Cellulose Wasser entzogen, sie bleibt wesentlich trockener, die Lebensdauer des Gerätes wird verlängert und die Kurzschlussfestigkeit erhöht, was wiederum auch der Sicherheit dient.

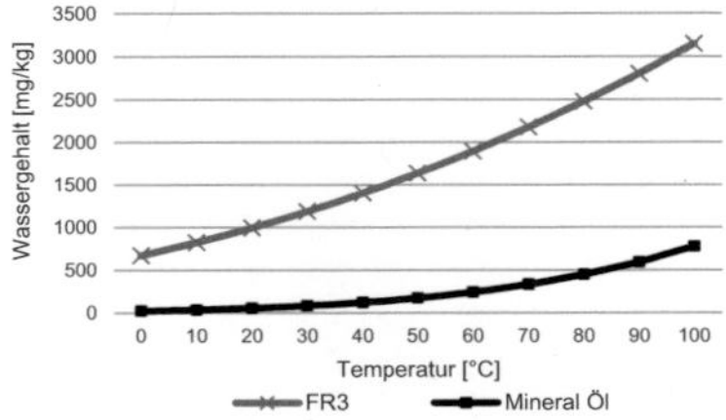

Abbildung 1: Vergleich der Wassersättigung

3.2. Biologische Abbaubarkeit

Wie allgemein bekannt, ist der Austritt von Mineralöl in die Umwelt immer mit einem hohen Gefahrenpotential für Fauna und Flora verbunden. Diese Umweltrelevanz wird bei Einsatz von natürlichem Ester deutlich reduziert. Einerseits sind natürliche Ester viskoser und treten nicht so rasch in das Erdreich ein, andererseits werden sie bei den üblich herrschenden Umweltbedingungen rasch abgebaut. Die Abbildung 2 aus [10] zeigt, wie sich der natürliche Ester FR3™ im Vergleich zum Mineralöl in Bezug auf biologischen Abbau verhält. Die Grafik stellt dar, dass der natürliche Ester Envirotemp FR3^{TM} in knapp 40 Tagen vollständig, während das Mineralöl zu diesem Zeitpunkt erst bis zu ca. einem Drittel abgebaut ist. Diese Eigenschaft ermöglicht einerseits einen verminderten Gewässerschutz und andererseits die Verwendung in sensiblen Gebieten [11].

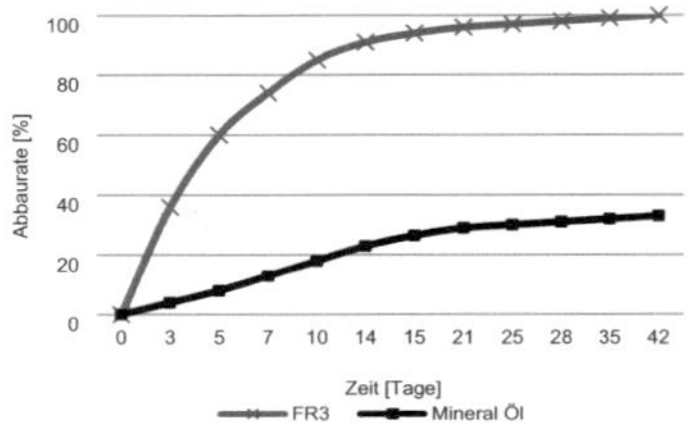

Abbildung 2: Biologische Abbaubarkeit von Envirotemp FR3™ im Vergleich zum Mineralöl

3.3. Brandverhalten

Die stärkste treibende Kraft auf der Suche nach Alternativen zum Mineralöl war dessen leichte Entzündlichkeit. Dadurch ereigneten und ereignen sich auch heute noch Unfälle mit Personen- und schweren Umweltschäden. Abbildung 3 zeigt den deutlichen Unterschied des Brennpunktes der Isolierflüssigkeiten [12]. Mit einem Brennpunkt > 300 °C werden natürliche Ester gemäß IEC 61039 [13] als K-Klasse bewertetes Isoliermedium eingestuft.

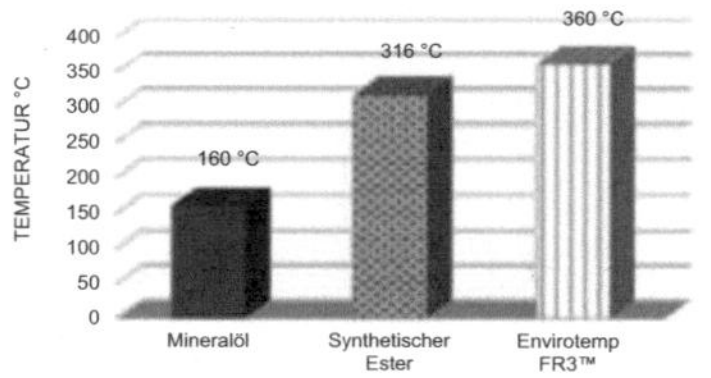

Abbildung 3: Brennpunkt von Isolierflüssigkeiten

Dies erlaubt geringere Abstände zu Gebäuden und angrenzenden Transformatoren [14], [15]. Auch beim Einsatz in Kellerstationen oder Gebäuden, die nach ELT BAU VO (Verordnung für den Bau von elektrischen Betriebsräumen; z. Bsp. [16]) erhöhten Brandschutzanforderungen unterliegen, bieten natürliche Ester eine Alternative gegenüber Mineralöl und Gießharztransfomatoren. Die meisten ELT BAU VO´s der Bundesländer fordern Isolierflüssigkeiten mit einem Brennpunkt > 300 °C für solche Räume.

Abbildung 4: Kalorimeterbombe

Bis dato wurde noch nie über den Ausfall eines mit Ester gefüllten Transformators wegen Feuers berichtet [17].

Verbrennungsversuche in einer Kalorimeterbombe (Abbildung 4) im Rahmen der Dissertation [18] bestätigen die Schwerentflammbarkeit der Pflanzenöle. Ein vernünftiges Zünden der natürlichen Ester unter diesen, für die Heizwertbestimmung brennbarerer Flüssigkeiten standardisierten Rahmenbedingungen, war praktisch nur mit Brandbeschleuniger möglich.

Tabelle 1: Energiebedarf um die Isolierflüssigkeit bis zum Brennpunkt zu erhitzen

Isolierflüssigkeit	**Brennpunkt [°C]**	**Temperaturdifferenz [°C]**	**Energiebedarf [MJ]**
Mineralöl	160	70	330
Synthetischer Ester	315	225	1046
Envirotemp FR3™	360	270	1462

In Tabelle 1 ist der Energiebedarf, welcher benötigt wird, um 2,675 Liter dielektrischer Isolierflüssigkeit von 90 °C bis zum Brennpunkt zu erhitzen, dargestellt [12]. Daraus ist ersichtlich, dass der Energieeintrag für den natürlichen Ester ca. das 4,4-Fache gegenüber dem Mineralöl ausmacht, um die Temperatur der Isolierflüssigkeit in die Nähe des Brennpunktes zu bringen. Damit bleibt genug Zeit für die Schutzeinrichtungen, um bei einem elektrischen Fehler, die Zufuhr an elektrischer Energie zu unterbinden, bevor die Isolierflüssigkeit sich entzündet.

3.4. Klimarelevanz

Wird das Klimaabkommen von Paris aus dem Jahre 2015 ernst genommen, so wird unser vordringlichstes Ziel sein, die Dekarbonisierung voranzutreiben. Da die Edukte für die Herstellung des synthetischen Esters wiederum fast zur Gänze vom Mineralöl stammen, ist der CO_2 Footprint beim synthetischen Ester entsprechend hoch und damit negativ zu beurteilen

Die Basis der natürlichen Ester sind Pflanzenöle und werden somit aus einem nachwachsenden Rohstoff gewonnen, was sich auch in der CO_2-Bilanz gegenüber dem Mineralöl niederschlägt.

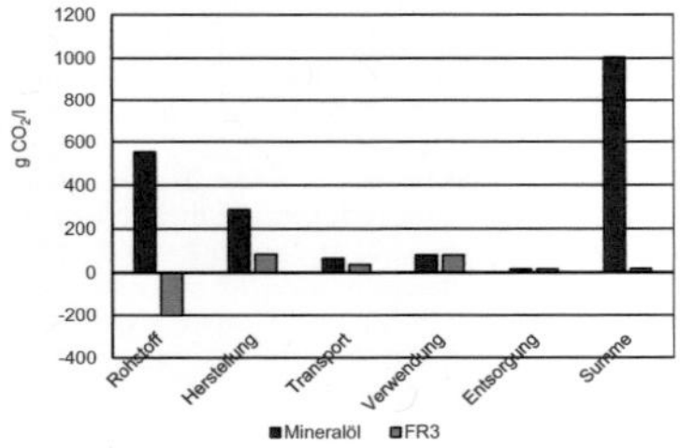

Abbildung 2: CO_2 Emission über einen Zeitraum von 30 Jahren

Abbildung 2 zeigt das Ergebnis über einen Bilanzzeitraum von dreißig Jahren (Daten entnommen aus [19]) im Vergleich zum Mineralöl. Diese geringe CO_2 Emission - im dargestellten Fall jener des Sojabohnenöls - wird im Wesentlichen durch die wachstumsbedingte Kohlendioxidaufnahme im Rahmen der Photosynthese der Pflanze verursacht.

4. Schlussfolgerung

Der natürliche Ester Envirotemp FR3™ auf Basis des Sojabohnenöls, ist eine sehr gut geeignete Isolierflüssigkeit für den Einsatz in der Hochspannungstechnik. Durch die Verwendung von Sojabohnenöl hat diese Isolierflüssigkeit nicht nur technische, sondern auch ökologische Vorteile gegenüber dem Mineralöl und dem synthetischen Ester. Die Gefahr einer Umweltgefährdung bei einem technischen Gebrechen wird im hohen Ausmaß reduziert. Wegen des biogenen Ursprungs ist der natürliche Ester Envirotemp FR3™ praktisch eine „nachwachsende Isolierflüssigkeit". Über eine Million Anwendungen im Bereich der Verteil- und Maschinentransformatoren bis zu Spannungsebenen von 420 kV sind ein Beweis dafür.

Literatur

[1] Guillaume Perigaud et al: Oil-Filled Transformer Explosions; POWER ENGENEERING; 11/01/2008

[2] Cassie Rodenberg: How Transformers Can Explode; Popular Mechanics; Feb.11, 2010

[3] CNN; June 4, 2010

[4] TheHindu; June 4, 2010

[5] Risingbd; Oct. 16, 2015

[6] TODAY's ZAMAN; January 18, 2015

[7] NEWS HARALD; Aug. 10, 2016

[8] N. Stojić et al: Transformers as a potential for soil contamination; METALURGIJA 53 (2014) 4, 689-692

[9] http://www.descase-europe.com/products/electrical-transformers/electrical-transformers/what-dangers-do-transformers-present-.html/2/1/17/75/127

[10] EnvirotempTM FR3TM Fluid; Guide for Storage, Installation, Commissioning and Maintenance of FR3 Fluid Filled Transformers; G2300; Cargill; 2015

[11] TÜV SÜD Industrie Service GmbH: Gutachterliche Stellungnahme zu Anforderungen an Verwendungsanlagen, in denen Envirotemp FR3™ - Flüssigkeit verwendet wird (Transformatoren) hinsichtlich anlagenbezogenen Gewässerschutz; 2015

[12] Cargill: Technical Perspectives, 2015

[13] IEC 61039: Classification of Insulation Liquids; Edition 2.0; 2008

[14] ÖVE/ÖNORM E 8383: Starkstromanlagen mit Nennwechselspannungen über 1 kV; Ausgabe: 2000

[15] ÖVE/ÖNORM EN 61936-1: Starkstromanlagen mit Nennwechselspannungen über 1 kV; Ausgabe: 2015

[16] Berlin; Senat für Stadtentwicklung; Verordnung über den Bau von Betriebsräumen für elektrische Anlagen (EltBauV), Ausgabe: 10. Jänner 2010

[17] Bingenheimer D.: A Comparison Between Natural Esters and Synthetic Esters; October 2015

[18] Pagger E.: Alternative Isolierflüssigkeiten im Vergleich zum klassischen Mineralöl, Dissertation am Institut für Hochspannungstechnik und Systemmanagement, Technische Universität Graz, 2013

[19] BEES® 4.0, Building for Environmental and Economic Sustainability Technical Manual and User Guide, August 2007

QUALITÄTSSICHERUNG UND BETRIEBSÜBERWACHUNG VON TURBOGENERATOREN DURCH TEILENTLADUNGSMESSUNGEN

Guido Schmidt
Siemens AG, Rheinstr. 100, 45478 Mülheim an der Ruhr

Neben der strukturellen Optimierung des Kraftwerksparks durch hocheffiziente Neubauten gehört auch der Erhalt und die Steigerung der Verfügbarkeit der bestehenden Anlagen zu den vorrangigen Aufgaben eines Energieversorgers im Markt. Dem Turbogenerator als eine Kernkomponente des thermischen Kraftwerkes kommt dabei eine besondere Bedeutung zu. Für eine hohe und Leistungsausnutzung und Betriebssicherheit müssen die Qualität der Neuanlage nachgewiesen und während des Betriebes der Alterungszustand insbesondere des gesamten Hochspannungs-Isoliersystems überwacht werden.
Die Teilentladungs(TE)-Messung hat sich als Teil diagnostischer Verfahren in allen Stadien des Lebenszyklus einer rotierenden Maschine und insbesondere großer Turbogeneratoren etabliert. Um eine bessere Vergleichbarkeit zu erzielen und somit eine verlässliche Bewertung der Messergebnisse zu erreichen, wurden die TE-Messungen an drehenden Maschinen international genormt. Anhand von Beispielen aus den Bereichen der Qualitätskontrolle im Herstellerwerk, vor Ort im Kraftwerk und der Online-Überwachung wird der Nutzen der TE-Messung dargestellt. Erforderliche Maßnahmen können frühzeitig ergriffen werden, so dass Schäden oder Ausfälle vermieden werden können.

1. Teilentladungsmessungen in der zustandsorientierten Instandhaltung

Die Detektion und Bewertung von Teilentladungen (TE) in energietechnischen Betriebsmitteln haben sich als Ansatz zur Ermittlung des Zustandes von Isoliersystemen und zur Abschätzung von Versagenswahrscheinlichkeiten und Betriebsrisiken etabliert [1]. Hierbei werden Strategien und Kriterien einer TE-basierten Zustandsbestimmung wesentlich durch das jeweils betrachtete Betriebsmittel oder Komponente bestimmt. In einfachen Fällen kann bereits eine Ja/Nein-Aussage zur bloßen Existenz von Teilentladungen eine Möglichkeit zur Risikobestimmung bieten. So sind aktive TE-Quellen etwa in VPE-Kabeln inakzeptabel und erfordern in aller Regel unmittelbare Maßnahmen zur Beseitigung dieser [2]. Anders kann es sich zum Beispiel bei großen rotierenden Maschinen verhalten. Die Hauptisolierung der Ständerwicklung ist im Allgemeinen Harz-Glimmer-basiert, wodurch Mikrohohlräume und damit einhergehende innere Entladungen als betriebsimmanente Begleiterscheinung rotierender Maschinen und insbesondere großer Generatoren hinzunehmen sind [3].
In aller Regel können Teilentladungsmessungen erst dann zu einer Zustandsdiagnose der betrachteten Komponente veredelt werden, wenn weitere Informationen verfügbar sind oder durch weitere Messungen beschafft werden können [Abbildung 1].

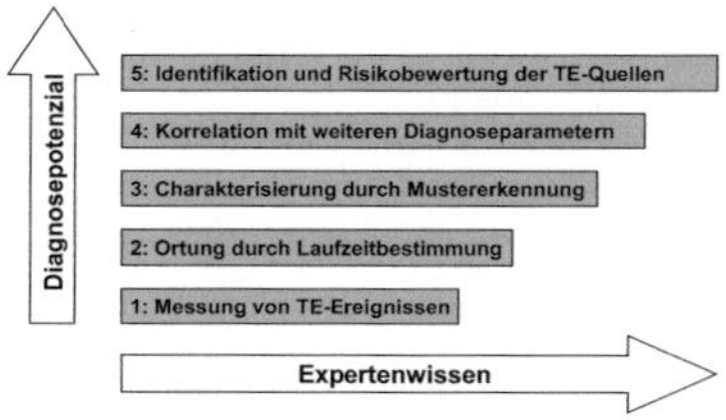

Abbildung 1: Steigendes Diagnosepotenzial mit zunehmendem Wissenseinsatz bei der Auswertung des Teilentladungsverhaltens [4]

Gerade in ausgedehnten oder komplexen und kombinierten Isoliersystemen wie einem Turbogenerator stellt die Lokalisierung von aktiven TE-Quellen und damit die Zuordnung zur betroffenen Subkomponente eine wesentliche Grundlage zur Wahl plausibler Instandhaltungsmaßnahmen dar [4].

2. Detektion und Bewertung von Teilentladungen an Turbogeneratoren

2.1. Quellen von Teilentladungen

Das Isoliersystem eines Turbogenerators muss hinsichtlich möglicher Teilentladungsquellen differenziert betrachtet werden. Im Fokus der allgemeinen Betrachtung liegt die Ständerwicklung mit den mit der Hauptisolierung versehenen Wicklungsstäben, welche wiederum in den Wickelköpfen zu den drei Phasenwicklungen verschaltet werden [Abbildung 2]:

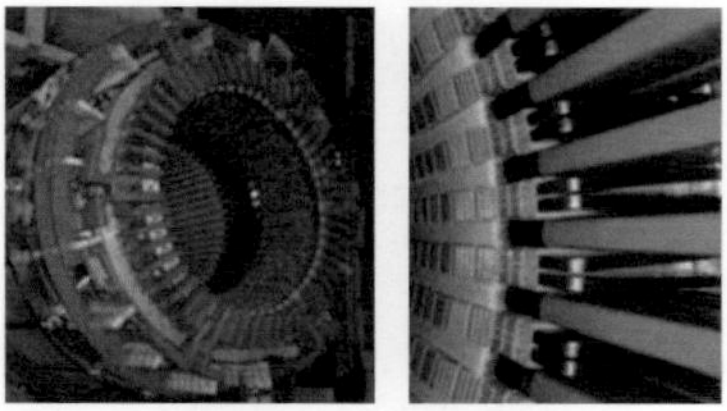

Abbildung 2: Ständerwickelkopf mit Schaltleitungsverband und Nutaustrittsbereich

Eine elektrisch belastete glimmerbasierte Isolierung ist aufgrund ihrer Morphologie intrinsisch TE-behaftet, ohne dass diese TE-Aktivität zu einer Erhöhung der Versagenswahrscheinlichkeit führen muss. Durch Betriebsbelastungen (zyklische thermomechansiche Beanspruchung durch An- und Abfahren, Lastwechsel) können Delaminationserscheinungen in der gewickelten Hauptisolierung zu Hohlräumen als weitere innere TE-Quellen führen und den Isolationszustand im Sinne von Alterung verschlechtern [3][5].

Im Wickelkopf können Quellen äußerer Teilentladungen begründet sein durch geometriebedingte Feldüberhöhungen (z.B. zu geringe Stababstände im Phasenwechsel oder zwischen Schaltleitungen). Weiterhin können an luftgekühlten Maschinen erosive Prozesse des Feldsteuersystems zu äußeren TE führen [6][7][Abbildung 3].

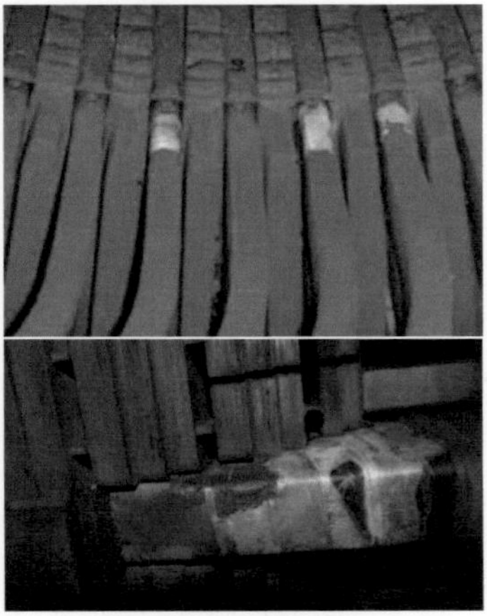

Abbildung 3: Degradation des Feldsteuersystems auf der Wicklungsstaboberfläche [6]

Jenseits der Stabisolierung stellen die Stromdurchführungen eines Generators eine eigene relevante Subkomponente dar, welche je nach konstruktivem Aufbau bei der TE-Messung unterschiedlich bewertet werden muss. So können Durchführungen, welche keine kapazitive Feldsteuerung besitzen, insbesondere bei Stillstandsmessungen mit Teilentladungen antworten. Diese können aber unkritisch sein und dürfen nicht fälschlicherweise der Wicklung selber zugeordnet werden. Die Durchführungen bilden die Schnittstelle zum Ableitungsbereich des Generators, der über den Leistungsschalter die Verbindung zum Maschinentransformator bildet [Abbildung 4]:

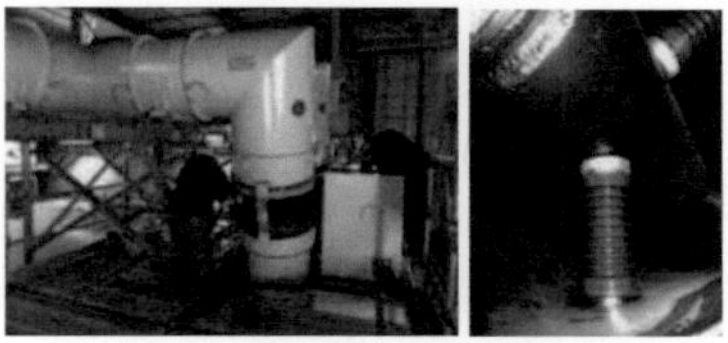

Abbildung 4: Ableitung oberhalb des Generators im Bereich Stromdurchführungen (links) und mit innenliegenden Stützern (rechts)

Gerade beim Online-Monitoring muss deshalb beachtet werden, dass der gesamte Strang von Generator bis Maschinentransformator mit den dazwischen liegenden unter Umständen TE-behafteten Komponenten in eine elektrische TE-Messung einbezogen wird. Daraus ergibt sich der unausweichliche Anspruch an eine Teilentladungsdetektion, etwaige TE-Quellen so genau lokalisieren zu können, dass eine Zuordnung zur betroffenen Komponente möglich wird und eine Risikoaussage getroffen werden kann. Aus Generatorsicht bedeutet dies, dass bei einer Detektion von TE zuerst gefragt werden muss, ob diese aus dem Generator selbst kommen oder aus der Peripherie (Ableitungen, Trafo, externe Störer).

2.2. Normative Berücksichtigung

Die internationalen Normen bzw. technischen Spezifikationen IEC/TS 60034-27 / -2 liefern ein grundlegendes Handwerkszeug zur Verwendung von TE-Messungen an rotierenden Maschinen [7][8]. Das Phänomen der Teilentladungen an Maschinen wird so komprimiert, dass der Anwender Ideen zur Natur von Teilentladungen über die Detektion bis hin zur Interpretation von Messergebnissen entwickeln kann.

Insbesondere werden mögliche Grenzen der Teilentladungsmessung und –diagnostik an komplexen Isoliersystemen wie rotierenden Maschinen aufgezeigt. Es hat sich zum Standard etabliert, dass

- absolute Werte der scheinbaren Ladung keinen Rückschluss auf ein Betriebsrisiko zulassen,
- TE-Messergebnisse wesentlich vom Messaufbau und vom TE-Messgerät mit seinen spezifischen frequenzabhängigen Eigenschaften abhängen [9],
- Maschinen unterschiedlicher Konstruktion hinsichtlich ihres TE-Verhaltens aufgrund verschiedener Impulsausbreitungseigenschaften nicht unmittelbar miteinander vergleichbar sind,
- Analyse von TE-Mustern mehrdeutig sein kann,
- Korrelation mit Betriebsparametern (Last-Historie, Temperatur, Leistung, etc.) die Diagnosetiefe verbessern kann.

3. Beispiele für TE-Messungen an Generatoren

Die Detektion von Teilentladungen an rotierenden Maschinen und großen Turbogeneratoren im Besonderen kann mittels unterschiedlicher Verfahren erfolgen, welche in der Praxis bisweilen kombiniert werden:

- **elektrisch**: Erfassung innerer und äußerer TE über Koppeleinheit
- **optisch**: Erfassung äußerer TE mittels Auge, UV-Kamera oder Restlichtverstärker
- **akustisch**: Erfassung mittels Ohr oder Richtmikrofon
- **chemisch**: Erfassung äußerer TE durch Gasanalyse (z.B. Ozon-Entwicklung [10])

TE-Messungen an Generatoren werden im **Stillstand** sowohl während der Fertigung im Herstellerwerk als auch im Kraftwerk im Rahmen von Revisionen durchgeführt. Das Generatorgehäuse kann dabei geöffnet und der Innenraum so zugänglich gemacht werden, dass eine elektrische TE-Messung durch akustische und optische Detektion ergänzt werden kann.

Zur Betriebsüberwachung kann die TE-Messung kontinuierlich im Kraftwerk erfolgen. Dies kann als **Online-Monitoring** erfolgen, wobei neben dem eigentlichen TE-Verhalten auch relevante Betriebsgrößen (z.B. Kühlgas-Temperatur, Stab- und Nuttemperaturen, Blind- und Wirkleistung, Strom und Spannung) sowie wietere diagnostische Messgrößen (z.B. Schwingungsverhalten) in direkter Korrelation erfasst werden können.

In Abbildung 5 sind die Attribute von Online-Monitoring und Stillstandsmessung gegenübergestellt. Beide Varianten können sich im Idealfall aufgrund ihrer unterschiedlichen Informationen so ergänzen, dass in manchen Fällen der Isolationszustand überhaupt erst bestimmbar wird [11].

Abbildung 5: Attribute von Stillstandsmessung und Online-Monitoring [11]

Die Aussagekraft insbesondere des TE-Online-Monitorings wird wesentlich dadurch geprägt, wie genau detektierte auffällige Teilentladungen lokalisiert werden können. Das heißt, dass der Messaufbau die Möglichkeit vorhalten muss, nicht nur betroffene Phasen sicher zu identifizieren, sondern auch die Position und damit die tatsächliche Komponente im Strang von Generator bis zumindest zum Maschinentransformator zu bestimmen. Dies setzt voraus, dass mehr als die üblichen drei phasenseitigen TE-Messstellen installiert sein müssen, um z.B. Impulslaufzeiten messen zu können [Abbildung 6].

Abbildung 6: Koppelkondensator in der gekapselten Ableitung (links) und in einem Sternpunktschrank (rechts) [12]

Als sinnvolle weitere Messstellen („CK") sind der Sternpunkt des Generators („MKA") und die niederspannungsseitigen Phasen des Maschinentransformators („BAT") zu nennen, welcher über den Leistungsschalter („BAC") an die Generator-Phasen gekoppelt ist [Abbildung 7].

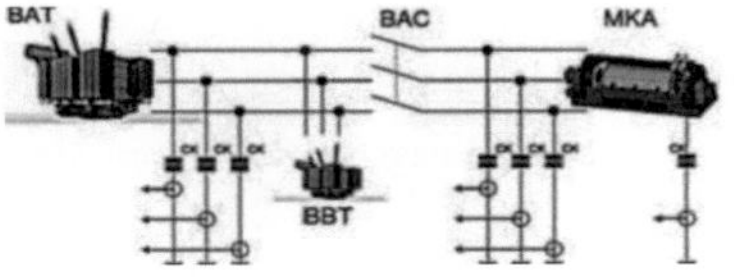

Abbildung 7: Schema einer Positionierung von verteilten TE-Messstellen [12]

Es ist darüber hinaus eine Zahl weiterer Messstellen denkbar (z.B. Generatorlager, Kühlwassersammelringe), welche durch ihre elektromagnetische Signalübertragung eine passende Charakteristik zeigen, welche die Informationen aus den galvanisch gekoppelten Messstellen ergänzen kann [11].

Ein Vergleichen von Signallaufzeiten kann gerade unter Vor-Ort-Bedingungen mitunter nur ungenau erfolgen. Aber letztlich kann in den meisten Fällen sicher genug ermittelt werden, ob eine TE-Quelle im Bereich des Generators zu vermuten ist oder ob dieser unter Umständen gar nicht betroffen ist. Somit könnten falsche diagnostische Schlüsse und somit obsolete kostenintensive Stillstände der Maschine und Instandhaltungsmaßnahmen vermieden werden.

3.1. Stillstandsmessung im Werk

Die Qualitätssicherung im Herstellerwerk kann während des Fertigungszyklus eines Generator-Ständers mehrere Teilentladungsmessungen vorsehen. Die letzte Werksmessung markiert als sogenannte „Fingerprint-Messung" den Neuzustand des Ständerisoliersystems, welche als individuelle Vergleichsgrundlage für spätere Messungen an der betriebsgealterten Maschine im Kraftwerk dienen kann [Abbildung 8].

Abbildung 8: Vorbereitung zur TE-Messung eines Turbogenerators während der Fertigung

Nach einer Konditionierungsphase unter Hochspannung werden nacheinander die drei Phasen separat und dann zusammengeschaltet gemessen. Hierbei werden die grundlegenden Merkmale des spannungsabhängigen TE-Verhaltens bis $1{,}4U_n$ abgefragt:

- TE-Ein- und TE-Aussetzspannung in den Spannungssteigerungskurven und Ausbildung einer Hysterese
- spannungsabhängige Pegel der scheinbaren Ladung als Vergleichsgrundlage zwischen den Einzelsträngen und Gesamtwicklung und auch zwischen Maschinen gleicher Konstruktion [Abbildung 9]

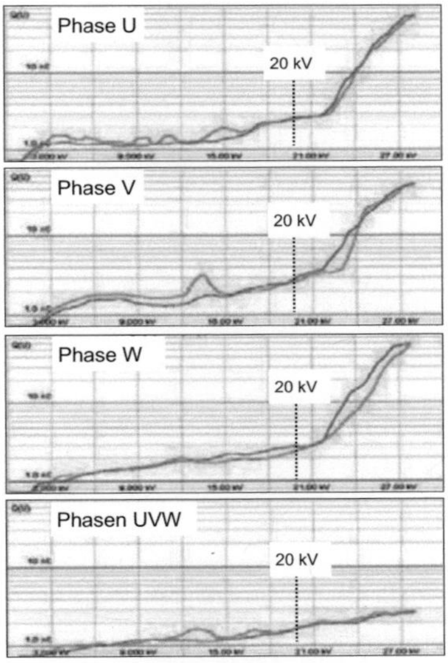

Abbildung 9: Spannungsabhängigkeit des TE-Pegels für die Einzelstränge und die Gesamtwicklung im Stillstand einer 20kV-Maschine

Zur Visualisierung der einzelnen TE-Ereignisse hat sich das phasenaufgelöste TE-Muster („PRPD" oder „φqn") etabliert, in welchem die TE-Impulse mit ihrer scheinbaren Ladung q, ihrem Phasenwinkel φ der Hochspannung und der Auftrittshäufigkeit n farbcodiert dargestellt werden [Abbildung 10].

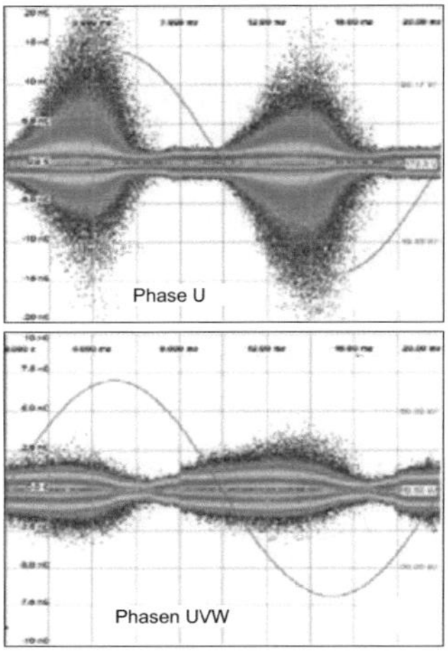

Abbildung 10: Vergleich phasenaufgelöster TE-Muster zwischen Einzelphase (oben) und Gesamtwicklung (unten)

Zusammen mit den Spannungssteigerungskurven lassen sich z.B. Wickelkopfentladungen identifizieren und hinsichtlich ihrer Relevanz für den Betrieb des Generators bewerten. Im Fall des Auftretens abnormaler Häufungen im TE-Muster kann versucht werden, ursächliche Einzelquellen anhand von bekannten TE-Grundmustern zu identifizieren [7]. In aller Regel erhält man dadurch aber nur einen Hinweis auf eine mögliche Art der TE-Quelle.

Zur Verifikation einer solchen Annahme werden regelmäßig ergänzende Verfahren notwendig sein. Im Allgemeinen kann festgehalten werden, dass eine alleinige Teilentladungsmessung selten ein vollständiges Bild über den Isolationszustand liefern kann und deshalb durch zusätzliche Detektionsverfahren unterstützt werden muss.

3.2. Online-Monitoring

Mit dem Teilentladungsmonitoring kann das Antwortverhalten des Isoliersystems auf die Betriebsbelastungen ermittelt werden. Bietet der Kraftwerksbetreiber zusätzlich Zugang zur Leittechnik, kann auffälliges TE-Verhalten mit relevanten Betriebsparametern korreliert werden und im Idealfall über einen Remote-Zugang auch online durch den Diagnose-Dienstleister auswertet werden.

Abbildung 11 zeigt anhand eines Beispiels, wie aus einer Trendaufzeichnung Zeiträume sporadischer auffälliger TE-Aktivität extrahiert und mit Betriebsparametern (z.B. Wirk- und Blindleistung) korreliert werden können [11]:

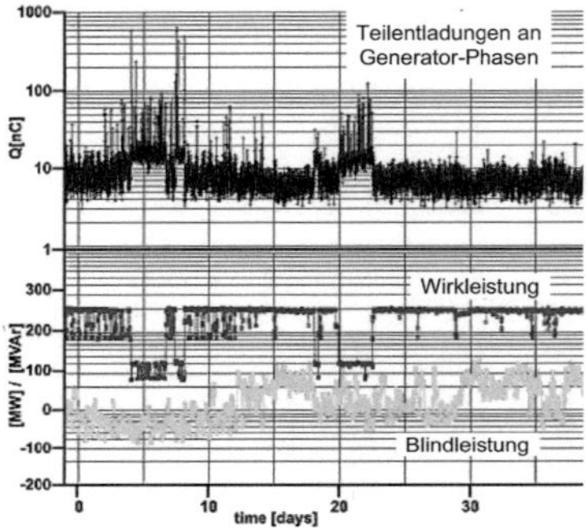

Abbildung 11: Trend von Leistung und TE-Pegel [11]

In diesem Fall lieferte die das Online-Monitoring überhaupt erst den Indikator für eine sporadisch aktive TE-Quelle, deren Identität durch eine daraufhin angeordnete Inspektion und TE-Messung des Generators im Stillstand ermittelt werden konnte. Ohne diese Online-Überwachung des Betriebes wäre der Generator in Konsequenz mit einem Erdschluss vom Netz gegangen, auf den ein mehrtägiger oder mehrwöchiger Ausfall gefolgt wäre.

4. Schlussfolgerung

Die Messung von Teilentladungen an Turbogeneratoren kann als eine Eingangsgröße für erfolgreiche Zustandsdiagnose dienen, wenn ihre technischen Grenzen erkannt und auch akzeptiert werden. Jede Methode der Erfassung von Teilentladungen kann für sich nur begrenzte Informationen über Art, Ort und Ausmaß von TE-Quellen liefern. In aller Regel müssen weitere passende Zustandsgrößen erfasst und bewertet werden, um überhaupt eine Aussage über die Ausfallwahrscheinlichkeit eines Generators und daraus erwachsendem Betriebsrisiko formulieren zu können. Erst damit kann der Betreiber in die Lage versetzt werden, die technisch richtige Maßnahme (Instandhaltung, Weiterbetrieb) zu wählen, welche gerade im Bereich der Energieversorgung erheblich durch ökonomische Randbedingungen (z.B. Kosten und Verluste durch Generatorstillstand) geprägt wird.

5. Literatur

[1] Gockenbach, E.: Grundlagen für die Diagnostik; VDE ETG 97; Diagnostik elektrischer Betriebsmittel; Köln 2004

[2] Schmidt, G.: Alterungs- und Schädigungsdiagnose an künstlich geschädigten und nach DIN gealterten polymerisolierten Mittelspannungskabeln; VDE ETG 104, Kassel 2006

[3] Weidner, J. R.: Elektrische Feldsteuerung bei Ständerwicklungen von Turbogeneratoren – Anforderungen, Berechnungsverfahren, Konstruktion, Betriebsverhalten; VDE ETG 131; Feldsteuernde Isoliersysteme; Darmstadt 2011

[4] Hendricks, R.: Online-Diagnosesystem für Turbogeneratoren; VDE ETG 118-119; Düsseldorf 2009

[5] Obralic, A.: Automatisches PRPD Mustererkennungsverfahren bei TE-Monitoring an rotierenden Maschinen; VDE ETG 134; Diagnostik Elektrischer Betriebsmittel; Fulda 2012

[6] Litinsky, A.: Alterungserscheinungen am Glimmschutzsystem rotierender Maschinen; VDE Hochspannungstechnik; Berlin 2016

[7] IEC/TS 60034-27: Off-line partial discharge measurements on the stator winding insulation of rotating electrical machines

[8] IEC/TS 60034-27-2: On-line partial discharge measurements on the stator winding insulation of rotating electrical machines

[9] Oettl, F.: Eine Untersuchung zum Ausbreitungsverhalten von Teilentladungsimpulsen in der Hochspannungswicklung rotierender elektrischer Maschinen; VDE Hochspannungstechnik; Berlin 2016

[10] Neckam, M.: Ozonmessungen zur Diagnose äußerer Teilentladungen in luftgekühlten Wasserkraftgeneratoren; VDE ETG 144; Diagnostik Elektrischer Betriebsmittel; Berlin 2014

[11] Schmidt, G.: Online and Offline Diagnostics as a successful Interaction for CBM on Turbo-Generators; CMD2010; Tokyo 2010

[12] Ewert, F.: Kontinuierliche Überwachung des TE-Verhaltens von Turbogeneratoren – Praxisbeispiel zur Früherkennung und Ortung von Isolierungsschäden; VDE ETG 134; Diagnostik Elektrischer Betriebsmittel; Fulda 2012

IT-UNTERSTÜTZTE OPTIMIERTE INSTANDHALTUNGSSTRATEGIE, BASIEREND AUF KOMBINATION VON ZEIT, ZUSTAND, RISIKO UND RCM-KONZEPT

Dr. Zeljko Schreiner
IPS-Intelligent Process Solutions GmbH
Dr.-Gustav-Adolph-Str. 2
82049 Pullach, München

Abkürzungen

TBM	Time Based Maintenance, zeitorientierte Instandhaltung
CBM	Condition Based Maintenance, zustandsorientierte Instandhaltung
CBRM	Condition Based Risk Maintenance, zustands- und risikoorientierte Instandhaltung
IH	Instandhaltung
MTBF	Mean Time Between Failures
RCA	Root Cause Analysis
RCM	Reliability Centered Maintenance, zuverlässigkeitsorientierte Instandhaltung
RPN	Risk Priority Number, Risiko-Prioritätsnummer
FAT	Factory Acceptance Test, Werksabnahme-Test
HI / GI	Health Index / Gesundheitsindex
PoF	Probability of Failure, Ausfallwahrscheinlichkeit
CoF	Consequence of Failure, Ausfallfolgen

1. Einleitung und grundlegende Erklärungen

Dieses Papier beschreibt, wie die IT die optimale Auswahl eines Instandhaltungskonzept unterstützen und ein IH-Konzept dauerhaft optimieren kann, um Kosten zu senken, die Leistungsfähigkeit der Assets aber zu maximieren. Ein Instandhaltungskonzept basiert auf Instandhaltungsaktionen. Häufig enthalten Instandhaltungsaktionen zahlreiche Instandhaltungsaufgaben. Jedes IH-Konzept verwendet eine bestimmte Logik zur Freigabe von Instandhaltungsaktionen. Die folgenden Strategien werden in der Regel verwendet:

1. Zeitorientierte IH-Strategie – IH-Aktionen sind an festgelegte oder flexible Zeitintervalle gebunden. Im Beispiel wird der Öltest inklusive Ölqualitätsanalyse und DGA-Test bei Transformatoren in den ersten 20 Jahren alle drei Jahr durchgeführt, danach jährlich.
2. Zustandsorientierte IH-Strategie – IH-Aktionen werden entsprechend der Erreichung eines bestimmten Zustands erstellt. Bei der zustandsorientierten Instandhaltung werden in der Regel verschiedene Monitoringsysteme eingesetzt, die Information über den Zustand des Assets liefern. Im Beispiel des Transformator-Öltests ist die Qualität schlecht und es wird eine Ölfilterung empfohlen. Eine andere zustandsorientierte Strategie ist die vorhersehbare IH, die den Zustand der Assets in der Zukunft beurteilt und die Instandhaltung auslöst bevor der Assetzustand tatsächlich schlecht wird.
3. **Zustands- und risikoorientierte Instandhaltung** – Hier liegt dasselbe Konzept vor wie bei der zustandsorientierten IH, aber zusätzlich werden die Assets aufgrund ihrer Kritikalität (Bedeutung) bewertet. Auf dieser Grundlage wird ein Priorisierung der IH-Aktivitäten vorgenommen.
4. **RCM – Reliability Centered Maintenance** – Das ist ein Konzept, das auf dem Verständnis von Ausfall und Fehlermodus beruht. Hier werden Aktionen erstellt, um die kritischsten Ausfälle bzw. Fehlermodi zu verhindern.

5. **Fehlerbehebende Instandsetzung** – Aktionen werden durchgeführt, nachdem ein Fehler aufgetreten ist, um das Asset wieder in den ordnungsgemäßen Zustand zu bringen.

2. Instandhaltungskonzept

Ein Instandhaltungskonzept besteht aus IH-Aktionen, welche für einen spezifischen Assettyp erstellt werden. In den meisten Versorgungsunternehmen werden Wartungszyklen als zeitbasiert oder zählerbasiert definiert. In seltenen Fällen werden Zyklen aufgrund von vorhersehbarem Zustand oder anderer komplexer Analytik erstellt. Ein gutes Instandhaltungskonzept sollte jedoch alle verfügbaren Informationen, die zur Berechnung einer optimalen IH-Strategie verwendet werden können, miteinbeziehen.

- Herstellerempfehlungen
- Nationale und Internationale Standards und Empfehlungen
- Interne Erfahung und Regeln

3. Wie sieht das optimale Instandhaltungskonzept aus?

Optimal ist ein IH-Konzept, wenn es die optimale Leistungsfähigkeit der Assets gewährleistet und eine möglichst lange Nutzung bei niedrigsten Kosten unter Einhaltung aller Sicherheits- und Umweltaspekte ermöglicht.
Die weltweite Erfahrung zeigt, dass keine einzelne Strategie besser oder überlegen ist. Die zweckmäßigste Strategie besteht aus einer Mischung aller vorgenannten Strategien:

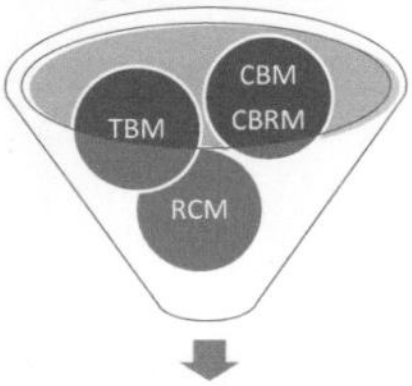

Abbildung 0: Strategie-Mix für ideales IH-Konzept

Jede Instandhaltungsaktion bedeutet und verursacht Kosten. Diese Kosten müssen in Beziehung gesetzt werden mit der Leistung der Assets und deren Bedeutung, d. h. dass jede IH-Aktion, die eingeschränkt werden kann, auch die Kosten der Instandhaltung verringert (OPEX-Reduzierung).

4. Das IT-System & Asset Data Intelligence

Hier dreht sich alles um intelligente Datenmodelle. IT-Systeme, die Asset- und Instandhaltungs-Management bieten, müssen in der Lage sein, alle relevanten Daten, die zu einem optimalen Asset Performance Management gehören, verarbeiten zu können.

- Typenschild-Daten
- Operative Daten (Messdaten, Warnungen, Benachrichtigungen, SCADA-Daten usw.)
- Instandhaltungsdaten (Prüfergebnisse, Inspektionsdaten usw.)
- Inbetriebnahmedaten (Prüfergebnisse, Fingerabdrücke usw.)
- FAT-Daten
- Überwachungsdaten
- Erfahrungsdaten (MTBF, Fehlfunktionen usw.)
- Analytische Daten
- Simulations- und Vorhersagedaten
- Konfigurations- und Einstellungsdaten
- Alle weiteren Daten, die zur Verbesserung der Asset-Leistung genutzt werden können.

Wichtig ist insbesondere, dass das IT-System spezifische Bezugsdatenmodelle beinhaltet, welche die vorgenannten Daten verarbeiten können und die Funktionalität bieten, diese Daten so einfach wie möglich zu importieren und zu verwalten.

5. Optimierung des IH-Konzepts

Die IH-Optimierung sollte zwei Schritte beinhalten:

1. Anfängliche Optimierung
2. Fortlaufender Optimierungsprozess

Instandhaltungskonzepte sind für jede Assetgruppe (oder jedes Asset-System) unterschiedlich. Diese Ausführung geht davon aus, dass ein Optimierungsprozess für jede individuelle Assetgruppe einzeln erstellt wird. Im Optimierungsprozess wird festgelegt, welche Aktionen verringert werden können (d. h. nicht mehr ausgeführt werden) und welche Aktionen ausgebaut oder neu hinzugefügt werden. Ferner wird versucht, den Ausführungszyklus zu optimieren.
RCM- und CBRM-Konzepte eignen sich hervorragend, um zu verstehen, welche IH-Aktionen wegfallen können und welche auszuweiten sind.

Für die Optimierung verwenden wir eine besondere Methodologie mit zweidimensionaler Priorisierung.
Das CBRM-Konzept priorisiert Assets und RCM priorisiert die IH-Aktivitäten für diese Assets.

CBM, CBRM werden auch verwendet, um Input für die RCM-Methode zu liefern.
In vielen Fällen haben wir den Eindruck bekommen, dass nach Einführung von komplexen fortschrittlichen Konzepten wie CBRM oder RCM die zeitorientierte Instandhaltung nicht mehr durchgeführt wird. Das ist nicht richtig. In der Tat werden viele zeitorientierte Aktionen entfernt oder ersetzt werden, allerdings eignen sich zeitorientierte Aktionen gerade zur Feststellung des Zustands des Assets, z.B. durch Sichtprüfungen oder Kontrollmessungen. In manchen Fällen können solche Aktivitäten durch fortschrittliche Überwachungssysteme ersetzt werden. Je vorangeschrittener die Kontroll- und Überwachungssysteme sind desto weniger zeitorientierte IH-Aktionen werden notwendig. Zeitorientierte Aktionen können jedoch nicht gänzlich gestrichen werden.
Reine zustandsorientierte Aktionen bleiben ebenfalls in allen Fällen, in denen der Zustand erfolgreich beurteilt werden kann, erhalten.

5.1. Zustands-Wichtigkeits-Analyse

Die Priorisierung der Instandhaltung wird oft durch die CBRM-Methode vorgenommen wie unten dargestellt (auch bekannt als Zustands-Wichtigkeits-Analyse).

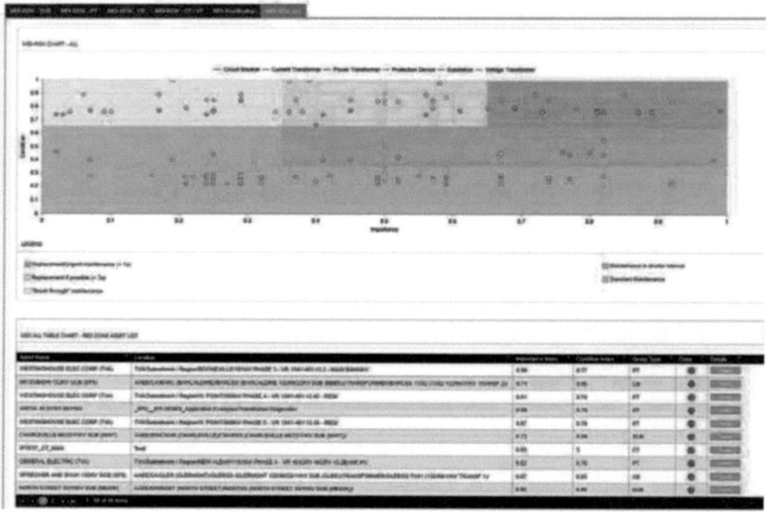

Abbildung 1: Zustands-Wichtigkeits-Analyse (3 &4)

Aus dem obigen Diagramm geht hervor, dass das entsprechende Asset Management und Instandhaltungs-IT-System über umfangreiche Funktionalitäten für zustandsorientierte Analytik verfügen muss. Die Ergebnisse einer solchen Analytik werden in der Prioritätenmatrix für Zustands-Wichtigkeits-Entscheidungen verwendet. Zustandsanalytik beeinflusst IH-Zyklen und Aktionsausführung.

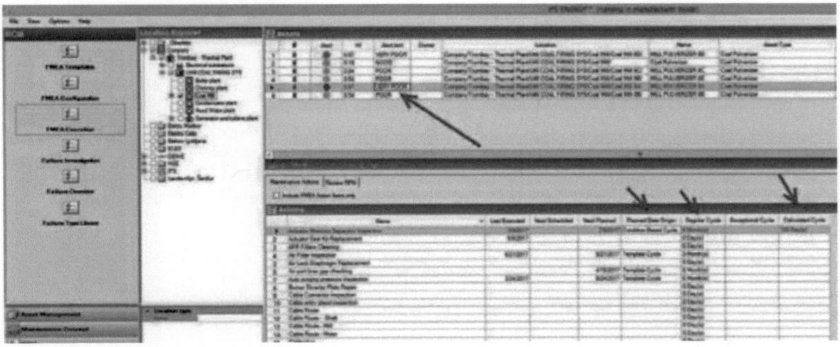

Abbildung 2: Zyklenoptimierung für zustandsorientierte Instandhaltung

Wie in der Abbildung zu sehen, wurde der Wartungszyklus aufgrund von Zustandsanalytik von 180 auf 120 Tage reduziert.

5.2. RISIKO-Analytik und Simulationen

Zur Berechnung der Ausfallwahrscheinlichkeit, Ausfallfolgen und letztlich des Risikos können verschiedene mathematische Methoden angewendet werden. Für die Ausfallwahrscheinlichkeit hängt diese Methode von der PoF-Kurve ab. In der Praxis wird heutzutage am häufigsten die Badewannenkurve benutzt. Zur Berechnung der Ausfallwahrscheinlichkeit als Badewannenkurve werden meistens exponentielle Funktionen der Taylor-Reihen (UK DNO-Methode) oder bekannte Weibull-Analysen verwendet. In einigen Fällen, wenn Daten fehlen, kann auch die Monte-Carlo-Methode angewandt werden. Die Abbildung unten stellt eine Standard-Simulation dar, die den Gesundheitsindex (GI), die Ausfallwahrscheinlichkeit (PoF), die Ausfallfolgen (CoF) sowie das RISIKO berechnet.

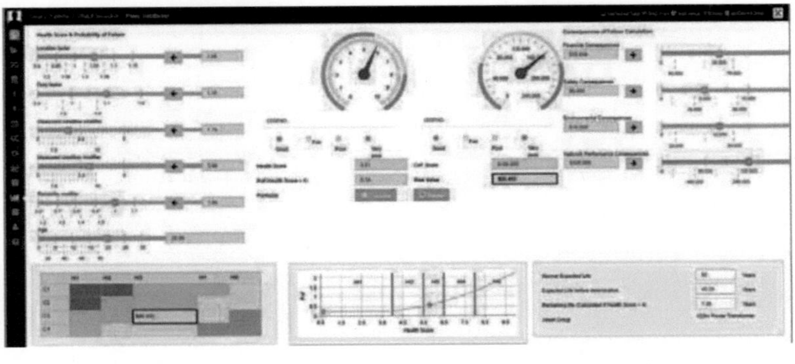

Abbildung 3: GI-, PoF-, CoF- & RISIKO-Simulation

5.3. RCM – Reliability Centered Maintenance

Die RCM-Methode wird dazu verwendet, alle Instandhaltungsaktivitäten zu bewerten und damit das bestehende IH-Konzept zu optimieren. RCM ist nicht nur ein anderes Konzept, sondern erfordert eine Art Umdenken. Ein Beispiel: Wir reden nicht mehr über Assets, sondern über funktionelle Komponenten, Fehlermodi, Ausfallursachen usw.

Das RCM-Konzept beruht auf dem Verstehen von Fehlermodi, Ausfallursachen und der weiteren zugrunde liegenden Ursache (root cause). Das RCM-Konzept verwendet die RPN zur Priorisierung der IH-Aktivitäten. Diese Zahl, die Risk Priority Number, wird wie folgt berechnet:
RPN = Schadensausmaß x Ausfallwahrscheinlichkeit (PoF) x Entdeckungswahrscheinlichkeit

Abbildung 4: FMEA-Beispiel für Kohlemühle (Pulverizer)

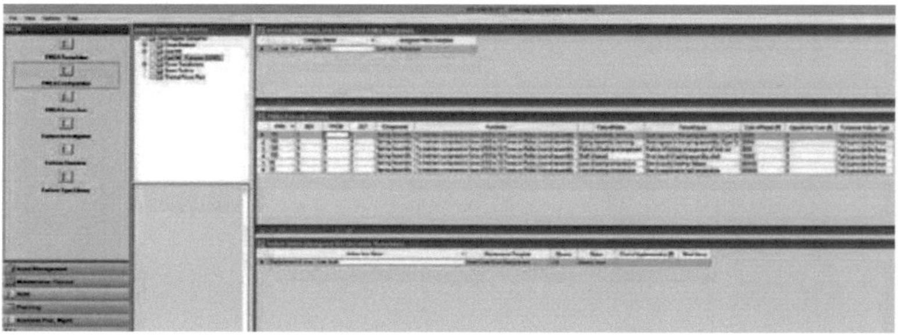

Abbildung 5: FMEA-Ausfallursache mit RPN-Priorisierung

Das IT-System muss zuerst das RCM-Konzept mit allen Funktionalitäten wie FMEA-Vorlagen, Analyse der zugrunde liegenden Ursache, RPN-Berechnung etc. implementieren.
Jede Aktion einer bestehenden IH-Strategie wird durch das FMEA-Konzept kritisch analysiert und bekommt sodann eine zugrunde liegende Ursache mit einer RPN zugewiesen. Diese Zahl (RPN) wird dann für die Priorisierung der IH-Aktionen verwendet. Aktionen mit sehr geringer RPN werden aus dem Konzept entfernt (und nicht mehr ausgeführt).

6. Instandhaltungskonzept-Optimierung

Das IT-System arbeitet als Überwachung, indem es Fehlermodi kontrolliert und IH-Aktionen mit zugrunde liegender Ursache vorschlägt. RCA und Fehleruntersuchung sind ein sehr wichtiger Teil des IT-Systems, welches in der Lage sein muss, unbekannte Fehlermodi und entsprechende zugrunde liegende Ursachen zu erkennen. Viele Jahre lang waren neuronale Netze die Basistechnologie für selbstlernende Maschinen, heute ist der neueste Ansatz die Blockchain-Methodologie.

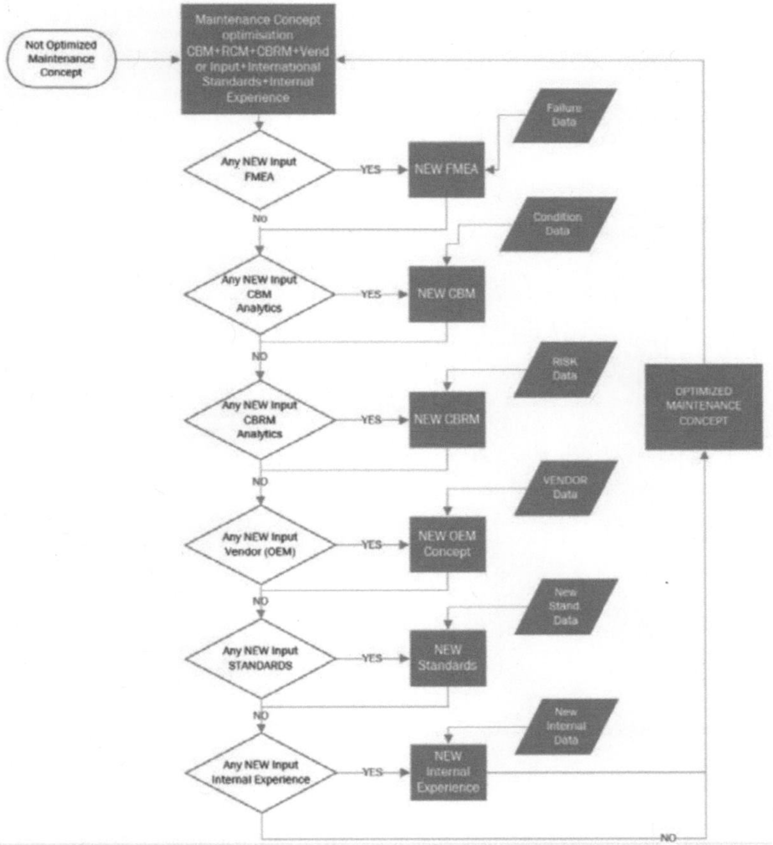

Abbildung 6: Fortlaufende IH-Konzept-Optimierung

Hinweis: Die fortlaufende IH-Konzept-Optimierung ist nach internationalen Standards wie PAS55, ISO5500 oder VDE0109 für Deutschland erforderlich.

7. Fazit

Wie man der vorangegangenen Ausführung entnehmen kann, ist die Aufgabe der heutigen IT-Systeme, die Asset Management sowie Instandhaltungskonzepte unterstützen können müssen, viel komplexer als das reine Erstellen von Arbeitsaufträgen, einfachen Checklisten oder das Erfassen von Messpunktdaten.
Die Zeiten von herkömmlichen, nicht spezialisierten IT-Systemen sind definitiv vorbei. Die Kosten solch allgemeiner Systeme sind zu hoch für den geringen Wirkungsgrad, den sie erzielen.

Neue moderne IT-Systeme müssen sehr fortgeschrittene Datenmodelle, sehr fortschrittliche und spezialisierte Funktionalitäten mit sehr leistungsfähiger Integration und Schnittstellentechnologie bieten. Des Weiteren muss ein modernes IT-Instandhaltungs- und Asset-Management-System auch eine sehr leistungsfähige mobile Lösung zur Verfügung stellen, die in der Lage ist, die unterschiedlichsten Abhängigkeitsdaten zu sammeln, die für die Optimierung jedes IH-Konzepts benötigt werden. In anderen Worten muss ein modernes IT-System ERP, Asset Management, Asset Performance Management, mobiles Workforce Management und viele spezialisierte Funktionen beinhalten.

Zu guter Letzt präsentieren wir das logische Diagramm eines optimierten kombinierten Instandhaltungskonzepts:

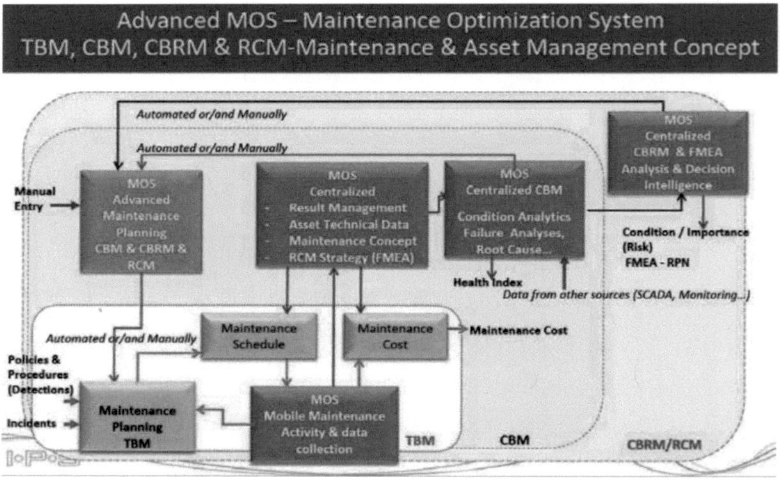

Abbildung *7: MOS Maintenance Optimization System*

Referenzen:

[1] IPS-SYSTEMS™ Enterprise Asset Management System Technical Manuals

[2] Conference Med Power 2016: Danijel Krnjajic1,*, Dr.Zeljko Schreiner2, Ivan Petkoski1, Zoltan Solga3 "INTELLIGENCE METHOD FOR CALCULATING THE MOST APPROPRIATE ASSET MAINTENANCE AND REPLACEMENT BASED ON WEIBULL ANALYTICS"

[3] E.J. William, Z. Schreiner, J. Bizjak, "Prioritizing Maintenance for Protection Assets (PA): Utilizing Decision Indices", 2013 CIGRÉ Canada Conference, 2013

[4] J. Bizjak, Z. Schreiner, I. Petkoski, J. Kragelj, "Asset Management Decision Intelligence based on the Condition Importance Method with Dynamic Weighing Factors - Asset management and conditions assessment", 2014 PAC World Conference, Zagreb, Croatia, 2014

[5] 2015 Smart Energy Analytics London ; Dr. Željko Schreiner IPS GmbH Germany , Jože Bizjak Msci IPS d.o.o Slovenia "Strategy for Power System Assets while Utilizing Condition Importance Prioritization Method with dynamic weighing factors and analyses trend estimation."

[6] DNO COMMON NETWORK ASSET INDICES METHODOLOGY, Health & Criticality - Version 1.0, 2016

Themengebiet 2

Zyklusoptimierung im dynamischen Marktumfeld
Flexibilisierung Betrieb vs. Instandhaltung
Marktgeführte Instandhaltungsstrategie

Oberlausitzer Energie-Symposium 2017, Zittau, Deutschland, 25./26. Oktober 2017

ASSET MANAGEMENT IM DYNAMISCHEN MARKTUMFELD – EIN BEISPIEL DER VATTENFALL FERNWÄRMEVERSORGUNG

Dr.-Ing. Markus Göring*
Vattenfall Wärme Hamburg GmbH, Überseering 12, 22297 Hamburg

Ton Duijn
N.V. Nuon Energy, Hoekenrode 8, 1102 BR Amsterdam Zuidoost

Sowohl die Strom- als auch die Wärmeversorgung befinden sich im Wandel, und die beteiligten Unternehmen sehen sich mit umfangreichen Veränderungen konfrontiert. Das Asset Management liefert die notwendigen Strukturen und Ansätze zur Bewältigung dieser Herausforderungen. Dieser Beitrag beschreibt die Grundprinzipien des Asset Management Systems im Bereich der Fernwärmeversorgung bei Vattenfall, insbesondere wird hierbei auf das zugrunde liegende Rollenverständnis, den Asset Management Prozess sowie die Prinzipien der Entscheidungsfindung eingegangen. Zudem stellt dieser Beitrag drei Initiativen vor, anhand derer der Fortschritt der Umsetzung des Asset Managements bewertet wird: die Gap Analyse, der Solomon Benchmark und ein Projekt zur strukturierten Überprüfung der Instandhaltung.

1. Die Wärmewende und ihre Bedeutung für das Asset Management

Die intensive Diskussion über den Klimawandel führt derzeit zu einer grundlegenden sowie rapiden Veränderung des Energiemarktes: die Energiewende [1]. So wurden zum Beispiel die erneuerbaren Energien in den vergangenen 10 Jahren umfassend ausgebaut, und der Anteil erneuerbarer Energien am Bruttostromverbrauch ist von etwa 10% auf weit mehr als 31% angestiegen [2]. Der Klimawandel wirkt sich aber auch auf den Bereich der Fernwärmeversorgung aus, mit ähnlichen Konsequenzen, und wird in diesem Kontext als Wärmewende bezeichnet [3].

Für Energieversorgungsunternehmen bedeutet dieses, dass, unter Beachtung der nationalen Klimaziele, das Portfolio zur Wärmeerzeugung klimafreundlicher gestaltet und Investitionen im Bereich nachhaltiger Energielösungen getätigt werden müssen. Zudem resultiert das volatile Marktumfeld in sinkenden Erlösen, welche sinnvoll in die Modernisierung des alternden Asset Portfolios investiert werden müssen. Unter diesen Rahmenbedingungen, mit hohen Investitionen einerseits und Kostendruck aufgrund des Marktumfelds andererseits, sinkt die Rentabilität der Energieversorgungsunternehmen und zwingt diese zum Handeln. Zur Sicherstellung der Finanzmittel für die zwingend notwendigen Investitionen müssen, unter Beachtung der Zuverlässigkeit und Sicherheit der Erzeugungsanlagen, die Erlöse über den Lebenszyklus der Assets optimiert werden.

Als Asset-intensives Unternehmen begegnet Vattenfall im Geschäftsbereich der Fernwärmeversorgung[a] den Herausforderungen der Wärmewende mit der konsequenten Umsetzung des Asset Managements. Asset Management gemäß ISO 55000 [4] oder PAS 55 [5] liefert die erforderlichen Strukturen und Ansätze, mit denen die Entscheidungsfindung unterstützt und die Verdienstkapazität der Assets maximiert werden kann. Trotz regionaler Unterschiede, u.a. bedingt durch das Asset Portfolio, die Historie der Region, interne sowie externe Stakeholder oder die Organisationsstruktur/-kultur, verfolgt Vattenfall die Umsetzung eines harmonisierten Asset Management Systems. Die Regionalität erhöht die Komplexität, ermöglicht jedoch Individualität und unabhängigen Fortschritt der Regionen.

Der aktuelle Status des Asset Management Systems bei Vattenfall wird anhand von drei Initiativen bewertet. Der Reifegrad des Asset Management Systems wird durch eine Analyse des Systems im Vergleich zu den PAS 55 Anforderungen bewertet. Ergänzend zum

[a] Im Folgenden ist unter Vattenfall stets der Geschäftsbereich der Fernwärmeversorgung zu verstehen.

Reifegrad wird die Leistung der Assets einerseits im Rahmen des internationalen Solomon Benchmarks [6] mit vergleichbaren Wettbewerbern im Erzeugungsbereich gemessen. Andererseits wird im Rahmen eines Projekts zur strukturierten Überprüfung der Instandhaltung die Wirtschaftlichkeit der Instandhaltung im Portfolio hinterfragt [7].
Asset Management gemäß internationalen Standards wird grundlegend in Abschnitt 2 vorgestellt. Hierauf aufbauend wird in Abschnitt 3 die Umsetzung des Asset Management Systems bei Vattenfall beschrieben, gefolgt von der Darstellung der drei Initiativen zur Bewertung des Asset Management Systems in Abschnitt 4. Abgeschlossen wird der Beitrag mit einer Zusammenfassung in Abschnitt 5.

2. Asset Management gemäß ISO 55000 und PAS 55

Das Asset Management hat seinen Ursprung im englischsprachigen Raum [8]. Sowohl in Großbritannien, Australien, Kanada und den USA wurde das Thema Ende des letzten Jahrtausends, motiviert durch den sicheren und effizienten Betrieb von Assets, entwickelt. Der erste Standard, IAM/BSI PAS 55 [9], wurde im May 2004 veröffentlicht, und im Jahr 2008 umfangreich aktualisiert. Zu diesem Zeitpunkt haben 50 Organisation aus 15 Industriebereichen und 10 Ländern an dem Standard mitgewirkt [8]. Der aktuelle Standard zum Asset Management, ISO 55000 [4], wurde im Jahr 2014 veröffentlicht.
Ein Vergleich der beiden Standards zeigt [10], dass sich die Inhalte überdecken, die Struktur und inhaltliche Details aber unterschiedlich sind. Der Standard ISO 55000, geprägt durch die internationalen Ausrichtung, baut auf dem PAS 55 Standard auf und stellt die Themengebiete abstrakter sowie umfangreicher dar, z.B. beim Themengebiet Führung, ergänzt durch die Vorgabe minimaler Anforderungen. Der Standard PAS 55 ist als Industriestandard anzusehen und daher spezifischer in der Formulierung.
Die Themengebiete der Asset Management Standards umfassen den Kontext der Organisation (u.a. Stakeholder Management), Führung (u.a. Rollenverständnis), Planung (u.a. Asset Management Ziele), Unterstützung (u.a. Ressourcen oder Kommunikation), Betrieb (u.a. Change Management), Bewertung der Leistung (u.a. Internes Audit) und Verbesserung (u.a. fortlaufende Verbesserung) [5]. Ausgangspunkt des Asset Managements ist selbstverständlich das Verständnis zum Begriff des Assets, der in der ISO 55000 als *„Item, thing or entity that has value or potential value to an organisation"* [5] definiert wird. Assets umfassen demnach alle Dinge, die einen (potentiellen) Wert für eine Organisation haben. Dieses können z.B. physische Assets sein, aber auch Finanzprodukte oder Humankapital. Aufbauend auf diesem Grundgedanken ist die Sichtlinie zwischen dem Kontext der Organisation und dem Betrieb der Assets ein wichtiges Prinzip des Asset Managements. Hierbei müssen die Themengebiete des Asset Managements, so wie in den Standards dargestellt, in dem Asset Management System integriert werden.
Bei Vattenfall wird das Asset Management seit 2011 verfolgt, insofern bildet der Standard PAS 55 die Basis des Asset Management Systems. Im folgenden Abschnitt werden die Grundprinzipien des Asset Management Systems von Vattenfall vorgestellt.

3. Asset Management bei Vattenfall

Die Umsetzung des Asset Managements erfolgt bei Vattenfall in einer Matrix-Organisation, siehe Abbildung 1. Das Asset Management ist in der zentralen Asset Management Abteilung organisiert. Zielstellung dieser Abteilung ist die Sicherstellung einheitlicher Grundprinzipien für das Asset Management innerhalb der Organisation. Die regionalen Charakteristika des Asset Managements hingegen werden durch die funktionale Integration des Asset Managements in die Regionen[b] Niederlanden, Schweden, Hamburg und Berlin berücksichtigt.
Als Assets werden bei Vattenfall, als Asset-intensives Energieversorgungsunternehmen, die Erzeugungsanlagen sowie Verteilnetze verstanden. Diese werterzeugenden Einheiten, d.h. Assets, werden einerseits durch Ihren

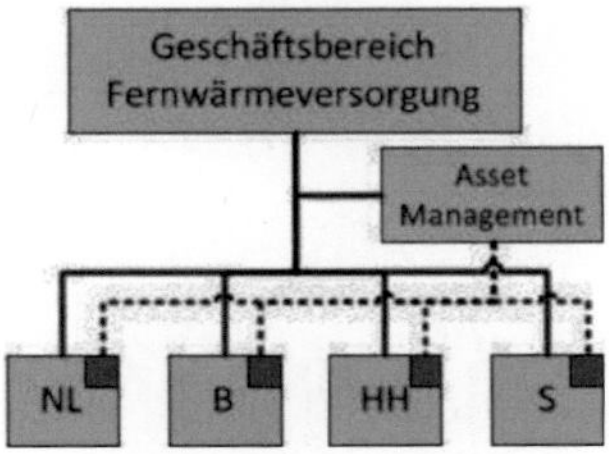

Abbildung 1 Asset Management Organisation

[b] Niederlande – NL, Schweden – S, Berlin – B, Hamburg – HH

Kapitalwert über die Lebensdauer definiert. Andererseits wird der Wert der Assets auch durch die Rolle der Assets im Portfolio der Fernwärmeerzeugung beeinflusst. Hierbei werden die Assets u.a. hinsichtlich der Sicherstellung der Grundlastversorgung bzw. der Abdeckung der Spitzenlast kategorisiert. Im derzeitigen Umfang des Asset Managements werden Finanzprodukte, Humankapital oder auch Daten nicht betrachtet. Letztere Assets werden mit der derzeitigen Entwicklung der Digitalisierung jedoch immer wichtiger [11].

Mit dem Ziel die Verdienstkapazität der Assets zu maximieren, dienen die Dimensionen des Asset Management Dreiecks (siehe Abbildung 2), d.h. Leistung, Risiko und Kosten, als Hilfestellung für die Entscheidungsfindung. Unter Beachtung der in Abschnitt 1 dargestellten Herausforderung des volatilen Marktumfelds, steht die Leistung der Assets aufgrund geringerer Erlöse derzeit stark unter Druck. Einerseits muss auf diese Veränderung durch eine kritische Betrachtung der Kostendimension reagiert werden. Andererseits muss eine Optimierung der Risikodimension angestrebt werden, so dass die Verdienstkapazität der Assets nicht negativ beeinflusst wird. In Abbildung 2 sind die Abhängigkeiten zwischen den Dimensionen exemplarisch angedeutet. Werden z.B. die Ausgaben für die Instandhaltung eines Assets reduziert (1), so verharrt die Leistung des Assets zunächst auf einem gleichbleibenden Niveau (2). Mittel- bis langfristig wird sich der Zustand des Assets bei reduzierter Instandhaltung verschlechtern und die Leistung

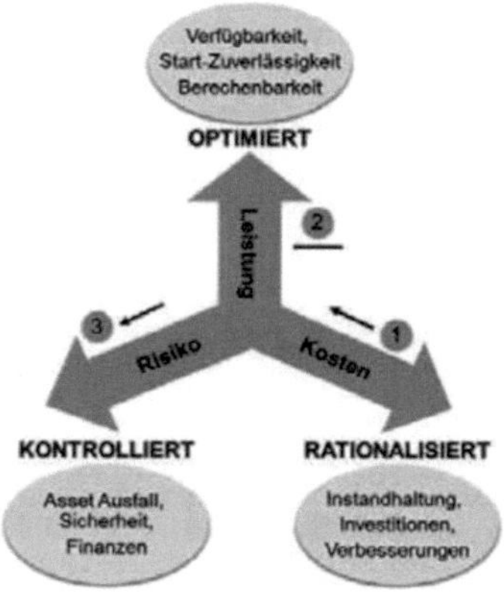

Abbildung 2 Asset Management Dreieck

des Assets sich reduzieren. Das Risiko für ungeplante Ausfälle, und damit das Risiko für erhöhte Ausfallkosten, steigt hingegen unmittelbar (3). Mit dem Asset Management Dreieck können Abhängigkeiten qualitativ bewertet und diskutiert werden, eine quantitative Bewertung oder auch zeitliche Abhängigkeiten ergeben sich lediglich indirekt aus dem Asset Management Dreieck.

Gesteuert wird die Entscheidungsfindung bei Vattenfall durch einen definierten Asset Management Prozess. Dieser Prozess, gemäß internationalen Standards, garantiert die Sichtlinie (engl. *line-of-sight*) zwischen den Zielen des Unternehmens und der Ausführung von Entscheidungen auf allen Ebenen. Mit Hilfe der Organisation des Asset Managements, siehe Abbildung 1, ist dieser Prozess für alle Regionen abgestimmt und folgt einheitlichen Grundprinzipien. Abbildung 3 gibt einen Überblick über die Elemente des Prozesses.

Ausgangspunkt des Asset Management Prozesses ist die Asset Strategie. Auf Basis der Rahmenbedingungen eines Assets, z.B. Anforderungen der Stakeholder, Rolle im Portfolio, Marktsituation, Betriebsgenehmigung oder auch Unternehmensstrategie, werden für jedes Asset die langfristigen Ziele festgelegt. Diese Ziele werden mit Beginn der Lebensdauer eines Assets definiert und in einem jährlichen Prozess den aktuellen Rahmenbedingungen angepasst. Aus diesen langfristigen Zielen werden im Rahmen der Asset Leitlinie konkrete Handlungsfelder mit einem Zeithorizont von fünf Jahren abgeleitet. Diese Handlungsfelder umfassen spezifische Projekte und Aktivitäten, mit denen, unter Beachtung der aktuellen Rahmenbedingungen, die passende Balance zwischen Leistung, Risiko und Kosten angestrebt wird bzw. die in der Asset Strategie definierten langfristigen Ziele kurz- und mittelfristig umgesetzt werden sollen.

Die weiteren Elemente des Asset Management Prozesses beziehen sich auf die Instandhaltung (IH), die mit dem risikobasierten Ansatz ein wichtiger Bestandteil des Asset Managements ist. Basis der risikobasierten IH sind die IH-Konzepte, mit denen sich die IH flexibel an die Rahmenbedingungen anpassen lässt. In einem koordinierten Ablauf aus Kritikalitäts- und Zuverlässigkeitsanalyse werden die IH-Konzepte je Anlagenkomponente entwickelt. Mit der Fehlermöglichkeits-, -einfluss- und -kritikalitätsanalyse (FMECA, engl. *Failure Mode and Effects and Criticality Analysis*) [12] wird auf Systemebene zunächst die Bedeutung

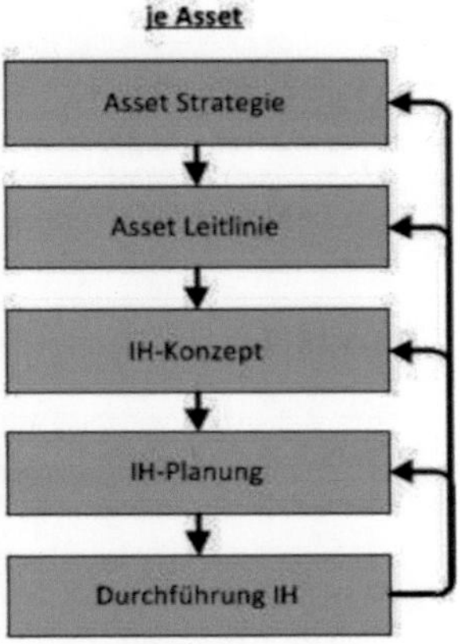

Abbildung 3 Asset Management Prozess

der Systeme für das Asset bestimmt. In Abhängigkeit von der Kritikalität werden anschließend die notwendigen IH-Aktivitäten aufwandsabhängig über die RCM (engl. *Reliability Centred Maintenance*) [13], FMEA (engl. *Failure Mode and Effects Analysis*) [12] oder MCR (engl. *Maintenance Criticality Re-Assessment*) [14] Methodik bestimmt. Die Umsetzungsplanung der IH-Konzepte erfolgt als Teil der IH-Planung. Bei diesem Element des Prozesses werden die IH-Aktivitäten zeitlich über die Lebensdauer der Assets geplant, dieses resultiert in einer aktivitätenbasierten IH-Planung. Schließlich werden die IH-Aktivitäten im Rahmen von Revisionen oder im unterjährigen Betrieb umgesetzt.

Wichtig für den Asset Management Prozess ist die Rückkopplungsschleife (engl. *Feedback Loop*), angedeutet in Abbildung 3. Das Wissen und die Erkenntnisse eines jeden Prozesselements werden in den anderen Elementen zur Optimierung berücksichtigt. So ist z.B. die Erfahrung bei der Durchführung umfangreicher IH-Aktivitäten eine wichtige Eingangsgröße für die Festlegung der Handlungsfelder im Rahmen der Asset Leitlinie.

In Bezug auf das Risikomanagement als Teil des Asset Management Prozesses wird eine einheitliche Risikomatrix verwendet. Die Risikomatrix ermöglicht die Identifikation von Risiken in Bezug auf Sicherheit und Gesundheit, Umweltauswirkungen, Reputation, Verfügbarkeit sowie Kosten. Hiermit werden z.B. bei der Kritikalitätsanalyse Auswirkungen und Effektivität von Maßnahmen bewertet, so dass diese Bewertungen, aufgrund der einheitlichen Risikomatrix, auch Asset übergreifend vergleichbar sind.

Die Umsetzung dieses Asset Management Prozesses resultiert in einer strukturierten, transparenten und dokumentierten Arbeitsweise und Entscheidungsfindung. Eine stetige Verbesserung des Prozesses wird durch die Rückkopplungsschleife sichergestellt.

Ein zentraler Aspekt des Asset Managements gemäß den internationalen Standards ist das eindeutige Rollenverständnis. Die Rollen des Asset Managements sind in Abbildung 4 abgebildet: Asset Eigentümer (engl. *Asset Owner*), Asset Manager und Asset Dienstleister (engl. *Asset Service Provider*). Der Asset Eigentümer ist verantwortlich für die Festlegung der langfristigen Ziele der Assets im Kontext der Asset Strategie. Hierbei muss der Asset Eigentümer die verschiedenen Sichtpunkte aller Interessenvertreter berücksichtigen. Der Asset Manager nimmt die Information des Eigentümers als Grundlage und übersetzt dies in die Asset Leitlinie. Hierbei ist der Asset Manager für die Umsetzung der Handlungsfelder verantwortlich und dient als Schnittstelle zwischen Eigentümer und Dienstleister. Der Asset Dienstleister ist für die Umsetzung und Ausführung der IH-Aktivitäten verantwortlich.

Im Einklang mit dem eindeutigen Rollenverständnis ergeben sich definierte Schnittstellen zwischen den Rollen und klare Verantwortlichkeiten. Hierbei übernimmt der Asset Manager die zentrale Rolle und muss die verschiedenen Aspekte im Asset Management gegeneinander abwägen. Hilfestellung bei dieser wichtigen Aufgabe erhält der Asset Manager durch den Gedanken des Asset Management Dreiecks, siehe Abbildung 2, so dass seine Entscheidungsfindung alle Aspekte optimal berücksichtigen kann. Das Ziel ist jedoch stets die Optimierung der Verdienstkapazität, d.h. das gemeinsame Interesse aller

Abbildung 4 Asset Management Rollenverständnis

Beteiligten.

4. Überprüfung der Asset Management Umsetzung

Die Umsetzung des Asset Managements, so wie im vorhergehenden Abschnitt beschrieben, ist mit einer anderen Arbeitsweise, d.h. speziell Rollenverständnis und Entscheidungsfindung, verbunden. Dieser Veränderungsprozess stellt für die Organisation und alle Beteiligten eine große Herausforderung dar und muss entsprechend kontrolliert umgesetzt werden. Zudem sollte die konsequente Umsetzung des Asset Managements in der Optimierung der Verdienstkapazität der Assets resultieren. Den Fortschritt bei der Umsetzung des Asset Managements, sowohl hinsichtlich Prozess als auch Ergebnisse, misst Vattenfall mit drei Initiativen, diese werden im Folgenden vorgestellt.

4.1. Reife des Asset Management

Grundlage des Asset Managements bei Vattenfall ist der internationale Standard PAS 55. Zur Überprüfung des Reifegrads der Umsetzung wurde der Status des Asset Managements in den Jahren 2015 und 2016 mit den PAS 55 Anforderungen abgeglichen, in Form einer Gap Analyse, und Handlungsfelder zur gezielten Verbesserung des Asset Managements identifiziert.
Form der Durchführung der GAP Analyse war die Sichtung von Dokumenten wie z.B. Betriebs- und Arbeitsanweisungen, Interviews mit Beteiligten des Asset Management Prozesses, sowie der Beantwortung von Fragebögen durch weitere am Prozess beteiligten Mitarbeiter. Hierfür wurden die PAS 55 Anforderungen mit detaillierten Fragen unterlegt und die Antworten der Beteiligten hinsichtlich Konformität ausgewertet.

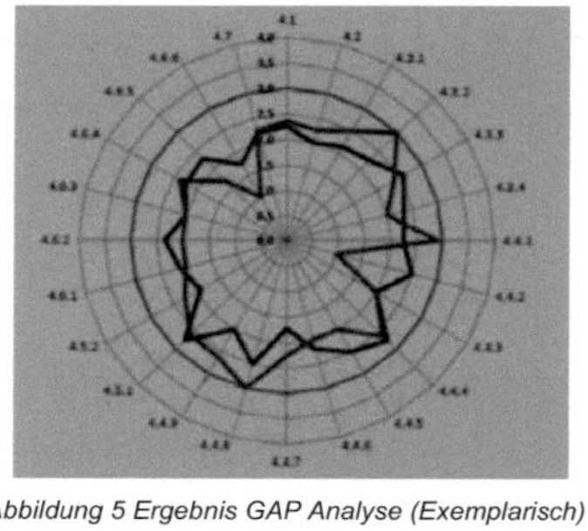

Abbildung 5 Ergebnis GAP Analyse (Exemplarisch)

Exemplarisch ist ein Ergebnis der Gap Analyse in Abbildung 5 dargestellt. Konformität mit dem Standard PAS 55 entspricht einem Reifegrad von 3,0 (äußere Linie in Abbildung 5, Skala: 0,0 bis 4,0). Die inneren Linien entsprechen der Selbsteinschätzung der Beteiligten und der Bewertung des Assessors.
Die identifizierten Handlungsfelder der GAP Analyse beziehen sich auf einer eindeutigen Umsetzung der Sichtlinie, speziell in Bezug auf eine hierarchieübergreifenden Konsistenz, die eindeutige Umsetzung der Asset Management Rollen sowie eine effizientere Dokumentation und Transparenz in der Entscheidungsfindung.
Der Bereich der Erzeugung in der Region Niederlande wurde im Nachgang zur Gap Analyse gemäß PAS 55 zertifiziert.

4.2. Externes Benchmarking

Mit der konsequenten Umsetzung des Asset Managements geht auch eine bessere Leistung der Assets einher, diese lässt sich an finanziellen und operativen Kennzahlen messen. Für die Standortbestimmung der Leistung der Assets in der Erzeugung wird diese seit einigen Jahren im internationalen Vergleich im Rahmen des Solomon Benchmarks [6] gemessen. Durch diesen Vergleich der Leistung mit einer entsprechenden Referenzgruppe lassen sich gezielt Handlungsfelder zur Optimierung der

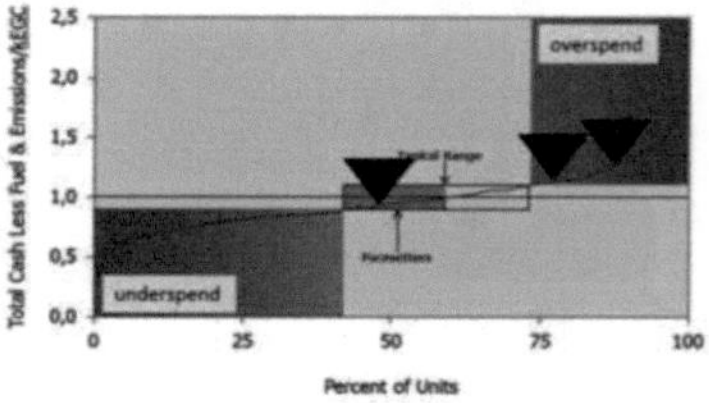

Abbildung 6 Trend des EGC (Exemplarisch)

Leistung identifizieren. Ziel für Vattenfall ist der Betrieb der Assets im oberen Quantil.
Basis für die Bewertung beim Solomon Benchmark sind historische Daten zu Kosten und Ausfallereignissen. Diese Daten werden gemäß Solomon Kategorisierung ausgewertet und diverse Kennzahlen gebildet. Neben Kennzahlen wie z.B. IH-Kosten oder entgangene Marge aufgrund von Ausfällen, wird die übergreifende Leistung der Assets in der Äquivalenten Erzeugungskomplexität (EGC, engl. *Equivalent Generation Complexity*) abgebildet. Die EGC entspricht einer

nichtlinearen Modellierung basierend auf Asset Konfiguration, Brennstoff Daten sowie Information zum Betrieb, und ermöglicht den generellen Vergleich zwischen der Leistung verschiedener Assets anhand einer Kennzahl. Abbildung 6 zeigt beispielhaft den Trend der EGC Kennzahl. Die Abbildung zeigt, dass die Verdienstkapazität im optimalen Bereich liegt, und sich die Kostenfaktoren deutlich reduziert haben.
Der Solomon Benchmark, speziell in der jährlichen Durchführung, bietet eine ideale Bewertung der Leistung der Assets im internationalen Umfeld. Durch die einheitliche Betrachtung der Daten ist eine allgemeingültige Referenz gegeben und Handlungsfelder lassen sich konsistent über mehrere Jahre ableiten und nachverfolgen.

4.3. Projekt zur Strukturierten Überprüfung der Instandhaltung

Die Standortbestimmung im Rahmen des internationalen Benchmarks erfolgt anhand von festgelegten Strukturen und historischen Daten. Die Identifikation der Handlungsfelder ist hierbei komplex, da eine detaillierte Diskussion anhand der zu Grunde liegenden Daten geführt werden muss. Zudem sind diese Handlungsfelder reaktiv. In Ergänzung zum Solomon Benchmark wird bei Vattenfall derzeit ein Projekt zur strukturierten Überprüfung der Instandhaltung (engl. *Structured Maintenance Review*, SMR) [7] durchgeführt. Zielstellung des SMR Projekts ist die optimale Balance zwischen Risiko und Kosten der IH, unter Beachtung der Marktposition der Assets, im Rahmen der zukünftigen IH-Planung.
Ansatzpunkt des SMR ist der Asset Management Prozess, auf dessen Basis eine Bewertung der IH anhand von wirtschaftlichen Aspekten erfolgt. In Abbildung 7 ist der generelle SMR Prozess dargestellt, bestehend aus den drei Schritten: Vorbereitung, SMR Bewertung und Ergebnisgespräch. Die Vorbereitung besteht aus der Strukturierung der vorhandenen Daten, dieser Schritt wird einmalig durchgeführt und ist speziell für bestehende Asset, unter Beachtung der Historie, ein bedeutender Teil. Als Teil der SMR

Abbildung 7 SMR Prozess

Bewertung wird die Kritikalitätsbewertung gemäß FMECA Methodik als Basis verwendet. Hierauf aufbauend werden die geplanten IH-Aktivitäten auf Basis der Marktposition der Assets bewertet. Die Ergebnisse werden schließlich übergreifend diskutiert und für die Planung beschlossen.
Kern des SMR Prozesses ist die Bewertung der geplanten IH-Aktivitäten. Mit jeder präventiven IH-Aktivität ist eine Reduzierung des Risikos verbunden, bei dem das Budget für die IH-Aktivität als eine Art Versicherungsprämie gesehen werden kann. Beim SMR werden die möglichen Ausfallrisiken zu einer IH-Aktivität erfasst, anhand der Ausfallkosten bewertet und anschließend ins Verhältnis zum geplanten Budget gesetzt. Anhand dieses Risikoindikators kann die Wirtschaftlichkeit der IH-Aktivitäten bestimmt werden. Als Ergebnis des Prozesses wird das geplante IH Budget in 5 Kategorien eingeteilt, siehe Tabelle 1. Die Balance der Aufteilung des Budgets zwischen den Kategorien wird dann entsprechend optimiert.

Tabelle 1SMR Kategorien

Kategorie	Beschreibung
1a	Korrektive IH
1b	Präventive IH, Tagesgeschäft[c]
2	Relevant für Sicherheit, Umwelt, Betriebsgenehmigung
3	Risikoindikator > 1
4	Alle anderen Maßnahmen
5	Zurückgestellte Maßnahmen

Das SMR Projekt wurde in allen Regionen durchgeführt und befindet sich derzeit in der Integration in die regulären Asset Management Prozesse. Regional gibt es, bedingt durch die regionalen Charakteristika der Asset Management Systeme, Unterschiede in der Umsetzung des SMR Prozesses, jedoch ist der Mehrwert durch das SMR Projekt in allen Regionen vorhanden. Speziell die langfristige Betrachtung der IH-Planung sowie die Analyse der IH-Aktivitäten unter wirtschaftlichen Aspekten ergänzen die Asset Management Prozesse sinnvoll.

5. Zusammenfassung

Energieversorgungsunternehmen sind derzeit schwierigen Rahmenbedingungen ausgesetzt: volatiles Marktumfeld, Klimawandel und auch alternde Assets bringen Veränderung mit sich.

[c] Z.B. Wartung oder Inspektion

Vattenfall begegnet diese Herausforderungen mit der konsequenten Umsetzung des Asset Managements, wobei der strukturierte, transparente und dokumentierte Asset Management Prozess eine wichtige Grundlage bildet.
Neben dem aus dem Asset Management hervorgehenden Veränderungsprozess sind auch die regionalen Charakteristika ein Erfolgsfaktor bei der Umsetzung des Asset Managements. Mit den allgemeingültigen Rahmenbedingungen des Asset Management Systems sind die Voraussetzungen geschaffen, um die regionalen Interessen aller Beteiligter für die Optimierung der Verdienstkapazität zu berücksichtigen.
Vattenfall befindet sich seit einigen Jahren auf dem Weg des Asset Managements, und die Entwicklung ist positiv zu sehen: Die Region Niederlande wurde erfolgreich zertifiziert und für die anderen Regionen ist mit der Gap Analyse ein klarer Weg mit umzusetzenden Handlungsfeldern aufgezeigt, der Solomon Benchmark zeigt einen positiven Trend für die Assets in Richtung oberes Quantil, und das SMR Projekt bringt die Weiterentwicklung für die wirtschaftlich optimale IH-Planung mit sich.
So wie es schon Charles Darwin beschreibt: *„Es ist nicht die stärkste Spezies die überlebt auch nicht die intelligenteste sondern eher diejenige die am ehesten bereit ist sich zu verändern"*, erfordert die derzeitige Dynamik des Marktumfelds ein flexibles und schnelles Handeln für die erfolgreiche Führung von Unternehmen. Asset Management ist daher als Erfolgsfaktor zu sehen.

Literatur

[1] A. Merkel, *Der Weg zur Energie der Zukunft*, www.bundesregierung.de, Regierungserklärung, Juni 2011

[2] Bundesministerium für Wirtschaft und Energie, *Erneuerbare Energien 2016*, www.bmwi.de/, April 2017

[3] Agora Energiewende, *Wärmewende 2030*, www.agora-energiewende.de, Februar 2017

[4] DIN ISO 55000:2017-05, *Asset Management - Übersicht, Leitlinien und Begriffe (ISO 55000:2014)*, Norm, Mai 2017

[5] PAS 55-1:2008, *Specification for the optimized management of physical assets*, Norm, September 2008

[6] HSB Solomon Associates LLC, *Solomon Benchmarking*, www.solomononline.com, Juli 2017

[7] M. Göring, C. Spinner, T. Duijn, *Welches Risiko ist akzeptabel ? - Strukturierte Überprüfung der Instandhaltung bei einem Energieversorgungsunternehmen*, 37. VDI/ VDEh - Forum Instandhaltung 2016, Berlin, Juni 2016

[8] J. Woodhouse, *Asset Management is growing up*, 9th World Congress on Engineering Asset Management (WCEAM) 2014, Pretoria, South Africa, Oktober 2014

[9] PAS 55-1:2003, *Specification for the optimized management of physical assets*, Norm, April 2004

[10] A.F. van den Honert, J.S. Schoeman, P.J. Vlok, *Correlating the content and context of PAS 55 with the ISO 55000 series*, South African Journal of Industrial Engineering, vol. 24, n. 2, Januar 2013

[11] R.K. Perrons, J.W. Jensen, *Data as an asset: What the oil and gas sector can learn from other industries about "Big Data"*, Energy Policy, vol. 81, p. 117-121, Juni 2015

[12] DIN EN 60812:2015-08, *Fehlzustandsart- und -auswirkungsanalyse (FMEA) (IEC 56/ 1579/CD:2014)*, Norm, August 2015

[13] J. Moubray, *Reliability-Centered Maintenance*, Second Edition, ISBN: 978-0831131463, Januar 1997

[14] S. Hendriks, T.M.E. Zaal, B. van der Sanden, *Maintenance Criticality Reassessment - A FMECA based method for reducing maintenance costs as a result of residual risk optimisation*, Asset Management and Maintenance Journal, p. 14-18, März 2015

Themengebiet 3

Monitoring, Diagnose und Bewertung
an Großkomponenten
Entscheidungsfindung bei ansteigenden
Datenmengen

MONITORING VON TEILENTLADUNGEN IN LEISTUNGSTRANSFORMATOREN MITTELS UHF SENSOREN

Michael Beltle*, **Stefan Tenbohlen**
Universität Stuttgart, Pfaffenwaldring 47, 70569 Stuttgart
**michael.beltle@ieh.uni-stuttgart.de*

Martin Siegel
BSS Hochspannungstechnik GmbH, Hohenheimer Str. 9, 70184 Stuttgart
martin.siegel@bss-hs.de

Die Zuverlässigkeit der elektrischen Energienetze hängt sowohl von der Qualität als auch von der Zuverlässigkeit ihrer Betriebsmittel ab. Insbesondere sind hier Leistungstransformatoren zu nennen. Lokale Fehler innerhalb ihrer Isolierung können zu Komplettausfällen und damit zu hohen Ausfall- und Folgekosten führen. In der Regel werden Leistungstransformatoren vor der Inbetriebnahme im Rahmen der Stückprüfung auf Teilentladungen (TE) getestet. Ein UHF TE-Monitoringsystem kann dazu verwendet werden, TE-Ereignisse auch während des Betriebs frühzeitig zu erkennen und damit Ausfälle in der Folge zu verhindern. Die kontinuierliche Überwachung hat gegenüber einzelnen, kurzzeitigen diagnostischen Messungen verschiedene Vorteile. Diagnostische TE-Messungen können nur Informationen zum Zeitpunkt der Einzelmessung liefern, nicht aber das Verhalten von TE über der Zeit verfolgen. Auch können Kurzzeitmessungen aufgrund der Volatilität von TE irreführende Interpretationen verursachen. So können beispielsweise Messungen, die während einer Phase mit niedriger TE-Aktivität durchgeführt werden zu falsche Annahmen über den tatsächlichen Zustand der Isolation führen. Dies kann durch eine kontinuierliche TE-Überwachung vermieden werden. Im ersten Teil des Beitrages werden zwei Typen von ultrahochfrequenten (UHF) Sensoren für die TE-Messung und deren Installation an Leistungstransformatoren einschließlich eines UHF TE-Monitoringsystems vorgestellt. Ein Anwendungsbeispiel im zweiten Teil zeigt einen Fall, in dem TE-Messdaten mit der Belastung des Transformators, der Öltemperatur und vor allem der Fehlergasanalyse über einen Zeitraum von drei Jahren korreliert werden.

1. Einleitung

Der zuverlässige Betrieb von Leistungstransformatoren ist für eine sichere Energieversorgung unerlässlich. Schwere Fehler und Ausfälle können erheblichen betriebs- und volkswirtschaftlichen Schaden verursachen. Daher ist es wichtig, möglichst alle Fehlerquellen in Transformatoren in einem frühen Stadium zu erkennen und bewerten zu können [1]. Für die Überwachung und Bewertung der Isolation und der Detektion lokaler Fehlerstellen hat sich die Teilentladungsmessung durchgesetzt. Drei unterschiedliche Messverfahren können hierbei zum Einsatz kommen [2]: die Fehlergasanalyse, die elektrische Teilentladungsmessung nach IEC 60270 [3] und die Messung gestrahlter TE-Emissionen im ultrahochfrequenten (UHF) Bereich von 300 MHz – 3 GHz [4]. Die Fehlergasanalyse kann als Indikator für TE verwendet werden. Dabei wird nicht die TE als Fehlerstelle direkt gemessen, sondern das Fehlergas (Wasserstoff), welches als Zersetzungsprodukt entsteht. Die elektrische Messung und die UHF-Messtechnik können auftretende TE direkt messen. Die Bedeutung, die der TE-Messung zukommt zeigt sich zum einen durch die bereits vorhandene Norm für die elektrische TE-Messung und zum anderen dadurch, dass alle Leistungstransformatoren im Rahmen der Stück-/Abnahmeprüfung auf TE untersucht werden. Die Höhe der scheinbaren Ladung Q_{IEC} hat sich hierbei zum Qualitätskriterium entwickelt. Für onsite/online Messungen und für Monitoringanwendungen empfiehlt sich in vielen Fällen die UHF-Messtechnik [5]. Mit öldichten Antennen im Transformatorinneren können die transienten, abgestrahlten Impulse der TE erfasst werden. Abbildung 1 zeigt die Ausbreitungspfade beider Methoden. Signale der elektrischen Messung wandern galvanisch gekoppelt entlang der Wicklung bis zur Durchführung, wo sie über den kapazitiven

Messbelag (oder eine dedizierte Koppelkapazität) ausgekoppelt und gemessen werden. Elektromagnetische Wellen breiten sich im Kessel aus und werden dort direkt gemessen. In vielen Fällen ist dies vorteilhaft, da aufgrund der Schirmwirkung des Kessel (Faraday'scher Käfig) und den Tiefpass-eigenschaften von Hochspannungs-durchführungen weniger Störsignale aus der Umgebung, wie z.B. Koronaentladungen auf Sammelschienen, die kesselinternen Signale überlagern [6]. Aufgrund dieser Vorteile empfehlt die Cigré Arbeitsgruppe WG A 2.27, Transformatoren für den Einsatz von UHF-Sensoren auszurüsten. In der Technical Broschüre 343 wird empfohlen, ausreichend geeignete DN-50 Schieber vorzusehen um möglichst flexibel bei Bedarf Sensoren nachrüsten zu können [7]. Die Cigré Arbeitsgruppe WG D 1.37 empfiehlt in ihrer aktuellen Broschüre 662 [8] als Alternative zu Schiebern dielektrische Fenster in den Kessel einzubauen, die ebenfalls bei Bedarf mit UHF-Sensorik ausgerüstet werden können, siehe Kapitel 2.2.

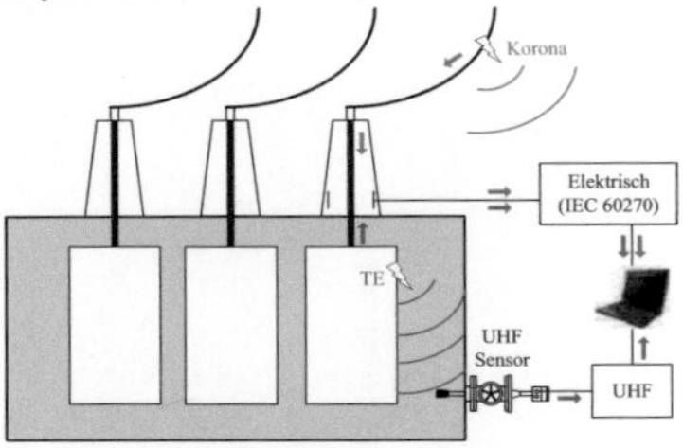

Abbildung 1 Signalausbreitungspfade der UHF und elektrischen TE-Messung an einem Transformator mit interner (Rot) und externer TE (Blau) [9]

2. UHF Sensoren

Ein UHF Sensor für Leistungstransformatoren besteht im Wesentlichen aus einer breitbandigen Antenne, die für den von TE abgestrahlten UHF Frequenzbereich geeignet ist und einem mechanischen Aufbau, welcher die einfache Sensorinstallation an Leistungstransformatoren ermöglicht. Für praktische Anwendungen werden hauptsächlich zwei UHF Sensortechnologien für die Messung von internen TE an Leistungstransformatoren verwendet: Sensoren für Flachkeilschieber und Plate-Sensoren für dielektrische Fenster.

2.1. UHF Sensor für Flachkeilschieber DN50/DN80

Ein UHF Schiebesensor ist als Nachrüstlösung für Transformatoren ausgelegt, die mit standardisierten Flachkeilschiebern der Größe DN50 oder DN80 ausgestattet sind, siehe Abbildung 2.

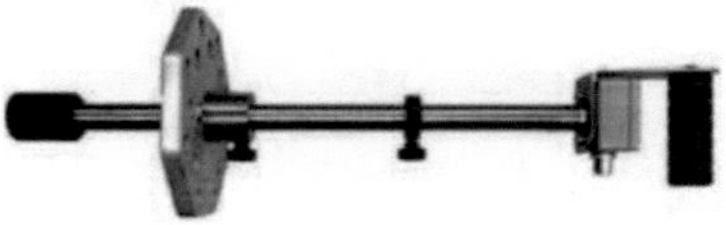

Abbildung 2 UHF Sensor mit Kombiflanschplatte für Flachkeilschieber vom Typ DN50 und DN80 [11]

Ein Flachkeilschieber mit geradem Kanal, in dem ein UHF Sensor installiert werden kann, ist in Abbildung 3 (links) dargestellt. Kugel- und Guillotine-Ventile können ebenso für die Sensorinstallation verwendet werden. Abbildung 3 (rechts) zeigt als Gegenbeispiel ein Absperrventil ohne geradlinigen Durchgang, das nicht für die Installation von UHF Sensoren geeignet ist. Andere, ungeeignete Ventiltypen ohne geradlinige Öffnung (Membran- und Flügelhahnventile) sind ebenfalls beliebt. Bei neuen Transformatoren wird empfohlen, nur Flachkeilschieber zu verwenden.

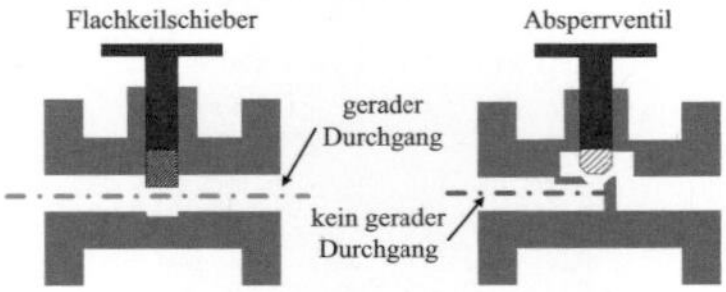

Abbildung 3 Flachkeilschieber (engl. gate valve) und Absperrventil (engl. globe valve) als Beispiele für Ölablassschieber, die für die Installation von UHF Sensoren eignen (links) bzw. ungeeignet sind (rechts).[13]

Für die Installation am Transformator wird der UHF Sensor zuerst am Ölschieber montiert. Danach wird der Schieber langsam geöffnet und durch ein kleines Ventil auf der Montageplatte des Sensors entlüftet, damit keine Gasblasen in den Kessel gelangen. Danach wird der Ölschieber vollständig geöffnet und der Sensor in den Transformatorkessel eingeschoben.

Der Kopf des UHF Sensors mit der eigentlichen Antenne muss in den Transformatorkessel hineinragen, um eine ausreichende Empfindlichkeit sicherzustellen. In der Praxis hat sich eine Einschubtiefe von ca. 50 mm als sinnvoll bewährt [10]. Eine Installation der UHF Antenne im Rohr des Schiebers führt aufgrund der elektromagnetischen Abschirmung zu einer geringen Empfindlichkeit [13]. Ein Mindestabstand zwischen UHF Sensor und hochspannungsführenden Teilen muss eingehalten werden, um einen sicheren Betrieb zu gewährleisten. UHF Schiebesensoren werden in der Praxis häufig bei Diagnosemessungen vor Ort eingesetzt, da ihre Konstruktion es erlaubt, sie an Transformatoren im Betrieb zu installieren. Es ist keine Abschaltung notwendig. Eine permanente Installation als Teil eines Online-TE-Monitorings ebenso möglich.

2.2. UHF Plate Sensor

UHF Plate Sensoren, wie in Abbildung 4 zu sehen, können direkt an der Kesselwand von neuen Transformatoren angebracht werden. In die Kesselwand wird ein dielektrisches Fenster integriert, das aus einem Edelstahlschweißring und einem Hochleistungskunststoff besteht, der Isolierölen und hohen Temperaturen widersteht. Der Kunststoff weist eine dem Öl ähnliche Permittivität auf, so dass UHF Signale mit geringer Dämpfung zum UHF Sensor gelangen und sensitiv gemessen werden können. Der Plate Sensor wird in das dielektrische Fenster eingeschraubt, wodurch seine UHF Antenne in den Transformatorkessel hineinreicht.

Abbildung 4 UHF Plate Sensor für die direkte Installation an der Transformatorkesselwand [11]

Da das dielektrische Fenster gleichzeitig auch als Ölbarriere wirkt, können im Gegensatz zum Schiebesensor UHF TE-Messungen und Sensorwechsel ohne Ölhandling stattfinden. Abbildung 5 zeigt die Explosionsdarstellung eines dielektrischen Fensters mit Schweißring für den direkten Einbau an Transformatorkesselwänden. Das Design des Schweißringes und des dielektrischen Fensters entspricht der Vorgabe der CIGRE Arbeitsgruppe WG D1.37 in der Cigre Brochure 662 [9].

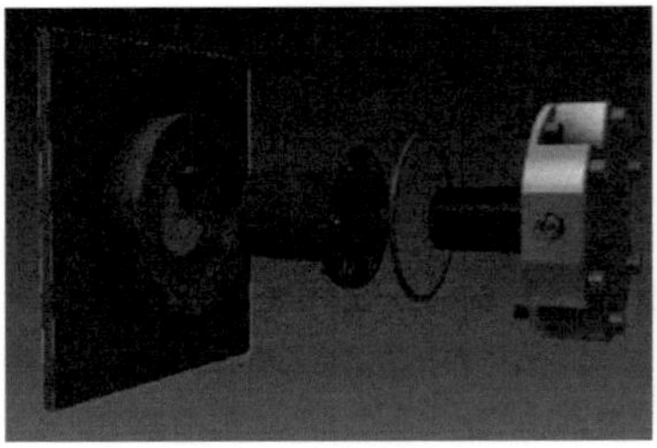

Abbildung 5 Explosionsdarstellung von aufgeschweißtem Edelstahlring, dielektrischem Fenster (Ölsperre) mit Dichtringen und UHF Plate Sensor [11]

Plate Sensoren können an nahezu jeder gewünschten Position in den Transformatorkessel eingebaut werden. Auch wenn bei der Auslieferung eines Transformators noch keine Sensoren installiert sind, können bereits dielektrische Fenster mit Blindabdeckungen montiert sein, um eine einfache Nachrüstung während des Betriebs zu ermöglichen. Abbildung 6 zeigt eine Installation von UHF Plate Sensor-Prototypen an einem Leistungstransformator.

Abbildung 6 Prototypen des UHF Plate Sensors installiert an einem Transformator

3. UHF TE-Monitoringsystem

In diesem Kapitel wird ein synchrones, bis zu sechskanaliges UHF TE-Monitoringsystem vorgestellt, mit dem ein Transformator mit bis zu sechs UHF Sensoren oder mehrere Transformatoren in einer Transformatorbank mit jeweils einem/zwei UHF Sensoren überwacht werden können. Abbildung 7 zeigt das Monitoringsystem mit einem UHF Schiebesensor, installiert an einem Transformatorflansch.

Abbildung 7 UHF TE-Monitoringsystem installiert an einem Transformator mit UHF Schiebesensor an einem DN50 Flachkeilschieber

Das UHF Monitoringsystem arbeitet mit einer vertikalen Auflösung von 12 Bit pro Kanal. Es ist in der Lage, UHF Signale zwischen Rauschpegel bei ca. $U_{noise} = 1$ mV und $U_{max} = 2000$ mV auf allen vier Kanälen zu messen. Die Phasenauflösung in 50 Hz und 60 Hz Systemen beträgt $\varphi = 1°$. Daher können detaillierte phasenaufgelöste Teilentladungsmuster (PRPDs) für die Expertenbewertung erzeugt werden. Zur Langzeitauswertung und Korrelation mit anderen Messwerten (bspw. Spannung, Last, Temperatur) ist eine Trendansicht der Amplitude und der Anzahl TE pro Minute vorgesehen. Die detaillierte PRPD Trendansicht kann verwendet werden, um die Veränderung von TE-Mustern zu verfolgen: Ein vereinfachtes, zeitaufgelöstes PRPD-Muster ermöglicht die Erkennung von Veränderungen in PRPDs in direkter Korrelation mit anderen Messwerten, siehe Beispiel im nächsten Kapitel.

Zur Speicherung und Auswertung ist das UHF Monitoringsystem über Ethernet mit einem Server oder PC verbunden. Über eine grafische Benutzeroberfläche, die für die Systemparametrierung (inkl. Alarm-/ Warnschwellen) und die Visualisierung der gemessenen Echtzeitdaten verwendet wird, ist das Monitoringsystem leicht zu bedienen. Abbildung 8 zeigt einen Screenshot der Monitoring-GUI mit Echtzeit UHF PRPDs (links) und Trendansichten (rechts) von zwei UHF Sensoren. Alle Diagramme können parametrisiert und in Standardbilder entweder für einzelne Messungen oder periodisch exportiert werden (z.B. pro Stunde ein Snapshot). Alarmschwellen können auf die UHF Signalamplitude und die Anzahl der TE definiert werden. Die Trenddaten können in .csv-Dateien zur Korrelation mit anderen Betriebsdaten, wie z. B. der Stufenschalterposition, exportiert werden. Es besteht auch die Möglichkeit, historische Trenddaten für die Wiedergabe und die PRPD-Generierung neu zu importieren. Das bereitgestellte Toolset kann Asset Managern helfen, den aktuellen Status von Transformatoren im Betrieb zu überwachen und zu bewerten. Es verhilft auch TE-Experten zu einem besseren Verständnis von TE durch die kontinuierliche Beobachtung der veränderlichen TE-Muster und die Möglichkeit der Korrelation zu anderen Messdaten.

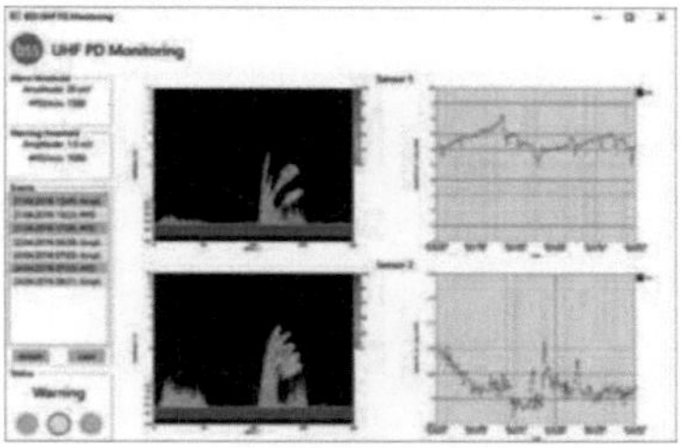

Abbildung 8 GUI der UHF TE-Monitoringsoftware mit Echtzeitvisualisierung von PRPDs und Trendansichten von zwei UHF Sensoren

4. TE-Monitoring eines 120 MVA Maschinentransformators

Betrachtet wird ein über 50 Jahre alter 110 / 10 kV Maschinentransformator. Vor Beginn der Untersuchung war der Transformator für 8 Jahre nicht in Betrieb und sollte nach dieser Zeit reaktiviert werden. Als Vorausuntersuchungen wurde zunächst eine konventionelle, elektrische TE-Messung durchgeführt. Die Analyse der PRPD-Muster zeigt, dass mehrere unterschiedliche TE im Transformator aktiv sind. Um den Transformator trotz der bekannten Vorbelastungen wieder in Betrieb nehmen zu können, wird eine dauerhafte Überwachung eingesetzt. Das eingesetzte System besteht aus mehreren Modulen. Die als kritisch eingestuften Teilentladungen werden mittels des vorgestellten UHF-TE Monitoring Systems und einen UHF-Schiebesensors permanent überwacht. Darüber hinaus werden Fehlergase mit einem Hydran-Sensor überwacht. Mechanische, betriebliche Schwingungen werden mit einem Beschleunigungssensor auf dem Kessel gemessen [12]. Zusätzlich werden die Betriebsgrößen Spannungen, Lastströme und Umgebungs- sowie Öltemperatur erfasst. Die Entwicklung der PRPD-Muster und die Menge an TE über der Zeit dienen als Indikator, um Verschlechterungen des Isolationszustandes frühzeitig detektieren zu können. Die Langzeitmessungen bestätigen das Vorhandensein mehrerer, verschiedener TE. Die Dauermessung zeigt aber, dass nicht alle TE permanent aktiv sind. Verschiedene TE zeigen zu unterschiedlichen Zeiten Aktivität. Die hohe Volatilität lässt keinen eindeutigen Trend des TE-Verhaltens erkennen. Daher werden die Warnlevel defensiv gewählt und nur knapp über den Durchschnittswerten der als normal definierten TE-Aktivität gesetzt. Als charakteristische Größen dienen die Amplitude der UHF TE-Signale (in mV) und die Anzahl der gemessenen TE-Events pro Minute.

Während des Betriebs des Transformators traten mehrere Alarme auf. Im Folgenden wird beispielshaft ein Event genauer betrachtet. Abbildung 9 zeigt ein PRPD Muster des UHF TE-Monitorings und Abbildung 10 den gesamten zeitlichen Verlauf des Vorfalls

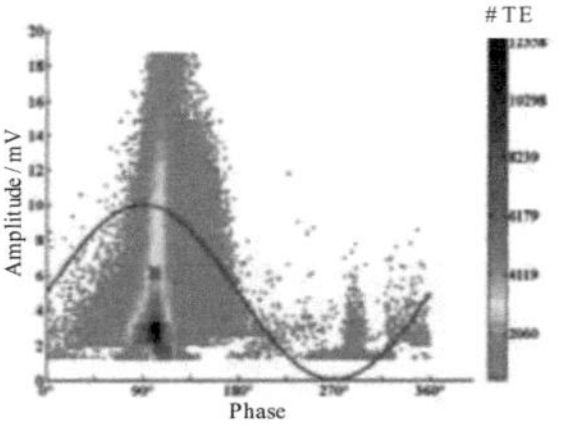

Abbildung 9 UHF PRPD (240 min – 420 min in Abbildung 10)

Die x-Achse in Abbildung 10 zeigt die Aufnahmezeit, auf der y-Achse ist der Phasenwinkel dargestellt. Die Farbkodierung zeigt in diesem Bild nicht wie aus PRPDs gewohnt die Häufung der TE sondern die Amplitude. Die hohen UHF-Pegel und der Anstieg der TE pro Minute haben in diesem Fall beide zum Auslösen der Warnung geführt.

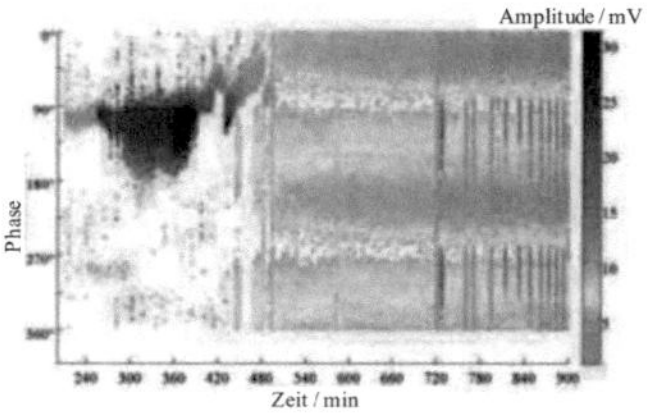

Abbildung 10 2-dimensionale Vereinfachung des Zeitbereichs-PRPD (Anzahl der TE nicht dargestellt)

Da sich sowohl die Anzahl der TE als auch die maximalen Pegel (siehe Abbildung 11, oberes Diagramm) nach dem initialen, schnellen Anstieg nicht weiter verschärften, wurde in diesem Fall entschieden, den Transformator trotz erhöhter TE bei engmaschiger Kontrolle weiter in Betrieb zu lassen. Nach ca. 3 Stunden normalisierten sich die Pegel und die Anzahl der TE-Ergebnisse wieder auf den als normal definierten Level. Wie im unteren Diagramm von Abbildung 11 zu sehen ist, kam es erst nach etwa 4 Stunden nachdem die starken TE aufgetreten waren zu einem Anstieg der Wasserstoffkonzentration im Öl, was durch das Hydran System detektiert wurde.

Daher wurde der Alarm des Gasmonitorings im Vergleich zum Auftreten der erhöhten Aktivität erst nach 7 Stunden ausgelöst. Der große zeitliche Unterschied zwischen beiden Alarmen kann durch die vergleichsweise trägen Zeitkonstanten der Gaslöslichkeit und Verteilung der gelösten Fehlergase im Öl erklärt werden. Die unmittelbare Erfassung durch das UHF TE-Monitoring ist in diesem Fall der indirekten TE-Messung durch sein Schlüsselgas Wasserstoff überlegen. Darüber hinaus ist aufgrund der verfügbaren detaillierten Messung des zeitlichen Verlaufs eine fortlaufende Bewertung des TE-Trends möglich, die es in diesem Fall ermöglichte, das Kraftwerk weiter am Netz zu lassen.

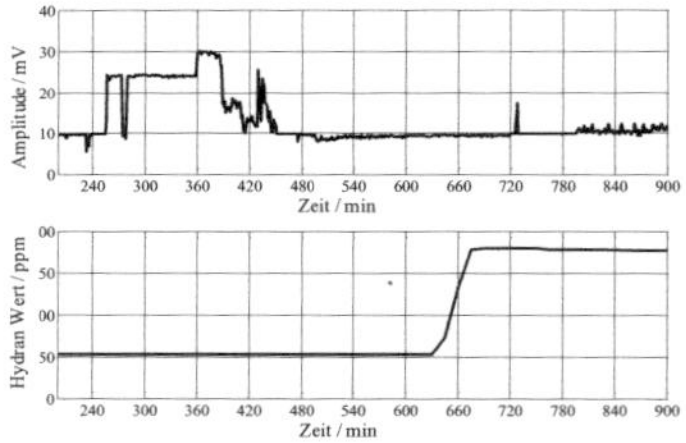

Abbildung 11 Verlauf des max. UHF TE-Pegel (in mV) verglichen mit dem gelösten Gas-Wert (in ppm)

5. Zusammenfassung

Die Teilentladungsmessung ist ein übliches Messverfahren für Abnahmeprüfungen und für Diagnosezwecke, mit der lokale Fehlstellen in der Isolation festgestellt werden können, bevor diese zu einem Totalausfall des Betriebsmittels führen. Diese Eigenschaften machen die Methodik für die dauerhafte Überwachung, bzw. eines Monitorings im Rahmen eines Asset Managements interessant. Die dauerhafte Überwachung hat gegenüber der einzelnen Diagnosemessung Vorteile. Die Diagnose betrachtet den Betriebsmittelzustand nur zu einem bestimmten Zeitpunkt. Aufgrund der hohen Volatilität der TE kann dies nachteilig sein. Wie Langzeitmessungen zeigen, könnten

CHANCEN UND FALLSTRICKE IN DER ISOLIERÖLANALYTIK

Dr. Aria Farjam, Dr. Jürgen Schübel
Messko GmbH, Messkoplatz 1, 60440 Oberursel

Was macht die Qualität der diagnostischen Transformatorbewertung aus? Verschiedene Einflussfaktoren wurden aufgrund operativer Erfahrungen im Messko-Primelab® Öllabor und im Rahmen von Expertengesprächen zusammengetragen und bewertet. Die DGA wird von allen diagnostischen Maßnahmen als die wichtigste angesehen. Die Detailbetrachtung der DGA ergab, dass richtige Messwerte, die Qualität des Interpretationsexperten und das Vorhandensein von Hintergrunddaten zum Transformator und dessen Umfeld in etwa zu gleichen Teilen die wesentlichen Einflussfaktoren für eine qualitativ hochwertige Transformatorbewertung sind. Mathematische Auswerteverfahren zur Fehlerermittlung bilden die Basis einer Interpretation, sind jedoch alleine nicht ausreichend.

1. Hintergrund

Diagnostische Untersuchungen am Transformator dienen dazu, zwei wesentliche Informationen herzuleiten. Das sind das Schadensrisiko und die voraussichtliche Lebensdauer.
Komplexität, Aufwand, Kosten und Informationsgehalt der diagnostischen Maßnahmen steigen von a) der Begehung/Sichtkontrolle, b) über die Isolierölanalytik bis hin zu c) elektrischen Messungen am abgeschalteten Transformator an.

Die Qualität dieser diagnostischen Aussage hängt von verschiedenen Faktoren ab.

Diese Einflussfaktoren werden hergeleitet, bewertet und gewichtet.

2. Relevanz der Messwerte für die Transformatorbewertung

Die Relevanz der einzelnen Methodiken für eine gute Transformatorbewertung ist pauschal schwierig zu definieren und wird von Experten sehr unterschiedlich gesehen.

Eine Umfrage unter Experten zu diagnostischen Maßnahmen ergab eine durchschnittliche Verteilung wie in Abb. 1 wiedergegeben.

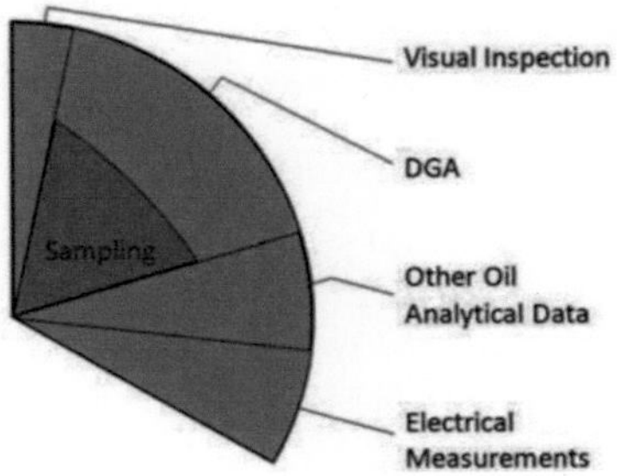

Abbildung 1: Wichtung der Relevanz für Transformatorbewertung (gemittelte Expertenmeinung)

3. Qualität der Messwerte

Voraussetzung für qualitativ hochwertige Transformatorbewertungen sind richtige Messwerte (vereinfacht werden die Ergebnisse aus der visuellen Transformatorbewertung ebenfalls als Messwert definiert).

Aufgrund Ihrer Bedeutung wurde die DGA näher betrachtet. Hierbei dominierten zwei Einflussfaktoren.

Aus Ringversuchen geht hervor, dass die Richtigkeit der Messergebnisse von Labor zu Labor sehr stark schwankt [1], [2]. Dies kann dazu führen, dass bei mathematischen Auswertungen nach Duval, Rogers o. ä. sehr unterschiedliche Fehler herausgegeben werden.

Die Probenahme bei der DGA ist der zweite qualitätsbestimmende Faktor. Häufig führen ungeschultes Personal und ungeeignetes Probenahmeequipment zu unbrauchbaren Ergebnissen. Diese sind häufig als solche im Labor nicht erkennbar, weshalb das Ergebnis auch durch eine zweite Probenahme nicht korrigiert werden kann.

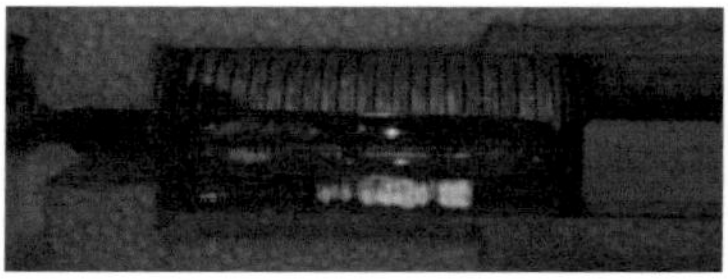

Abbildung 2: Fehlerhafte DGA-Probenahme aufgrund von Umgebungslufteinschluss

4. Qualität der Interpretation am Beispiel DGA

4.1. Standardinterpretationssysteme

Sämtliche standardisierten mathematischen Verfahren (Duval, Rogers et al.) zur Interpretation von DGA Ergebnissen [3] sind durch Studien anhand einer Vielzahl von Transformatoren erzeugt worden. Hierbei sind historisch dokumentierte DGA Werte mit den tatsächlich aufgetretenen Schadensausprägungen (häufig per Post-Mortem Analyse) mathematisch korreliert worden. In diese Studien gingen unterschiedliche Transformatordesigns und Einsatzbereiche ein. Es wird eine Mittelwertinterpretation erzeugt, die für einen dezidierten Transformator falsch sein kann.

4.2. Interpretation durch Experten

Interpretationsexperten bewerten die Bedeutung einzelner Analysenmethoden sehr unterschiedlich. Der eine Experte lässt das eine Analysenergebnis außer Acht. Der andere Experte zieht es signifikant zur Bewertung heran.

5. Die Hintergrunddaten

Historische Messwerte, Lastverläufe, Ölregeneration und Instandhaltungsmaßnahmen haben eine signifikante Bedeutung für eine richtige Interpretation. Sind diese Informationen nicht verfügbar, können dramatisch falsche Bewertungen erzeugt werden.

6. Zusammenfassung

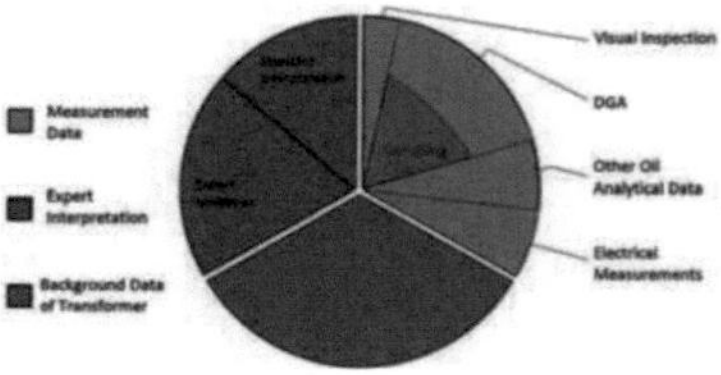

Abbildung 3: Gewichtete Qualitätsfaktoren aufgrund von operativen Erfahrungen des Messko-Primelab® Analysenlabors und aus Expertengesprächen.

Literatur

[1] IEC 60599

[2] IEEE C57.104

[3] M. Duval, J. Dukarm, IEEE Elect. Insul. Mag., vol. 21, no. 4, pp 21-27, 2005 *Titel: Improving the Reliability of Transformer Gas-in-Oil Diagnosis*

zum Zeitpunkt der Diagnosemessung nur wenige oder keine TE aktiv sein. In diesem Fall könnte das Betriebsmittel evtl. fälschlicher Weise als TE-frei diagnostiziert werden. Für die dauerhafte Überwachung von TE stehen wie auch für die Diagnosemessung stehen verschiedene Verfahren zur Verfügung. Die vorgestellte UHF-Messtechnik ist gegenüber Störsignalen meist unempfindlich. Externe TE, wie beispielsweise Korona, beeinflussen die UHF TE-Messung nicht oder nur geringfügig. Ein weiterer Vorteil ist die einfache Installation der Sensoren über Schieber oder vorinstallierte dielektrische Fenster. Die Installation kann in vielen Fällen auch während des Betriebs des Transformators erfolgen.

Die vorgestellte Fallstudie zeigt, wie anhand eines UHF TE-Monitorings der Betrieb eines TE-anfälligen Transformators begleitet und überwacht werden kann. Die Langzeitüberwachung weist auf mehrere TE-Quellen hin, die jedoch nicht alle dauerhaft aktiv sind (hohe Volatilität der gesamten TE-Aktivität). Mit Hilfe des Monitorings ist es möglich, differenzierte Alarmlevel zu definieren. Anhand eines gemessenen Vorfalls mit hohem Anstieg der TE-Aktivität kann das gezielte TE-Monitoring mit einer Überwachung der Fehlergase verglichen werden. Mithilfe des TE-Monitorings ist der Verlauf des Vorfalls detailliert nachvollziehbar. Das TE-Monitoring zeigt einem sprunghaften Anstieg der TE-Häufung und der TE-Amplitude. Der weitere Trend zeigt jedoch, dass die TE-Aktivität danach nicht weiter zunimmt. Aufgrund dieser Beobachtung konnte entschieden werden, den Transformator nicht vom Netz zu nehmen sondern den Trend weiter zu verfolgen. Die Entscheidung erwies sich als richtig, da sich die erhöhte TE-Aktivität nach einigen Stunden wieder zurückbildete. Aufgrund der hohen Zeitkonstanten ist im Fehlergasmonitoring von dem Vorfall zum Zeitpunkt des Auftretens noch nichts zu erkennen. Der Anstieg der Fehlergase ist erst mehrere Stunden nach Ende der erhöhten TE-Aktivität zu erkennen.

Ein kombiniertes Monitoring kann als ideal angesehen werden. Das TE-Monitoring liefert die kürzesten Reaktionszeiten. Eine Korrelation mit dem Gasmonitoring ermöglicht die wechselseitige Verifizierung der Messungen. Nach einem Vorfall kann die historische Datenbasis Experten und Asset Managern helfen, über weitere Schritte oder den weiteren Betrieb des Transformators zu entscheiden.

6. Literatur

[1] J. Fuhr, „Procedure of Identification and Localization of Dangerous PD Sources in Power Transformers“, *IEEE Transactions on Dielectrics and Electrical Insulation, Vol. 12, No. 5,* 2005.

[2] S. Tenbohlen, M. Heindl, A. Müller und M. Siegel, „Trends in der Diagnostik von Hochspannungs-Betriebsmitteln“, in *ETG Diagnostik Elektrischer Betriebsmittel*, Fulda, 2012.

[3] International Electrotechnical Commission, „IEC 60270 High-Voltage Test Techniques - Partial Discharge Measurements“, 3.Edition, Geneva, Switzerland: IEC, 2000.

[4] S. Coenen, „Measurements of Partial Discharges in Power Transformers using Electromagnetic Signals“, Stuttgart: Books on Demand GmbH, ISBN 978-3-84821-936-0, 2012.

[5] M. Judd, „Power Transformer Monitoring Using UHF Sensors: Installation and Testing“ in *IEEE International Symposium on Electrical Insulation*, Arnheim, 2000.

[6] M. Judd, „Partial Discharge Monitoring for Power Transformers Using UHF Sensors Part 2: Field Experience,“ *IEEE Electrical Insulation Magazine, Vol. 21, No. 3,* 2005.

[7] C. WG-A2.27, „Recommendations for Condition Monitoring and Condition Assessment Facilities for Transformers, Paris: Cigré, 2008.

[8] C. WG-D1.37, „Guidelines for partial discharge detection using conventional (IEC 60270) and unconventional methods, Paris: Cigré, 2016.

[9] S. Tenbohlen, M. Siegel, M. Beltle und M. Reuter, „„Suitability of Ultra High Frequency Partial Discharge Measurement for Quality Assurance and Testing of Power Transformers,“ in *CIGRE SC A2 & C4 Joint Colloquium*, Zürich, 2013.

[10] S. Coenen, M. Siegel, G. Luna und S. Tenbohlen, „Parameters influencing Partial Discharge Measurements and their Impact on Diagnosis, Monitoring and Acceptance Tests of Power Transformers,“ in *46. Cigré Session*, Paris, Frankreich, 2016.

[11] „UHF Monitoring Broschüre,“ 2017. [Online]. Verfügbar unter: www.bss-hs.de.

[12] M. Beltle und S. Tenbohlen, „Power transformer diagnosis based on mechanical oscillations due to AC and DC currents,“ *IEEE Transactions on Dielectrics and Electrical Insulation, Vol. 23, Issue 3,* 2016.

[13] M. Siegel, M. Beltle, S. Tenbohlen, S. Coenen „ Application of UHF sensors for PD measurement at power transformers,“ *IEEE Transactions on Dielectrics and Electrical Insulation, Vol. 24, Issue 1,* 2017.

REGELSTRECKENÜBERWACHUNG ALS KOMPONENTE FLEXIBLER FEUERFÜHRUNGSKONZEPTE IN GROSSEN VENTILATORMÜHLEN-FEUERUNGEN

Frank Müller; Dr. Peter Tusche
CombTec ProCE GmbH

Steffen Grusla; Ulrich-Steffen Altmann
CombTec GmbH

Die Betreiber großer Feuerungen stehen dem Widerspruch gegenüber, dass den deutlich flexibler gewordenen Betriebsbedingungen und Fahrweisen eine meist nur für den stationären Nennlastbereich ausgelegte Regelung gegenübersteht. Die einzige flexible Variable besteht im Anlagenfahrer, dessen Hauptaufgabe allerdings in der Gewährleistung der Anlagenverfügbarkeit und nicht in der Anlagenoptimierung liegt. Speziell vor dem Hintergrund sinkender gesetzlicher Emissionsgrenzwerte ist eine Optimierung und Flexibilisierung der Feuerführung für einen Weiterbetrieb unverzichtbar, auch um für künftige Änderungen der Rahmenbedingungen gerüstet zu sein.

Im Gesamtkonzept einer adaptiven, präzisen und kriteriengeführten Feuerführung nimmt die Regelstreckenermittlung und -überwachung eine Schlüsselposition ein. Speziell entwickelte Auswertealgorithmen können im Online-Betrieb definierte Abhängigkeiten und Verhaltensweisen von Komponenten ermitteln und diese bewerten. Somit wird vorrangig eine kontinuierliche Selbstoptimierung der Regelung erreicht und es erfolgt eine automatische Anpassung der Regelparameter an veränderliche Regelstrecken. Im Ergebnis führt die präzise Feuerführung des Systems trotz anspruchsvollen äußeren Anforderungen zu einem stabilen und schwingungsarmen Dampferzeugerbetrieb. Die Lastflexibilität und der Ausnutzungsgrad der Anlage werden somit erhöht. Auch der arbeitspunktspezifische Wirkungsgrad wird gesteigert.

Des Weiteren können über die kontinuierliche Parameterüberwachung einer Regelstrecke Hinweise auf auftretende oder bevorstehende Betriebsstörungen abgeleitet werden, welches die Anlagenverfügbarkeit verbessert und die Instandhaltungsplanung unterstützt.

1. Aspekte effektiver Feuerführungen

Um im herausfordernden und wechselnden Marktumfeld ein Großkraftwerk ökonomisch und ökologisch effektiv betreiben zu können, kann auf eine flexible und anpassungsfähige Feuerungsführung nicht länger verzichtet werden. Dies betrifft insbesondere die zeitlich und örtlich präzise Steuerung der Brennstoff- und Verbrennungsluftströme. Die hierdurch beeinflussbare horizontale und vertikale Ausprägung des Flammenkörpers in der Brennkammer ist hauptverantwortlich für die Mehrzahl relevanter Bewertungsparameter wie Wirkungsgrad, Emissionsverhalten oder Verschlackungsrisiko.

Insgesamt können folgende Hauptaspekte einer solchen Feuerführung ausgemacht werden (Abbildung 1):

Abbildung 1: Aspekte der Feuerführung

Diese Aspekte beziehen sich auf das Hauptkonzept als Ganzes und gehen bis hinein in die untersten Steuerungsebenen. Ein besonderes Augenmerk liegt dabei auf der Koordinierung der jeweils zusammenwirkenden Regelungsbausteine.

1.1. Arbeitspunktabhängig

Dies beschreibt zum einen die allgemeine Anpassung des Führungskonzeptes an die zu beobachtenden Eigenheiten ansonsten baugleicher Dampferzeuger und im Detail die Berücksichtigung der arbeitspunktbestimmenden Einflussgrößen wie beispielsweise Lastpunkt, Mühlenkombination oder Brennstoffqualität.
Des Weiteren liegt ein Hauptaugenmerk bei der arbeitspunktabhängigen Regelungsparametrierung auf der Einbeziehung von dynamischen Vorgängen wie Lastrampen oder Mühlenwechseln.
Durch die Variation der einzelnen Verhaltensweisen der Regler gelingt eine präzise Feuerführung in jedem Arbeitspunkt und deren dynamischen Übergängen. Ein regelungstechnisch schwingungsarmer stabiler Dampferzeugerbetrieb kann so erreicht werden.

1.2. Kriteriengeführt

Beim Betrieb einer Feuerung stehen die verschiedenen Zielgrößen in zum Teil gegensätzlichen Zusammenhängen und Abhängigkeiten (Abbildung 2).
Die Effektivität einer Feuerführung definiert sich demzufolge als gewichteter Kompromiss dieser anlagen- und arbeitspunktspezifischen Zielgrößen. Über die prioritätsorientierte Wichtung der Zielgrößen kann der Betreiber das Verhalten der Anlagensteuerung direkt beeinflussen und auf die unterschiedlichsten Einflüsse (z.B. Marktsituation, Brennstoffqualität) oder Ereignisse (z.B. Schäden) reagieren und die Feuerführung für einen bestimmten Zeitabschnitt neu ausrichten.

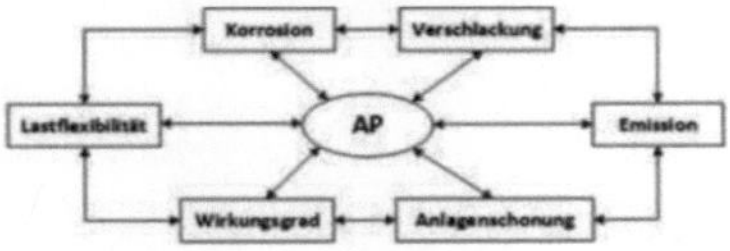

Abbildung 2: Zielgrößenvielfalt im Arbeitspunkt (AP)

1.3. Wissensbasiert

Die weitere Erhöhung der Präzisierung einer Steuerung ergibt sich aus der Steigerung des agierenden Anteiles gegenüber den bisher verwendeten lediglich reagierenden Konzepten. Dies ist insbesondere notwendig, da der Feuerungsbetrieb in Anbetracht der energiepolitischen Rahmenbedingungen stetigen Arbeitspunktschwankungen ausgesetzt ist und so der lastflexible Anteil an der Betriebsweise in den letzten Jahren deutlich zugenommen hat.
Einige dieser Arbeitspunktverschiebungen wie z.B. Laständerungen oder Operatoreingriffe sind zeitlich bereits im Vorfeld oder kurz nach der Einstellung bekannt und können quantitativ in ihrer Auswirkung auf das Verhalten bestimmter zu regelnder Größen (z.B. Emissionswerte) prognostiziert werden. Dieses Wissen wird verwendet um den entsprechenden Regler bei der Ausregelung agierend zu unterstützen.

Die Abbildung 3 zeigt am Beispiel eines Mühlenwechsels die qualitativen zeitlichen Verläufe der Schadstoffemissionen Kohlenmonoxid (NW CO) und Stickoxide (NW NOX) und der Frischdampfmenge (F GES FD) für eine bisher verwendete Gesamtluftregelung (oberer Graph) im Vergleich zu einer wissensbasiert unterstützten Regelung (unterer Graph).

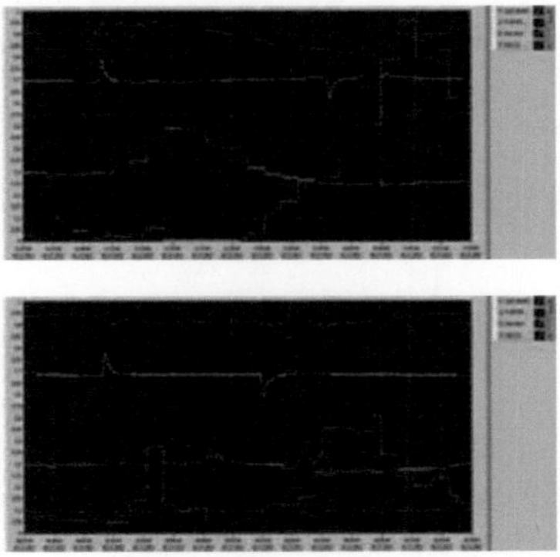

Abbildung 3: Schadstoffemissionen und Frischdampfmenge bei Mühlenwechsel

1.4. Adaptivfähig

Soll eine Feuerführung ihre Effektivität über die Laufzeit des Dampferzeugers erhalten oder sogar verbessern, muss das zugrundeliegende Konzept in der Art anpassungsfähig gestaltet sein, dass das sich veränderliche Anlagenverhalten auch in den sich verändernden Regelparametern widerspiegelt. Beispielhaft seien hier die zunehmende Undichtheit des Kessels und der stetige Verschleiß der Nasskohle-Ventilatormühlen genannt.

2. Online-Ermittlung von Regelstrecken

Bei der Erfüllung der adaptivfähigen Anforderung an eine flexible Feuerungsführung liegt die Hauptherausforderung in der automatisierten Online-Analyse und Bewertung des Anlagenverhaltens während des Betriebes, um auf mögliche Änderungen im Verhalten reagieren zu können.
Zur Verfügung stehen dabei die zeitdiskreten Signale ausgewählter Betriebsmessstellen aus dem regulären Betrieb sowie aus automatisierten gezielten Versuchsfahrten, welche während eines unkritischen stationären Betriebes durchgeführt werden. Eine datenbankorientierte Datenarchivierung ermöglicht einen schnellen und präzisen Zugriff auch auf umfangreiche Datenmengen. In den weiteren Arbeitsschritten der iterativen Datenfilterung und Datenbearbeitung sowie der anschließenden Regelstreckenbestimmung aus den final gefilterten Datenreihen werden die maßgeblichen Parameter der Regelstrecke bestimmt (Abbildung 4).

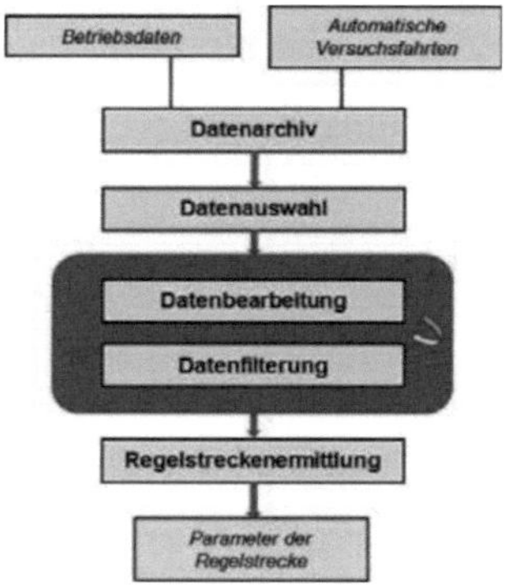

Abbildung 4: Ablauf Online-Datenverarbeitung

3. Regelstreckenüberwachung

Eine kontinuierliche Parameterermittlung einer Regelstrecke und Aufzeichnung der gefundenen Regelstreckenparameter führt letztlich zu einer Regelstreckenüberwachung, welche die folgenden Potenziale für den Anlagenbetreiber bietet:

- Angelehnt an die Adaptivfähigkeit kann die Regelung mit der Zeit somit immer weiter dazulernen und sich stetig verbessern. Dies betrifft insbesondere arbeitspunktabhängige Regelstreckenparameter oder solche, die durch ihre reine Vielzahl an Stellmöglichkeiten (z.B. Ausbrandluftklappenvariationen) während der Inbetriebnahme nur teilweise durch Versuche abgedeckt werden können. Die Kennfelder dieser Regelbausteine werden somit stetig erweitert und verfeinert, die Präzision der Regelung erhöht.
  Ändern sich Regelstrecken durch veränderte betriebliche Vorgaben (z.B. Sollwertdrücke) können sich die betroffenen Regelkreise selbstständig an die neuen spezifischen Arbeitspunkte anpassen.

- Eine ermittelte Abweichung der Regelstreckenparameter kann auf Probleme oder Störungen von Sensorik und/oder Aktorik hinweisen und unterstützt somit die Instandhaltungsplanung. Des Weiteren können solche ermittelten Störungen bis zu ihrer Behebung bei der Regelung berücksichtigt werden.
  Abbildung 5 illustriert als Beispiel das Verhalten der Sichtertemperatur einer Mühle beim Öffnen der internen Rauchgasrückführungsklappe zu zwei verschiedenen Zeitpunkten eines Jahres (ansonsten Geradeausbetrieb).

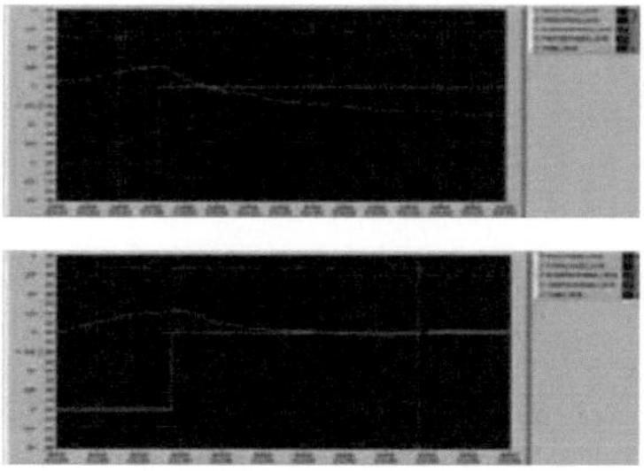

Abbildung 5: Regelstrecke Rauchgasrückführung

Diese Regelstrecke ist durch Erosions- und/oder Ablagerungseffekte einer deutlichen Veränderung unterworfen. Durch die nachlassende Kühlungswirkung ist hier als Folge eine Anpassung der Grenztemperaturen für die Öffnung und Schließung der Klappe zu empfehlen (automatisch im Rahmen der Feuerführung). Weiterhin muss die ermittelte Abweichung vom Normalbetrieb durch eine steigende Zuteilerdrehzahl oder eine Anpassung der Primärluftkennlinie ausgeglichen werden.

- Für Regelstrecken, welche sich im Laufe des Lebenszyklus einer Komponente zwangsläufig verändern, z.B. durch Verschleiß, bietet eine kontinuierliche Überwachung zum einen eine Quantifizierung der Veränderung für eine optimierte Instandhaltung und weiterhin eine fortdauernde Anpassung der Regelparameter anstatt einer derzeitigen mittleren Einstellung.

- Automatisch ermittelte Regelstreckenparameter, welche ein Komponentenverhalten (z.B. Sichtertemperatur der Mühlen) repräsentieren, werden für die Bestimmung der prognostizierten verbleibenden Freiheitsgrade des Dampferzeugers, insbesondere der Lastreserven, verwendet.

4. Danksagung

Vielen Dank an die Firma LEAG für die Bereitstellung der Beispieldaten aus dem CombControl-System der Firma CombTec GmbH.

ZUSTANDSÜBERWACHUNG VON TRANSFORMATOREN AUS SICHT EINES ISOLIERSTOFFHERSTELLERS

S. JAUFER*, J. EL HAYEK, P. HEINZIG

Weidmann Electrical Technology AG, 8640 Rapperswil, Schweiz

Feste Isolierstoffe auf Zellstoffbasis sind seit über 140 Jahren integraler Bestandteil von Transformatoren. Insbesondere die Komponenten der Wicklungsisolierung gewährleisten neben ihrer Isolierfunktion die mechanische Stabilität im Betrieb und bei Kurzschlüssen. Die Wicklungen müssen zu jeder Zeit eingespannt sein, da freie Wicklungsbewegungen im Kurzschlussfall unmittelbar zur Zerstörung führen können. Der Beitrag gibt einen Überblick darüber, welche Faktoren die Einspannkraft während der Fertigung und im Betrieb beeinflussen. Des Weiteren werden Möglichkeiten gezeigt, wie die Einspannkraft sowie die Alterung beeinflussende Parameter - wie Temperatur und Wassergehalt - während der Fertigung und im Betrieb direkt gemessen werden können.

1. Einleitung

Die ersten Transformatoren wurden gegen Ende des 19. Jahrhunderts entwickelt. Schnell stellte sich heraus, dass eine Flüssigkeitsfüllung die Kühlung wie auch die Spannungsfestigkeit der Wicklungen verbessert. Mit den steigenden Anforderungen an Spannung, Durchgangsleistung, Baugröße und Zuverlässigkeit wurden Werkstoffe benötigt, die einerseits flexibel an die geforderten Geometrien angepasst werden konnten, andererseits auch kostengünstig im Rohstoff sowie in der Verarbeitung sind.

Die Vorteile von zellstoffbasierten Materialien als Barriere sowie zur Leiterisolierung wurden schon zu Beginn des Trafobaus erkannt. Bereits 1925 wurden Hauptisolierungen aus Zylindern und Winkelringen verwendet. So wurde das Transformerboard (Pressspan aus hochreinem Zellstoff) für Hochspannungsisolierungen von Hans Tschudi in den 1930er Jahren des letzten Jahrhunderts erfunden [1] und hat sich neben Papier als optimaler Werkstoff etabliert. Heute wird immer noch der Großteil der Transformatoren im Verteil-, Netz- und Generatorsegment mit einer Öl-Zellstoff-Isolation gefertigt. Für Spezialfälle werden feststoff- oder gasisolierte Transformatoren verwendet, um z.B. die Brandlast oder Umweltgefährdung durch Mineralöl zu senken. Ein anderer Spezialbereich ist der Einsatz von Hochtemperaturisolationen aus Aramid-Fasern (Poly-m-phenylen-isophthlamid), die eine wesentlich höhere Betriebstemperatur erlauben. Anwendung finden diese bei Bauvolumen- oder Gewichtsbeschränkungen wie im Traktionsbereich, aber auch bei Überlastanwendungen z.B. bei Wind- und Solarparks.

2. Herstellung und Eigenschaften von zellstoffbasierter Isolierung

Zellstoffbasierte Isolierungen werden heute meist aus Sulfat-Zellstoff [2] (oder auch Kraft-Zellstoff genannt) hergestellt, welcher aus Nadelhölzern wie Fichten oder Kiefern, gewonnen wird. Durch den chemischen Aufschluss der Weichholzfasern werden unerwünschte Bestandteile entfernt und der verbleibende Zellstoff gereinigt.

Der Hauptbestandteil ist Zellulose, welche als Molekülketten mit einer Länge von 1000-2000 Glukose-Molekülen in der Zellwand der Fasern vorliegt. Die Abbildung 1 veranschaulicht die Größenverhältnisse vom Baum bis hinunter auf die molekulare Ebene.

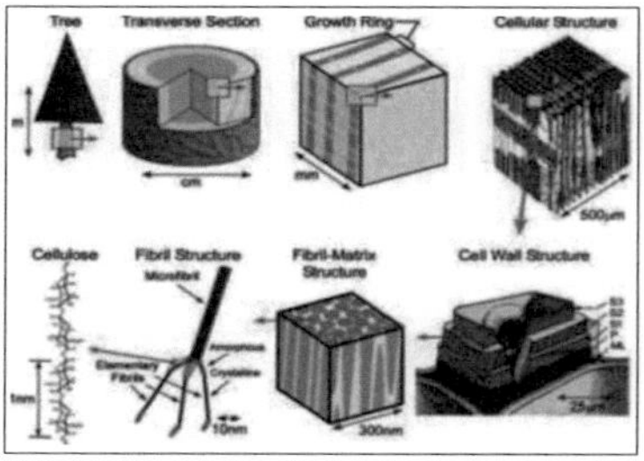

Abbildung 1: Zellulosestruktur des Baums (aus [3])

Des Weiteren sind noch Hemicellulose, Lignin und geringe Mengen von mineralischen Bestandteilen in Zellstofffasern vorhanden.

In Tabelle 1 sind die typischen Mengenverhältnisse der Bestandteile von Holz und Zellstoff (electrical grade) aufgelistet.

Tabelle 1: Zusammensetzung von Holz und Zellstoff

	Holz	Zellstoff [4]
Zellulose	41-58%	75-85%
Hemicellulose	11-25%	10-20%
Lignin	26-30%	2-6%
Wachse	2-4%	-
Mineralien	1%	<0.5%

Die Eigenschaft der Zellulose-Ketten, sich durch Trocknung aus einer wässrigen Lösung mittels Wasserstoff-Brückenbildung zu einem mechanisch stabilen Werkstoff verbinden, bietet sich an, Flachteile wie auch kompliziert geformte 3D-Teile daraus herzustellen.

Je nach Fertigungsprozess entsteht dabei ein mehr oder weniger dichtes Material, welches ein poröses Gefüge aus Fasern ist, die an den Berührungsflächen mittels chemischer Bindung mechanisch fixiert sind. Diese Eigenschaft der Wasserstoff-Brücken-Bindung der Zellulose hat auch seinen Nachteil in Form der ausgeprägten Hygroskopie. So hat Isolierpapier und –board bei Normklima (23 °C und 50% rF) je nach Rohstoffzusammensetzung und Dichte zwischen 6 und 8 Gewichtsprozent Wasser angelagert. Für die elektrische Anwendung in einem Transformator muss der Werkstoff allerdings trocken sein. Die Isolationssysteme werden daher bei der Fertigstellung im Trafowerk auf Werte kleiner 1% (typisch 0.5%...1.0%) getrocknet.

Die Hygroskopie des Zellstoffmaterials hat sowohl Auswirkungen während der Verarbeitung als auch im Betrieb. Das Material schrumpft und quillt in Abhängigkeit seines Wassergehaltes. Diese geometrischen Veränderungen sind unterschiedlich stark in ihren Herstellungsachsen ausgeprägt, d.h. das Material zeigt eine ausgeprägte Anisotropie. Ausgehend vom Zustand bei Normklima schwindet beispielsweise hochdichtes Pressboard B3.1 gemäß [5] in der Dicke mit ca. 4% gut 10-mal stärker als in Breite oder Länge. Dieses Schrumpfverhalten muss bereits bei der Bearbeitung im „raumklimatischen" Zustand berücksichtigt werden, um passgenaue Teile herstellen zu können. Bei einer großen Wicklung kann der Unterschied zwischen feucht und trocken einige Millimeter betragen.

Neben der mehr oder weniger reversiblen Schrumpf- und Quelleigenschaft des Zellstoffs zeigt dieser auch irreversible geometrische Veränderungen. Durch wiederholtes Befeuchten und Trocknen bauen sich Spannungen, die durch den Herstellprozess entstanden sind, ab und das Material schrumpft in Länge und Breite und quillt in der Dicke.

Dies zeigt sich beispielsweise durch Wellenbildung an Plattenmaterial infolge schwankender Lagerklimabedingungen, was eine Weiterverarbeitung unter Umständen schwierig macht.

3. Veränderung der Zelluloseeigenschaften durch Alterung

Temperatur, Wasser und Sauerstoff sind beschleunigende Alterungsfaktoren für die Zersetzung der organischen Isolation [6]. Sie wird hervorgerufen durch die Aufspaltung der Zelluloseketten (Verkürzung der Kettenlänge) wie auch die Zersetzung der Glukosemoleküle selbst. Wasser kann durch Undichtheiten des Gehäuses oder Komponenten und deren Dichtungen von außen eindringen, was in der Regel die Hauptursache des in Transformatoren vorhandenen Wassers ist [7]. Neben der Zersetzung des Zellstoffs wird auch bei der alterungsbedingten Oxidation des Isolieröls Wasser freigesetzt.

Am meisten verändern sich die mechanischen Eigenschaften des Werkstoffs: er wird zunächst steifer (Versprödung) bevor er eine starke Abnahme der Festigkeit zeigt. Üblicherweise wird das Lebensdauerende definiert, wenn die ursprünglich Zugfestigkeit auf 50% gesunken ist. Des Weiteren führt die Alterung auch zu einem Schwund des Materials [8].

Die elektrischen Eigenschaften verändern sich durch die reine Zersetzung nur geringfügig, werden aber durch die zunehmenden Abbauprodukte, vor allem durch den Wassergehalt negativ beeinflusst. Bei einem Wassergehalt von mehr als 2.5 bis 3% bezeichnet man die Isolation als feucht und diese stellt ein Risiko hinsichtlich des verminderten Isolationsvermögens für den Betrieb des Transformators dar.

4. Mechanische Stabilität zelluloseisolierter Wicklungen

Wie schon eingangs erwähnt bestehen Isolierpapier und Pressspan aus makroskopischen Fasern und - je nach Dichte - mehr oder weniger Freiräumen dazwischen. Bei der Imprägnierung unter Vakuum werden diese über Kapillaren verbundenen Hohlstellen mit Isolieröl gefüllt. Wird die Faserstruktur mit einer Flächenkraft beansprucht, so werden die Fasern und die Hohlstellen komprimiert und das sich in den Hohlstellen befindliche Öl wird dadurch langsam wieder herausgepresst. Neben der elastischen Verformbarkeit zeigen Pressstoffteile daher ein plastisches Verhalten (Kriechen bzw. im Englischen „creep") das auch teilreversibel sein kann.

Dieses Kriechverhalten ist bekannt und wird bereits bei der Vortrocknung von Wicklungen bzw. –teilen versucht vorwegzunehmen, indem die Isolation während des Trocknungsvorgangs gepresst wird. Dadurch wird der Großteil der plastischen Verformung bereits eliminiert. Wie oben schon erwähnt führt die Alterung zu einem Schwund des Materials, was ebenfalls die mechanische Supportfunktion der Isolierung beeinflusst.

Oft unterschätzt wird eine physikalische Eigenschaft zellulosebasierter Isolierstoffe, nämlich deren hoher thermischer Ausdehnungskoeffizient. Mit $\alpha=70\text{x}10^{-6}$ K^{-1} ist er 4- bis 6-mal höher als der von Kupfer oder Stahl. Dies gilt es sowohl bei der Fertigung des Transformators als auch im Betrieb zu berücksichtigen. Noch in vielen Fällen wird die finale Einspannkraft direkt nach der Endtrocknung des Transformators, d.h. im heißen Zustand (80..110°C), aufgebracht. Dies führt dazu, dass bei niedrigeren Temperaturen die Presskräfte der Wicklungen deutlich verringert sind, da sich alle Isolierteile, die gleichzeitig den elastischen Anteil der Wicklung bilden, zusammenziehen. Der thermische Schwund kann bei großen Transformatoren durchaus einige Millimeter betragen, wenn man berücksichtigt, dass neben Distanzstücken (Spacern), Leiterisolierung (Papier) auch die Wicklungsendisolierung (Winkelringe, Scheiben und Kappen) sowie die Druckringe in der Regel aus zellulosebasierten Materialien hergestellt werden. Dies sollte durch entsprechende Maßnahmen angerechnet werden, um eine hinreichende Einspannung der Wicklungen zu gewährleisten.

State-Of-The-Art ist heute das Pressen der Wicklungen im abgekühlten Zustand, was entsprechend klimatisierte Fertigungshallen vorausgesetzt, um eine erneute Feuchtigkeitsaufnahme zu vermeiden. Jedoch ist auch dann die thermische Ausdehnung zu berücksichtigen, da sie zu deutlich höheren Presskräften bei Betriebstemperatur führen kann.

Im Betrieb beeinflussen neben der Temperatur noch der bereits erwähnte Schwund durch den Zelluloseabbau, die allmähliche plastische Verformung und der Wassergehalt (umgangssprachlich Feuchtigkeit) die Einspannung der Wicklung. Während Alterung (entspricht dem Zelluloseabbau) und plastische Verformung zu einer Verringerung der Einspannkraft führen, bewirkt ein zunehmender Wassergehalt durch die oben schon erwähnte Quellung ein Ansteigen der Einspannkraft und kompensiert also die beiden zuvor genannten Paramater zumindest teilweise. Daraus jedoch zu schlussfolgern „feuchte Isolierung = stabile Wicklung" ist jedoch fahrlässig, da ein hoher Wassergehalt zusammen mit der Temperatur die Alterung und damit den Schwund der Zellulose beschleunigt und das Isoliervermögen deutlich herab setzt.

Daher gilt nach wie vor der Grundsatz, dass ein Trafo möglichst bei niedriger Temperatur und „trocken" zu betreiben ist.

Zusammenfassend bedeutet dies für den Betrieb eines Transformators, dass der zeitliche Verlauf der Einspannkraft von einer Vielzahl von Parametern abhängig ist und deshalb kaum berechnet oder vorhergesagt werden kann. Abbildung 2 versucht dies zu verdeutlichen.

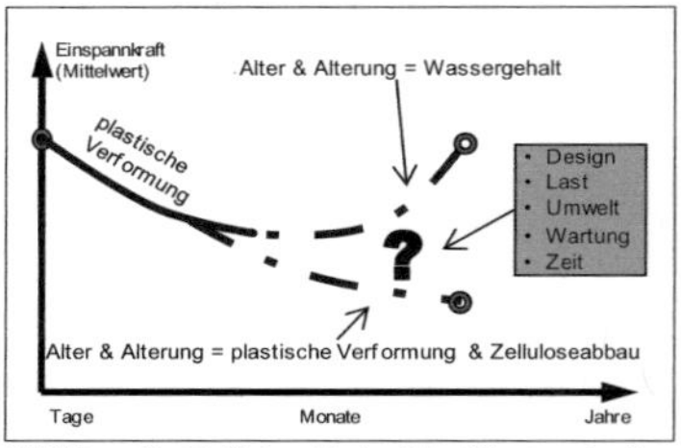

Abbildung 2: Zeitlicher Verlauf der Einspannkraft

5. Messung zustandsrelevanter Parameter im Betrieb

Aus den bisherigen Betrachtungen ergibt sich, dass zum einen die Überwachung von alterungsbestimmenden Parametern wie Temperatur und Wassergehalt und zum anderen die Einspannkraft selbst erfolgen sollte. Ersteres ermöglicht geeignete Maßnahmen zu treffen, um beschleunigte Alterung zu vermeiden, während die direkte Messung der Einspannkraft eine wirklich Aussage über die Betriebssicherheit gestattet, d.h. die Fähigkeit, einen Kurzschluss zu überstehen.

Die direkte Messung dieser Größen in oder an der Wicklung erfordert Sensoren und geeignete Übertragungswege, die einen Betrieb auf Hochspannungspotential gestatten. Beides muss deshalb aus Materialien bestehen, die zum einen nicht leitfähig sind und zum anderen langzeitbeständig im eingesetzten Isoliermedium sind. Da ein Großteil der in Transformatoren verwendeten Isolierflüssigkeiten Gemische von Kohlenwasserstoffen sind, erfordert dies in jedem Fall entsprechende Kompatibilitätstests, sofern nicht bereits adäquate Langzeiterfahrungen vorliegen.

Für die Wicklungstemperaturmessung haben

sich seit Jahrzehnten faseroptische Sensoren bewährt. Ausgehend vom physikalischen Messprinzip sind diese entweder am Ende eines Lichtwellenleiters (Gallium-Arsenit, Fluoreszenz-optisch) oder direkt im Lichtwellenleiter (Fiber-Bragg-Gitter) angebracht. Die Übertragung des Messsignals über Lichtwellenleiter ermöglicht die Messung auf Hochspannungspotential, und der Sensor kann direkt in ein ohnehin vorhandenes Isolierteil integriert werden. Damit ist in der Regel eine einfache Montage und Positionierung am gewünschten Messpunkt möglich. Derartige Sensoren, in Verbindung mit den heutigen Designtools, gestatten eine sehr genaue Messung von Heißpunkt- und Öltemperatur jeder einzelnen Wicklung [9].

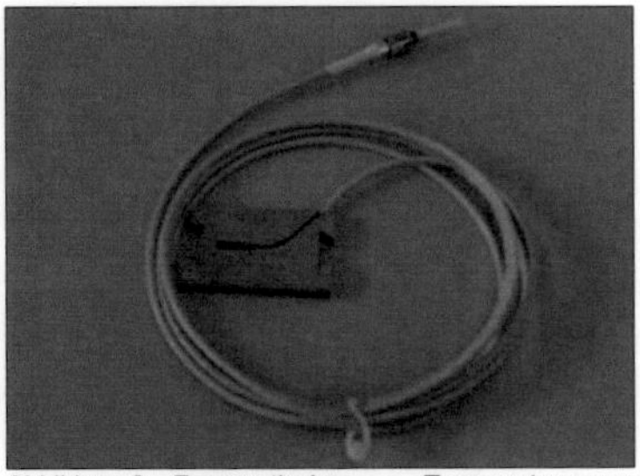

Abbildung 3: Faseroptischer Temperatursensor „InsuLogix® T"

Abbildung 3 zeigt einen faseroptischen Temperatursensor in einem s.g. „Spacer" für Spulenwicklungen, dessen Funktion auf der temperaturabhängigen Veränderung der Transparenz von Gallium-Arsenit basiert. Solche Sensoren ermöglichen die Messung der Wicklungstemperatur (= Leitertemperatur) mit einer Genauigkeit von ±2 K und haben eine Zeitkonstante von ca. 15 s (abhängig von der Dicke der Leiterisolierung) was es erlaubt, auch transiente Vorgänge zu erfassen.

Wesentlich schwieriger ist es, den Wassergehalt direkt in der Isolierung zu messen. Exakte Messungen, z.B. durch Karl-Fischer-Titration, erfordern Materialproben, was eine Anwendung im Betrieb unmöglich macht. Indirekt kann aus der relativen Ölfeuchte und mittels Gleichgewichtskurven auf die Feststofffeuchtigkeit geschlossen werden. Da die meisten Transformatoren nicht über längere Zeit eine konstante Temperatur aufweisen, sind die Ergebnisse dieser Methoden meist sehr ungenau [10].

Weidmann entwickelt daher einen faseroptischen Sensor, der eine direkte Messung des Wassergehalts in der Zelluloseisolierung ermöglicht.

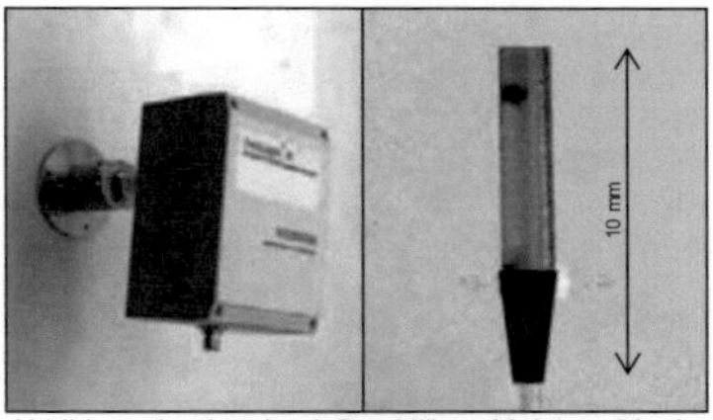

Abbildung 4: „InsuLogix® Mi"- „Moisture-Monitor" (links) und zugehöriger faseroptischer Sensor (rechts)

Abbildung 4 zeigt den direkt an der Kesselwand des Transformators montierbaren Monitor und das Sensorelement, welches am Ende der Glasfaser angebracht ist. Dieses kann z.B. direkt in einen Spacer (ähnlich wie in Abbildung 3) in der Wicklung eingebaut werden. Die Messung beruht auf der Auswertung des Infrarotspektrums mithilfe eines chemometrischen Models und ist damit eine direkte Messmethode, die unabhängig vom Feuchtegleichgewicht zwischen Isolierflüssigkeit und Feststoff ist. Neben der Messung der Feuchte in der Isolierung misst der Sensor gleichzeitig die Temperatur am Einbauort. Der Monitor selbst kann über eine serielle Schnittstelle in das Transformator-Monitoring eingebunden werden. Der Messbereich beträgt 0.3...6 $\%_{H_2O}$ (Gewicht) mit einer Unsicherheit von ±0.3 $\%_{H_2O}$. Neben der direkten Überwachung des Wassergehalts einzelner Bauteile ist z.B. die Einbindung der Messwerte in die Berechnung der Alterung vorgesehen.

Wie in Kapitel 4 schon erörtert, ist eine Überwachung der Einspannkräfte der Wicklungen wünschenswert. Bei der heute in Transformatoren üblichen gemeinsamen Pressung aller Wicklungen, ist eine Kraftmessung mit handelsüblichen Sensoren, welche an den metallischen Teilen der Presskonstruktion (auf Erdpotential) angebracht werden können, wenig zielführend, da dort nur die Summe aller Einspannkräfte gemessen werden kann. Das Nachlassen der Einspannkraft einer einzelnen Wicklung kann damit nicht quantitative bestimmt werden.

Ziel war es deshalb, einen Kraft- bzw. Drucksensor zu entwickeln, der in der Isolierung eingebaut werden kann. Der Einbauort erzwingt den vollständigen Verzicht auf metallische Teile, da im Randbereich der Wicklungen hohe elektrische und magnetische Feldstärken vorhanden sind. Dies wiederum erschwert die Materialauswahl erheblich, zumal noch die Umgebungsbedingungen, d.h. Temperatur und Beständigkeit gegenüber der Isolierflüssigkeit, berücksichtigt werden müssen. Somit bot sich auch hier der Einsatz von faseroptischen Sensoren an.

Sogenannte Faser-Bragg-Gitter-Sensoren (Fiber-Bragg-Grating=FBG) sind speziell eingebrachte optische Strukturen in Standardglasfasern, die in Abhängigkeit von der Längsdehnung des FBG als selektive Wellenlängenfilter auf eingekoppeltes breitbandiges Licht wirken. Sie erfassen zum einen Dehnungsänderungen infolge statischer oder dynamischer mechanischer Belastungen, aber auch Temperaturänderungen.

Weidmann ist es gelungen, erste Muster FBG basierender Sensoren zu entwickeln, die die axiale Einspannkraft der Wicklung (bzw. den Pressdruck) in eine Längsdehnung des Faser-Bragg-Gitters umwandelt.

Abbildung 5 zeigt einen solchen Sensor, eingebettet in einen Spacer, dessen Aufbau inzwischen patentiert ist [11].

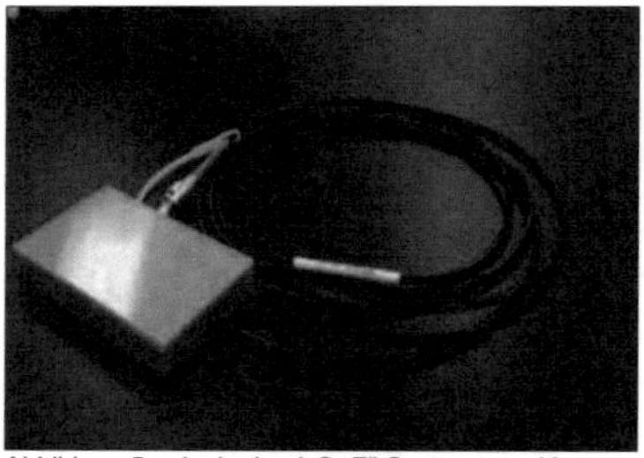

Abbildung 5: „IsulogLogix® F"-Spacer zur Messung der Einspannkraft

Da, wie bereits erwähnt, Faser-Bragg-Gitter-Sensoren sensitiv gegenüber Längsdehnung und Temperaturänderungen sind, ermöglicht auch dieser Sensor neben der Kraftmessung gleichzeitig eine Temperaturmessung am Einbauort.

Die zugehörige Auswerteeinheit lässt sich sowohl direkt in einen vorhandenen Schaltschrank am Trafo integrieren oder ist als transportable Einheit mit Bildschirmanzeige verfügbar (Abbildung 6). Die abgebildete Variante ermöglicht den Anschluss von bis zu 16 Sensoren und kann bei Bedarf auf 32 Sensoren erweitert werden. Sie ist insbesondere für Messungen während der Fertigung sowie für periodische Messungen während des Betriebs gedacht.

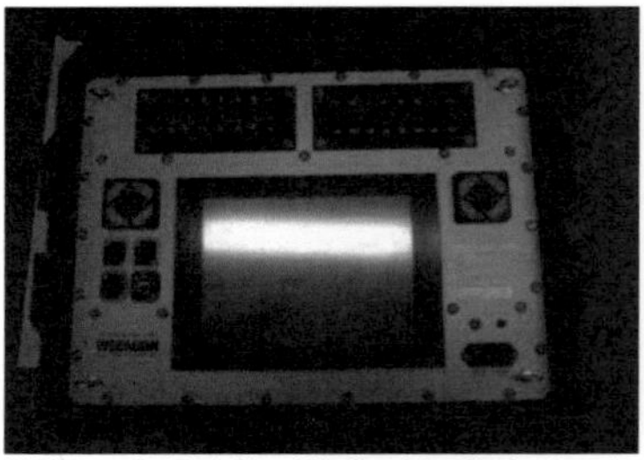

Abbildung 6: Portabler „Winding Integrity Analyzer"

Inzwischen wurden erste Tests zusammen mit einem Transformatorhersteller durchgeführt (Abbildung 7), um das Sensordesign unter realen Bedingungen zu überprüfen.

Abbildung 7: Einbau eines „InsuLogix® F"-Spacers oberhalb der Wicklung

Dabei wurden vier Sensoren pro Wicklung verwendet. Dem Transformatorhersteller geht es unter anderem darum, die Verteilung der Einspannkraft auf die die verschiedenen „Spacer"-Säulen zu überprüfen.

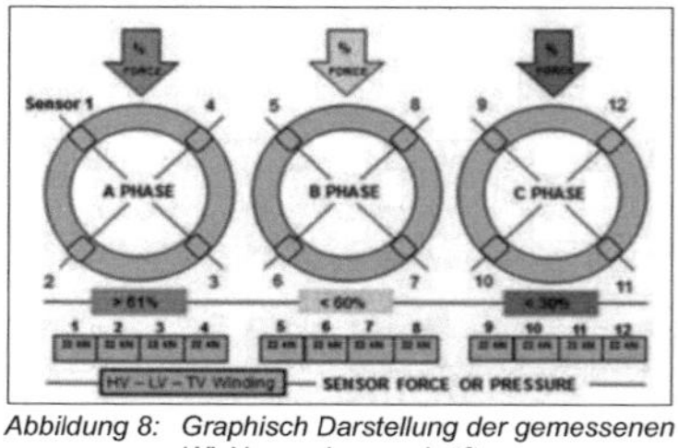

Abbildung 8: Graphisch Darstellung der gemessenen Wicklungseinspannkräfte

Die im Monitor integrierte Auswertungssoftware ermöglicht die graphische Darstellung der Sensorpositionen zusammen mit den gemessenen Einspannkräften (Abbildung 8).

Da eine absolut gleichmäßige Verteilung kaum erreichbar ist, lassen sich Summen- und Mittelwerte pro Wicklung sowie deren relative Abweichungen zum Sollwert darstellen, was eine Bewertung vereinfacht. Die Messwerte werden auch zu einen entsprechenden „Condition Index“ (CI) verarbeitet, der als eigenständiger Indexwert im Monitoringsystem dargestellt wird.

6. Zusammenfassung

Aufgrund ihrer Vorteile wird zellulosebasierte Isolierung seit über 140 Jahren in Transformatoren eingesetzten und wird auch in Zukunft der dominierende Isolierstoff in einer Großzahl von flüssigkeitsgefüllten Transformatoren sein. Die besonderen Eigenschaften des Materials machen es vorteilhaft, Parameter zu überwachen, die Funktion und Alterung der Isolierung und des Trafos insgesamt beeinflussen. Diese Parameter sind u.a. Temperatur, Wassergehalt und Wicklungseinspannkräfte. Besonders letztere sind für die Kurzschlussfestigkeit von besonderer Bedeutung. Während die faseroptische Temperaturmessung schon seit Jahrzehnten erfolgreich in Transformatoren eingesetzt wird, ermöglichen die neu entwickelten Sensoren die direkte Messung des Wassergehalts in der Isolierung und der Wicklungseinspannkraft. Damit wird eine genauere Überwachung der Betriebstüchtigkeit von Transformatoren ermöglicht.

Literatur

[1] H. Tschudi, “Die Entwicklung der Herstellung von Presspan,” *Sonderdruck aus dem Bulletin des Schweizerischen Eletrotechnischen Verband,* 1938.

[2] J. Blechschmidt, Taschenbuch der Papiertechnik, Leipzig: Carl Hanser Verlag, 2013.

[3] R. J. Moon, A. Martini, J. Nairn, J. Simonsen and J. Youngblood, “Cellulose nanomaterials review: structure, properties and nanocomposites,” *Chem. Soc. Rev. 40,* pp. 3941-3994, 12 May 2010.

[4] H.-P. Gasser, C. Krause and T. Prevost, “Water Absorption of Cellulosic Insulating Materials used in Power Transformers,” in *International Conference on Solid Dielectrics*, Winchester, UK, 2007.

[5] IEC 60641-3-1, *Pressboard and presspaper for electrical purposes – Part 3: Specifications for individual materials – Sheet 1: Requirements for pressboard, types B.0.1, B.0.3, B.2.1, B.2.3, B.3.1, B.3.3, B.4.1, B.4.3, B.5.1, B.5.3 and B.6.1,* Ed.2; Hrsg., International Electrotechnical Commission, Hrsg., 2008-07.

[6] WG A2.24, TB 393 - Thermal Performance of Transformers, Paris: Cigre, 2009.

[7] WG A2.30, TB 349 - Moisture Equilibrium and Moisture Migration within Transformer Insulation Systems, Pairs: Cigre, June 2008.

[8] T. Prevost, D. J. Woodcock and C. Krause, “The Effects on Winding Clamping Pressure due to Changes in Moisture, Temperature and Insulation Age,” in *DOBLE, Sixty-Seventh Annual International Conference of Doble Clients*, Boston/MA USA, March 2000.

[9] M. Cuesto, P. Heinzig, H. Nordman and D. Susa, “Application of Fiber Optic Sensors in Transformers,” in *IEEE/PES Transformers Committee, Insulation Life SC*, München, 2013.

[10] D. Martin and T. Saha, “A Review of the Techniques Used by Utilities to Measure the Water Content of Transformer Insulation Paper,” *IEEE Electrical Insulation Magazine (Volume: 33, Issue: 3),* pp. 8-16, 24 April 2017.

[11] D. J. Woodcock, “Clamping Force Sensor Assembly for Monitoring Transformer Degradation”. USA Patent US8,522,626 B2, 3 September 2013.

TOOL ZUR DIAGNOSE/PROGNOSE DES ZUSTANDES VON MASCHINENTRANSFORMATOREN

Wolfgang Kästner, Jana Hänel
Hochschule Zittau/Görlitz, Institut für Prozeßtechnik, Prozeßautomatisierung und Meßtechnik

Thomas Krüger, Maik Honscha, Michael Lukas
Lausitz Energie Kraftwerke AG

Maschinentransformatoren stellen ein wichtiges Glied in der Kette der Stromversorgung dar und gehören zu den kostenkritischsten Komponenten. Schäden an diesen Großkomponenten führen zu hohen Reparaturkosten. Darüber hinaus stehen Blockeinheiten bei Trafoschäden nicht mehr dem Stromversorgungsnetz zur Verfügung. Dies führt zu hohen Folgekosten, die die Höhe des eigentlichen Schadens am Maschinentransformator um ein Vielfaches übersteigen können. Um die Betriebstüchtigkeit von Maschinentransformatoren zu gewährleisten und deren Verfügbarkeit zu erhöhen, ist eine Überwachung des Transformatorzustandes erforderlich. Ziel ist es, Ausfälle zu vermeiden, Stillstandszeiten zu minimieren sowie die Lebensdauer von Transformatoren zu verlängern und somit auch Kosten zu senken. Die Erfassung, Diagnose und Prognose geeigneter Transformatorparameter können einen wichtigen Beitrag leisten, um frühzeitig Fehlerquellen zu identifizieren und entsprechend Maßnahmen abzuleiten.
Die Diagnose in Verbindung mit einer Prognose basiert auf den erfassten Systemparametern (Monitoring) der Transformatoren. Von installierten Monitoring-Systemen werden die Parameter der Transformatoren, wie z.B. Fehlergaskonzentrationen, elektr. Spannung, elektr. Leistung, Temperaturen erfasst. Der Umfang der Messdaten kann bezüglich der Anzahl der erfassten Parameter und der Abtastraten für jeden Transformator unterschiedlich sein.
Auf der Grundlage von Expertenwissen (Erfahrungen, Erkenntnisse) wurden Diagnosealgorithmen für die Zustandsbewertung entwickelt. Die Verarbeitung der Messdaten zur Bereitstellung von Diagnoseaussagen erfolgt mit Hilfe von Fuzzy-Algorithmen nach Mamdani, in denen das vorhandene Expertenwissen regelbasiert einbezogen wurde.
Aus den Zeitreihenverläufen der Messdaten und Diagnoseaussagen werden mittels Prognoseverfahren die zukünftigen Werte geschätzt. Dadurch sind Handlungsempfehlungen für die Häufigkeit und/oder den Detailierungsgrad der Überwachung der Komponenten ableitbar.
Die Diagnose– und Prognosealgorithmen wurden in Form eines Softwaretools umgesetzt, welches die Daten aus einer Datenbank gewinnt, verarbeitet und bewertet. Dabei liefert es auf Anforderung eine Bewertung des aktuellen Zustandes des betreffenden Maschinentransformators und eine Prognose für ausgewählte Parameter, welche eine realistische Abschätzung und evtl. Erhöhung der verbleibenden Lebensdauer durch eine vorausschauende Instandhaltung ermöglichen.

1. Diagnose- und Prognoseparameter

Die Monitoringsysteme (MS) von Transformatoren erfassen während der Zustandsüberwachung im laufenden Betrieb und zu Tests während Stillstandszeiten unterschiedliche Daten und Informationen.
Es werden im Wesentlichen folgende Parameter gemessen:

- Konzentrationen der in Öl gelösten Gase (Fehlergase)
- Isolierölparameter
- elektrische Kenngrößen
- Teilentladungsmessungen
- Temperaturen

Die Daten werden mit dem zugehörigen Zeitstempel entsprechend der Abtastrate gespeichert.

1.1. Fehlergase

Die Isoliermaterialen eines Transformators (Öl und Zellulose) zersetzen sich durch normale Alterung im Laufe der Zeit. Auftretende elektrische und thermische Belastungen beschleunigen diese Zersetzungsprozesse. Dabei werden Kohlenwasserstoffe aufgespalten und es entstehen verschiedene Gase, die sich im Öl des Transformators lösen. Die Art und die Geschwindigkeit der Bildung entstehender Gase werden durch die verschiedenartigen Fehler (Belastungen) und ihrer Energieniveaus beeinflusst (Abbildung 1).

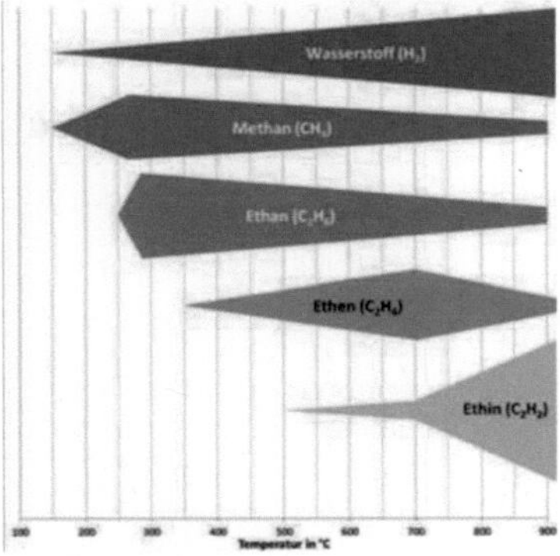

Abbildung 1: Gasbildung in Abhängigkeit von der Temperatur [1][2]

Dabei sind folgende Gaskonzentrationen relevant:

- Wasserstoff (H_2),
- Methan (CH_4),
- Ethan (C_2H_6), Ethen (C2H4), Ethin (C_2H_2),
- Propan (C_3H_8), Propen (C_3H_6),
- Kohlenmonoxid (CO), Kohlendioxid (CO_2)
- Sauerstoff (O_2), Stickstoff (N_2)

1.2. Isolierölparameter

Die Güte der Isolation des Transformatoröls wird von den Alterungsprodukten, die während des Betriebes eines Transformators entstehen, beeinträchtigt. In regelmäßigen Abständen werden deshalb die Isolierölparameter durch Laborproben ermittelt. Diese Parameter lassen auf den Zustand des Öls schließen.
Zu den Isolierölparametern gehören die Durchschlagsspannung, der dielektrische Verlustfaktor, die Grenzflächenspannung und die Feuchtigkeit, sowie die Farbzahl und die Neutralisationszahl.

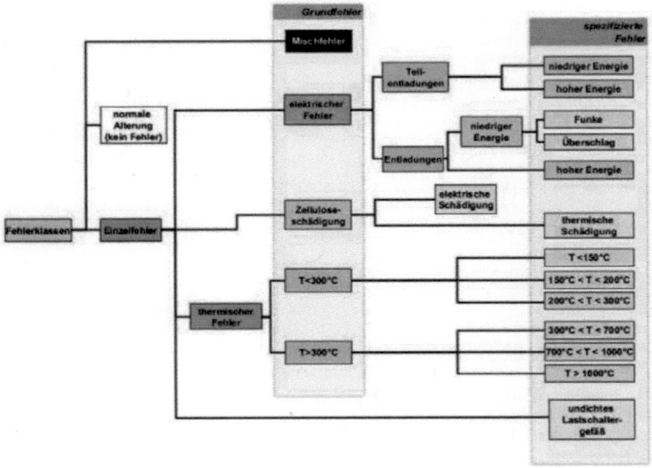

Abbildung 2: Übersicht der möglichen Fehler (angelehnt an [8])

1.3. Sonstige Parameter

Zusätzlich zu den Fehlergasen und den Isolierölparametern werden noch weitere Betriebsparameter zur Zustandsüberwachung gemessen. Dazu gehören Strom, Last, Spannung, Wirkleistung Blindleistung, Außentemperatur, Öltemperatur und andere mehr.

Durch die Auswertung der vom MS erfassten Parameter kann mit Hilfe geeigneter Diagnosealgorithmen eine Zustandsbewertung des Transformators erfolgen.

2. Methodik

In vielen Standards und Normen sind die Methoden zur Auswertung der Betriebsparameter beschrieben. Bei den Fehlergasen kann die Auswertung mit unterschiedlichen Methoden [3][4][5][6][7] zu inkonsistenten Ergebnissen führen, vor allem, weil die Fehlerbewertung nicht überall einheitlich ist.
Deshalb wurde das Vorgehen von Transformatorexperten ausgewertet und wird als Grundlage für den entwickelten Diagnosealgorithmus verwendet. Das vorhandene Expertenwissen wird regelbasiert abgearbeitet. Dies geschieht mehrstufig. Anfangs werden nur die wichtigsten Daten (Fehlergase mit den höchsten Konzentrationen) zur Auswertung herangezogen. Diese geben einen ersten Hinweis auf die Art des aufgetretenen Fehlers. Durch Hinzunahme weiterer Parameter wird die erste Diagnose eingegrenzt und der Zustand des Transformators detaillierter spezifiziert.
In der ersten Stufe der Auswertung werden nur 4 Einzelfehler und ein allgemeiner Mischfehler (gleichzeitiges Auftreten von mindesten zwei Einzelfehlern) betrachtet. Diese werden als Grundfehler bezeichnet. In der zweiten Stufe werden durch Hinzunahme weiterer Informationen (Quotienten der Fehlergase) die Grundfehler hinsichtlich ihrer Energieniveaus spezifiziert (Abbildung 2).
Beim entwickelten Diagnosealgorithmus werden zuerst aus den Fehlergasen (Tabelle 1) die Fehlerwahrscheinlichkeiten mit Hilfe von Fuzzy-Logik [10] ermittelt. Die Fuzzy-Logik ermöglicht die Definition unscharfer Übergänge bei Grenzwerten und die Berechnung von Auftrittswahrscheinlichkeiten der Fehler im Bereich zwischen 0 und 100%.

	H_2	CH_4	C_2H_2	C_2H_4	C_2H_6	C_3H_6	CO	CO_2
Zellulose-schädigung							x	x
elektrische Zersetzung							x	x
thermische Zersetzung							x	x
elektrischer Fehler	x	x	x					
Teilent-ladungen niedriger Energie	x	x			x			
Teilent-ladungen hoher Energie	x	x			x			
Ent-ladungen - niedriger Energie Funke		x		x	x			
Ent-ladungen - niedriger Energie Überschlag		x		x	x			
Ent-ladungen - hoher Energie		x		x	x			
thermischer Fehler								
T < 300 °C		x			x			
T > 300 °C		x		x		x		
T < 150 °C		x			x			
150°C<T < 200°C	x	x			x			
200°C< T < 300°C	x	x			x			
300°C< T < 700°C				x	x			
700°C<T < 1000°C			x	x	x			
T > 1000 °C			x	x	x			
undichtes Lastschalter-gefäß	x		x					
Mischfehler		x						

Tabelle 1: Zuordnung Gase - Fehlerklasse

Die Werte der Fehlerwahrscheinlichkeit und die Bildungsrate des Fehlers werden zur Ermittlung eines Fehlercodes herangezogen. Für jeden Fehlercode ist ein Farbcode (grün, gelb oder rot) für den Zustand des Transformators hinterlegt.
Der Farbcode zeigt auf, in welchem Bereich sich ein Fehler bzw. Transformatorparameter befindet. Dabei steht grün für den Normalbereich, welcher für normale Alterung steht und keine Handlungen für den Transformator nötig macht. Der Code gelb steht für den Warnbereich, der besagt, dass der Transformator einer eingehenderen Beobachtung bedarf. Für diesen Bereich sind mittel- bis langfristige Handlungen vorzunehmen.
Der rote Bereich ist der Fehler- bzw. Alarmbereich. In diesem sind mittel- bis kurzfristige

Handlungen notwendig und der Transformator bedarf einer intensiven Beobachtung.

Die Diagnose wird durch eine Prognose ergänzt. Durch verschiedene Einflüsse (z.B. Umgebungstemperatur) wird der zeitliche Verlauf der Diagnoseparameter möglicherweise beeinflusst. Diese saisonalen Einflüsse erschweren die einfache Erkennung des Trends.
Für jeden in einer Transformatordatenbank hinterlegten Messparameter kann mit Hilfe des entwickelten Tools eine Prognose durchgeführt werden. Dabei wird die vorhandene Zeitreihe verwendet, um ein Prognosemodell abzuleiten (Holt-Winters-Verfahren [9]). Beim gewählten Prognoseverfahren wird die Zeitreihe eines Parameters in eine Trend- und eine saisonalen Komponente zerlegt. Anschließend werden Werte für ein Jahr (Saison) prognostiziert (geschätzte Werte).

3. Diagnose- und Prognoseaussagen

Die Auswertung der Transformatordaten liefert vielfältige Ergebnisse (Aussagen), die in einem Report für den Anwender grafisch aufbereitet werden.

3.1. Fehlerwahrscheinlichkeiten

Mit Hilfe des Diagnosealgorithmus werden aus den Konzentrationen der in Öl gelösten Gase die Fehlerwahrscheinlichkeiten ermittelt und in Diagrammen grafisch dargestellt. Dabei werden die Zeitreihen der Grundfehler und die der spezifizierten Fehler in zwei unterschiedlichen Liniendiagrammen visualisiert.

3.2. Fehlerzustände

Für die Darstellung eines ermittelten Fehlerzustandes wird ein Balkendiagramm gewählt, um den zeitlichen Verlauf der Fehlercodes mit entsprechendem Farbcode darzustellen. Der Report enthält die Zustandsdiagramme für alle 5 Grundfehler und den maximal ermittelten Zustand.

Ein Bespiel für die Darstellung der Fehlerwahrscheinlichkeiten und Fehlerzustände zeigt Abbildung 3.

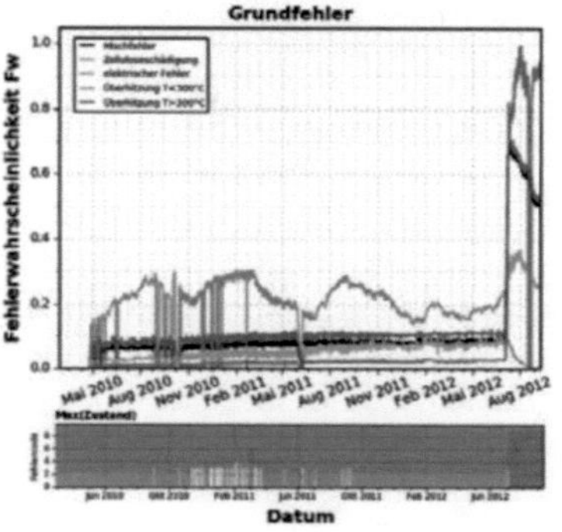

Abbildung 3: Fehler- und Zustandsdiagramm für Grundfehler am ausgewählten Beispiel

3.3. Prognose

Die Auswahl der Parameter für die Prognose erfolgt durch den Anwender. Dabei werden für jeden gewählten Parameter die Prognosewerte für eine Saison ermittelt. Als Saison wird gewöhnlich ein Jahr mit einem Wert pro Tag angenommen. Der Report beinhaltet für jeden Prognoseparameter ein Diagramm, in welchem die bekannte Zeitreihe, die Prognosewerte und eine lineare Regressionsgerade für die Ermittlung des Anstiegs dargestellt sind.

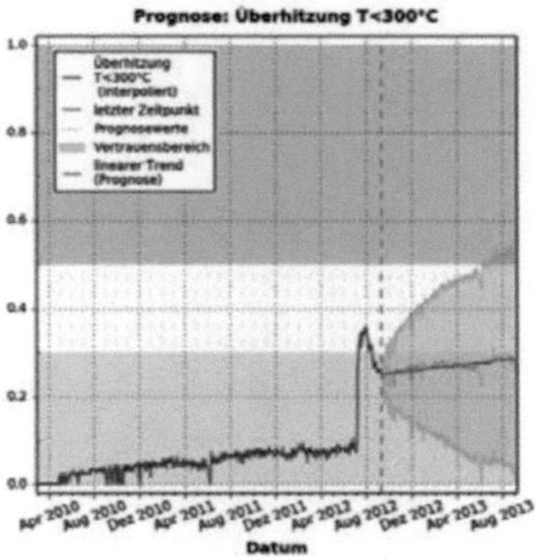

Abbildung 4: Prognosediagramm für Fehler Überhitzung T < 300°C

Sind für diesen Parameter Grenzwerte für die Zustandsbereiche (rot, gelb, grün) definiert, werden diese ebenfalls im Diagramm dargestellt (Abbildung 4).

3.4. Handlungsempfehlungen

In der aktuellen Entwicklungsphase erfolgt die Erweiterung des Tools durch Hinterlegung von Handlungsanweisungen für die ermittelten Diagnose- und Prognoseergebnisse des Transformatorzustandes.
Dabei werden für die vorhandenen Transformatorparameter, die ermittelten Fehlerwahrscheinlichkeiten und Zustände, Handlungsempfehlungen in Form von Regeln hinterlegt. Zu den Empfehlungen gehören kurz-, mittel- und langfristige Handlungen, welche eine zustandsorientierte Instandhaltung ermöglichen.

4. Softwaretool

Die entwickelten Diagnose- und Prognosealgorithmen sind in einem Softwaretool umgesetzt. Das Tool soll den Experten bei der Instandhaltung unterstützen, indem es eine Zustandsbewertung in Form eines Reports erstellt.

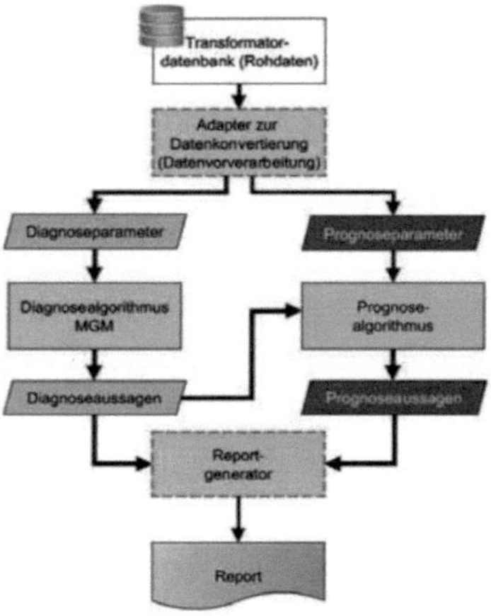

Abbildung 5: Datenflussdiagramm des entwickelten Tools

Abbildung 5 zeigt den Datenfluss im Tool. Nach Auswahl des Transformators, der zu verwendenden Prognosedaten und des Auswertezeitraumes durch den Anwender, erfolgt die Bereitstellung der eingelesenen Daten für den Diagnose- und den Prognosealgorithmus. Diese Datenvorverarbeitung übernimmt das Adaptermodul. Die Daten werden in den Diagnose- und Prognosealgorithmen analysiert und Aussagen generiert. Diese Informationen können in einem Report ausgegeben werden. Der Anwender kann den Detaillierungsgrad des Reports festlegen.

5. Zusammenfassung und Ausblick

Das entwickelte Tool analysiert die vorhandenen Daten (z.B. Gaskonzentrationen) mit Hilfen von Diagnose- und Prognosealgorithmen und ermöglicht dadurch die Ableitung von Schlussfolgerungen zum Anlagenzustand. Aus dem Anlagezustand werden zukünftig durch hinterlegte Regeln Handlungsanweisungen abgeleitet.
Die Software ermöglicht ein schnelles Aufzeigen der aufgetretenen Fehler, sowie von Fehlerkombinationen durch graduierte Aussagen (Fehlerwahrscheinlichkeiten).
Durch die Prognose ist eine Schätzung zukünftiger Werteverläufe und somit die Vorhersage der Entwicklung des Transformatorzustands möglich. Im Report werden die Ergebnisse der Auswertung in unterschiedlichen Darstellungsformen für den Anwender übersichtlich angezeigt.
Das Tool bietet eine Unterstützung für die Instandhaltung bzw. Wartung/Reparatur sowie bei der Schadensprävention von Maschinentransformatoren.
Die aktuelle Version der Software wurde für Maschinentransformatoren entwickelt. Die Anpassung an jeden Maschinentransformator erfolgt über die Festlegung von spezifischen Grenzwerten. Prinzipiell ist die Anwendung des Tools für andere Transformatortypen möglich. Dazu sind eventuell die Regel für die Diagnose und Handlungsanweisungen zu modifizieren.
Das Tool wurde bereits in Schulungen und Tutorials dem Anwender vorgestellt bzw. vom Anwender genutzt. Erste Erfahrungen flossen in die Weiterentwicklung ein.

Danksagung

Vielen Dank an die Firma LEAG für die Finanzierung des Forschungsprojektes und die Bereitstellung von Expertenwissen und Daten.

Literatur

[1] John C. Drotos; John W. Porter; Randy Stebbins: "Dissolved Gas Analysis of Transformer Oil", S.D. Meyers Co. 1996.

[2] "Maintenance of High Voltage Transformers", by Martin Heath Cote Associates, London, England. 1989.

[3] Müller, Reinhard; Schliesing, Herbert; Soldner, Karl: "Prüfung und Überwachung von Transformatoren durch Analyse der im Öl gelösten Gase" ("Testing and supervision of transformers by analysisof the gases dissolved in the oil"); Elektrizitaetswirtschaft (Germany), Jg. 73, Heft 23, S. 683–687, 1974.

[4] Müller, Reinhard; Schliesing, Herbert; Soldner, Karl: "Die Beurteilung des Betriebszustandes von Transformatoren durch Gasanalyse" ("Assessing the operational state of transformers by gasanalysis"); Elektrizitaetswirtschaft (Germany), Jg. 76, Heft 11, S. 345–349, May 23, 1977.

[5] DIN EN 60599: "In Betrieb befindliche, mit Mineralöl imprägnierte elektrische Geräte - Leitfaden zur Interpretation der Analyse gelöster und freier Gase";

[6] Rogers, R.R.: "IEEE and IEC Codes to Interpret Incipient Faults in Transformers, Using Gas in Oil Analysis"; IEEE Transactions on Electrical Insulation, Vol.: EI-13 No. 5, pp 349 - 354; 1978

[7] IEEE C57.104: "Guide for the Interpretation of Gases Generated in Oil-Immerse"; Institute of Electrical and Electronic Engineers (IEEE) C57.104™.

[8] Sherif S. M. Ghoneim und Sayed A. Ward. „Dissolved Gas Analysis as a Diagnostic Tools for Early Detection of Transformer Faults“. In: Advances in Electrical Engineering Systems (AEES) Vol. 1, No. 3 (2012), S. 152–156.

[9] Kosfeld, Reinhold: "Zeitreihenanalyse mit R"; S. 29ff, 2015

[10] Lutz, Holger; Wendt, Wolfgang: "Taschenbuch der Regelungstechnik"; S. 853-965, Verlag Harri Deutsch, 2002

[11] Kästner, W.; Hänel, J.; Honscha, M.; Lukas, M.: "Diagnosetool zur Zustandsbestimmung von Maschinen-transformatoren". VGB KELI 2016 - Konferenz Elektrotechnik, Leittechnik, Informationsverarbeitung im Kraftwerk, 11.-12.05.2016 in Köln

Kontinuierliche Messung und Auswertung der Spannungsqualität bis 150 kHz am Beispiel einer Ladestation für Elektrofahrzeuge

Christoph Kattmann*
Universität Stuttgart, Pfaffenwaldring 47, 70569 Stuttgart
Michael Beltle, Stefan Tenbohlen
Universität Stuttgart, Pfaffenwaldring 47, 70569 Stuttgart

Die Spannungsqualität ist eine wichtige Eigenschaft einer hochwertigen Energieversorgung. Zur Messung und Bewertung der Spannungsqualität gibt es Vorschriften und Normen über die zu messenden Werte und die geforderte Genauigkeit. In diesem Beitrag wird ein neu entwickeltes Messgerät vorgestellt, das weit über diese geforderte Genauigkeit hinausgeht. Im Fokus stehen dabei besonders die Mittelungsintervalle und Oberschwingungen mit Frequenzen von 2 kHz bis 150 kHz. Am Beispiel einer mehrtägigen Messung an einer Ladestation für Elektrofahrzeuge wird aufgezeigt, welche Effekte durch ein großes Mittelungsintervall verborgen bleiben können und welche Oberschwingungen im höheren Frequenzbereich gemessen werden.

1. Einleitung

1.1. Allgemeines

Eine hochwertige Energieversorgung ist für den Industriestandort Deutschland unverzichtbar. Dazu gehört neben einer unterbrechungsfreien Stromversorgung auch eine hohe Güte der Spannung, d.h. keine starken Spannungsschwankungen und eine geringe Oberschwingungsbelastung. Diese Eigenschaften werden durch die Spannungsqualität (englisch: Power Quality, PQ) beschrieben. Die Spannungsqualität ist durch einzelne Messwerte beschrieben, für die in diversen Normen Messverfahren und Grenzwerte festgelegt sind. Insbesondere für Oberschwingungen mit Frequenzen >2 kHz existieren Messverfahren aber nur in Ansätzen und keinerlei Grenzwerte. Durch die zunehmende Verbreitung von leistungselektronischen Komponenten mit in diesem Frequenzbereich taktenden Elementen wird dieser mittlerweile genauer betrachtet.

Vermutlich aufgrund der mangelnden Vorschriften für Messverfahren und der nicht vorhandenen Grenzwerte sind aktuell kaum Messgeräte vorhanden, die den Frequenzbereich >2 kHz bei Spannungsqualitätsmessungen abdecken. Im Bereich bis 150 kHz ist den Autoren kein Messgerät bekannt, das längerfristig und zuverlässig in diesem Frequenzbereich aufzeichnen kann. Deshalb wurde ein eigenes Spannungsqualitätsmessgerät entwickelt, das die Spannung und Strom so genau wie möglich aufzeichnet.

Neben der Messung von hochfrequenten Störungen stand dabei auch die Aufzeichnung mit hoher zeitlicher Genauigkeit, d.h. Messwerten im 10-Perioden-Abstand, im Vordergrund. Dies ermöglicht die Detektion von schnellen Spannungs-, Strom-, und Leistungsschwankungen. Darüber hinaus ist auch der ständige direkte Zugriff auf die Rohdaten bei der Forschungstätigkeit von Nutzen.

Das Messgerät wurde unter anderem verwendet, um an einem Abgang mit mehreren angeschlossenen Ladesäulen von Elektrofahrzeugen eine mehrtägige Messung durchzuführen. Dabei wurden von allen drei Phasen sowie dem Neutralleiter die Effektivwerte von Spannung und Strom, der THD, die Schein- und Wirkleistung, der Leistungsfaktor sowie die Harmonischen von Strom und Spannung bis zur 3000sten in 10-Perioden-Mittelwerten aufgezeichnet.

Der Einfluss von Ladevorgängen bei elektrischen Fahrzeugen ist schon beachtlich lange Teil der Forschung. Orr et. al. untersuchten bereits 1982 [1] und 1984 [2] die Oberschwingungen im Strombezug von elektrischen Fahrzeugen. 1996 betrachteten Berisha et. al. [3] das gleiche Thema und zeigen unter anderem bereits detaillierte Wellenformen.

In Deutschland werden die Auswirkungen elektrischen Fahrzeugen auf die

Spannungsqualität erst seit einigen Jahren intensiver erforscht. Als Beispiel seien Arbeiten von Wenge et.al. (Fraunhofer IFF, Magdeburg) [4] und Meyer (TU Dresden) [5] genannt.
In Kapitel 2 des vorliegenden Papers wird ein Überblick über die relevanten Normen gegeben und insbesondere auf die Situation beim Mittelungsintervall und den hohen Harmonischen eingegangen.
In Kapitel 3 wird die Messmethodik und das entwickelte Messgerät näher vorgestellt.
In Kapitel 4 wird der Einfluss des Mittelungsintervalls anhand von Beispielen aufgezeigt.
In Kapitel 5 werden die höherfrequenten Anteile der Spannung und des Stromes diskutiert und die Messergebnisse vorgestellt.
In Kapitel 6 folgen eine Zusammenfassung und ein Ausblick über weitere geplante Aktivitäten.

2. Normative Situation

2.1. Überblick über relevante Normen

Die in diesem Kapitel diskutierten Normen werden Stand Juli 2016 betrachtet.
Die zentrale und in Deutschland maßgebliche und verbindliche Norm für die Spannungsqualität ist die DIN EN 50160, die in dieser Form seit 1994 existiert. Sie definiert und beschreibt die notwendigen Begriffe und Messgrößen. Im Einzelnen werden in der Norm behandelt:

- Frequenz der Versorgungsspannung,
- Spannungsänderungen in verschiedenen Zeit-rahmen
- Oberschwingungen, d.h. Verzerrungen der Sinusform der Spannung,
- Symmetrie des Dreiphasensystems,
- Flicker, d.h. regelmäßige Änderungen der Spannung mit evtl. psychologischen Auswirkungen durch „Flackern" der Beleuchtung,
- Versorgungsausfälle.

Es werden Grenzwerte für die Netzfrequenz, langsame Spannungsänderungen, Asymmetrie, Flicker und Ober-schwingungen angegeben, jedoch nicht für Versorgungs-ausfälle, schnelle Spannungsänderungen und Transienten. Zudem werden zwar Aussagen über die Mittelungsintervalle gemacht, nicht aber nähere Aussagen zur Mess-methodik oder der notwendigen Messzeiträume.
Diese und weitere Details zur Spannungsqualität sind in weiteren europäischen und internationalen Normen geregelt, auf die in der DIN EN 50160 auch teilweise verwiesen wird.

Die Anforderungen an die verwendeten Messverfahren sind in der Normenreihe IEC 61000 (harmonisiert als EN 61000), Teil 4 festgelegt und beschrieben. In der EN 61000-4-30 wird detailliert beschrieben, wie die 10-Minuten-Mittelwerte der einzelnen Messgrößen aus 10-Perioden-Mittelwerten berechnet werden müssen und welche Genauigkeiten bei der Zeitmessung verlangt werden. Es werden zudem drei Klassen (A, S und B) der Mess-genauigkeit angegeben und definiert.
In der EN 61000-4-15 werden Details zur Flickermessung beschrieben.
Die Norm EN 61000-4-7 behandelt speziell die Messung von Oberschwingungen. Dabei wird die zu verwendende Art der diskreten Fourier-Transformation sowie Verfahren zur Filterung und Gruppierung festgelegt. Des Weiteren wird im informativen Anhang B die Messung von Oberschwingungen bis 9 kHz diskutiert.
In der EN 61000-3-2 werden Grenzwerte für die Störaussendung für Haushaltsgeräte festgelegt, wobei es weitreichende Ausnahmen gibt. Diese Grenzwerte gelten für die Harmonischen des Bezugsstromes bis zur 40sten, d.h. bis 2 kHz.
Die EN 61000-2-2 definiert Umgebungsklassen in Abhängigkeit von der Oberschwingungsbelastung von öffentlichen elektrischen Netzen. Auch sie enthält im informativen Anhang C Informationen zur Messung von Oberschwingungen bei 9 kHz.
Zusätzliche Informationen zur Messung der Spannungs-qualität und Beispiele für viele Phänomene sind im IEEE Std 1159 enthalten.
Der IEEE Std 1459 enthält die Definitionen für Leistungsgrößen unter nicht-sinusförmigen Bedingungen sowie Erklärungen und Berechnungsformeln für Verschiebungs- und Verzerrungsblindleistung.
Weitere Erläuterungen und Empfehlungen für die praktische Durchführung von Spannungsqualitätsmessungen werden in der Joint Working Group „Guidelines for Power Quality Monitoring" von CIGRE/CIRED erarbeitet und sind in ihrem Abschlussbericht von Oktober 2014 enthalten [6].
Der Frequenzbereich von 3 kHz bis 148,5 kHz wird in der Norm EN 50065 in fünf Frequenzbänder (CENELEC-Bänder) unterteilt und für die Verwendung von Kommunikationsdiensten (Power Line Communication) reserviert. Dabei sind die unteren zwei Bänder für Energieversorger vorgesehen, die oberen drei für die private Nutzung.
Allgemein liegen die Oberschwingungen im höheren Frequenzbereich (>2 kHz) nicht mehr

im Einfluss- und Verantwortungsbereich der Netzbetreiber und sind im engeren Sinne nicht Teil der Spannungsqualität, sondern gehören zum Bereich der Elektromagnetischen Verträglichkeit und sind somit eine Eigenschaft von einzelnen Geräten. Es gibt beispielsweise in der Norm EN 55011 Grenzwerte für industrielle und medizinische Geräte für die Störspannung an einer Netznachbildung. Trotzdem sind die Auswirkungen dieser Störspannungen im Netz messbar.

2.2. Zeitliche Auflösung

Die meisten genannten Normen beschränken sich bei der Betrachtung von Messwerten stets auf 10-Minuten-Mittelwerte. Lediglich bei der Frequenz werden 10-Sekunden-Mittelwerte betrachtet. Der Grund für ein Mittelungsintervall von 10 Minuten ist, dass ein Eingriff in die Versorgungsspannung seitens des Netzbetreibers, in der Regel durch einen Schaltvorgang in einem Stufenschalter, auch nur im Zeitbereich von Minuten möglich ist.

Ein 10-Minuten-Mittelungsintervall wird aber auch häufig für Strom- und Leistungsdaten verwendet. Diese Werte sind jedoch wesentlich volatiler, wie die Betrachtung in Kapitel 4 zeigt.

2.3. Oberschwingungen

Für die Oberschwingungen existieren in den Normen Grenzwerte auf zwei verschiedene Arten, für den prozentualen Anteil einzelner Harmonischer sowie die „Total Harmonic Distortion", allgemein als THD abgekürzt.

Für die Harmonischen der 50 Hz¬-Grundschwingung gelten von der 2ten (100 Hz) bis zur 25sten (1,25 KHz) einzelne Grenzwerte. Für den THD, der die Wurzel des quadratischen Mittelwertes (RMS) der Harmonischen von der 2ten bis zur 40sten (2 kHz) darstellt, gilt ein Grenzwert von 8%.

Der Oberschwingungsgehalt der Spannung bis 2 kHz ist somit von den geltenden Normen abgedeckt. Oberhalb dieses Wertes gibt es mehrere Frequenzabschnitte, die von unterschiedlichen Normen meist nur informativ beschrieben werden.

Im Bereich bis 9 kHz (die obere Grenze des ersten, namenlosen CENELEC-Bandes) gibt es Informationen über Störquellen und Messmethoden in den erwähnten Normen EN 61000-4-7 und EN 61000-2-2. Grenzwerte werden aber nicht festgelegt.

Im Frequenzbereich zwischen 9 kHz und 150 kHz wird die Oberschwingungsbelastung ebenfalls von keiner geltenden Norm beschränkt. Zusätzlich gibt es keine Vorgaben, Empfehlungen oder Ansätze zu Messmethoden. Ab einer Frequenz von 150 kHz bis zu mindestens 30 MHz gelten für Geräte Grenzwerte aus der EN 55011. Diese Messungen finden mit einem definierten Aufbau im Labor statt.

Oberschwingungen im Verteilnetz sind wie erwähnt nur bis zu einer Frequenz von 2 kHz durch Grenzwerte geregelt und liegen im Verantwortungsbereich des Netzbetreibers. Messungen in höheren Frequenzbereichen können aber dabei helfen, fehlerhafte oder nicht EMV-konforme Geräte zu entdecken.

Darüber hinaus finden sich in mehreren Normen Bemerkungen zu kommenden Erweiterungen der Normen im Frequenzbereich von 2 kHz bis 150 kHz. Die Notwendigkeit dafür ergibt sich durch die zunehmende Verbreitung von elektronischen Komponenten auch im Bereich großer Leistungen. Diese PWM-gesteuerte Leistungselektronik, z.B. Frequenzumrichter für Motoren oder Ladegleichrichter für Elektrofahrzeuge sind Anlagen mit großer Leistung und gleichzeitig einem hohen Oberschwingungsanteil im Strombezug. Gleichzeitig sind leistungselektronisch geregelte Geräte auch empfindlichere Störsenken.

3. Messmethodik

Die in dieser Veröffentlichung behandelten Messungen fanden Anfang Dezember 2015 am Anschlusspunkt von mehreren Ladestationen für Elektrofahrzeuge statt. Der hier verwertete Zeitraum wurde von Dienstagmorgen bis Freitag, 24:00 h gewählt.

Um die Auswirkungen der Mittelungsintervalle untersuchen und Oberschwingungen bis 150 kHz kontinuierlich über drei Tage messen zu können, wurde kein kommerzielles Spannungsqualitätsmessgerät verwendet, sondern eigens für diese Aufgabe konzipiertes Gerät. Die Messeingänge, 4 Spannungsabgriffe (3 Leiter + Neutralleiter) sowie 4 Strommesszangen, werden darin durch geeignete Vorschaltungen auf eine Signalspannung < 20 V gewandelt und zur Abtastung an ein Oszilloskop weitergereicht. Dieses tastet die Signale mit 500.000 Samples pro Sekunde kontinuierlich ab, welche dann in einem Messcomputer simultan nach Frequenz, RMS und Oberschwingungen ausgewertet werden. Die Auswertung der Oberschwingungen erfolgt für den gesamten Frequenzbereich dabei wie in EN 61000-4-7 für den Bereich bis 2 kHz, die im informativen Teil beschriebenen Vereinfachungen für höhere Frequenzbereiche werden nicht angewandt.

Die anfallende Datenmenge ist insbesondere bei den 3000 Oberschwingungen für 8 Kanäle alle 10 Perioden enorm, für einen Tag liegen insgesamt ca. 9 GB Daten vor. Dies ist aber kein Hindernis für langfristige Messungen. Eine heute (Juli 2016) übliche 4 TB-Festplatte würde die ununterbrochene Messung für ungefähr ein Jahr erlauben.

4. Bewertung der zeitlichen Auflösung

Die Wahl des Mittelungsintervalls beeinflusst die gemessenen Daten. Eine Messung mit einem Mittelungsintervall von 10 Minuten enthält weniger Details und verbirgt unter Umständen gravierende Schwankungen in der Versorgungsspannung oder anderen Werten der Spannungsqualität eher als eine Messung mit einem kleineren Mittelungsintervall. In Bild 1 sind zum Vergleich 5 verschiedene Mittelungsintervalle der Spannung für den gleichen Datensatz verglichen. Dabei zeigen die horizontalen Striche in jedem Boxplot die Quartile der Verteilung und den Median. Während der Median und die mittleren 50% der Werte, dargestellt durch die eingefärbte Fläche, sich kaum verändern, zeigen sich bei den Extremwerten deutliche Abweichungen. Insbesondere Spannungseinbrüche liegen oft nur kurze Zeit vor und verschwinden bei größeren Mittelungsintervallen im Mittelwert.

Tabelle 1 zeigt die Werte für den Minimal-, Mittel-, und Maximalwert sowie die Anzahl für die Werte über drei Tage Messzeit.

Bild 2 zeigt ein bei der Messung beobachtetes Phänomen, welches bei der Betrachtung mit einem zu großen Mittelungsintervall vermutlich nicht sichtbar wäre. Am Anfang des Ladevorganges am Freitagvormittag um ca. 6 Uhr ist in Bild 3 ein sofortiger Anstieg des bezogenen Stromes auf ca. 15 A zu sehen. Die genauere Betrachtung der 10-Perioden-Mittelwerte zeigt aber einige Sekunden danach ein mehrfaches und plötzliches Aus- und wieder Einschalten der kompletten Leistung. Eine derartige Leistungsschwankung könnte in schwächeren Netzen eine für den Flicker relevante Spannungsschwankung auslösen.

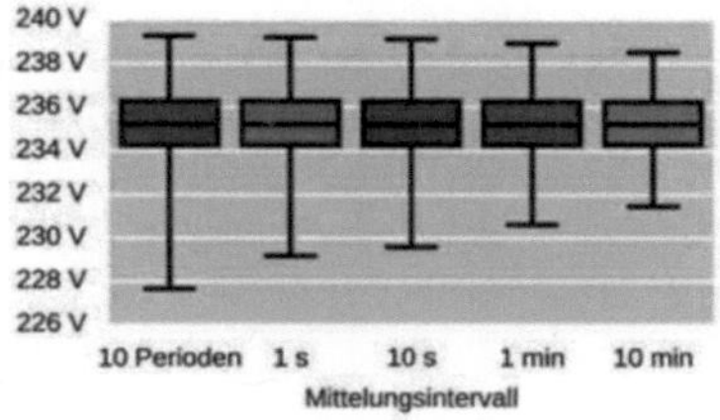

Abbildung 1: Quartile der Spannung in Phase 1 bei der Messung über drei Tage bei verschiedenen Mittelungsintervallen

Tabelle 1: Min.-, Mittel-, und Max.-Werte der Spannung in Phase 1 der Messung nach verschiedenen Mittelungs-intervallen sowie die resultierende Anzahl einzelner Messwerte

	min / V	Ø / V	max/ V	Anzahl
10 Perioden	227,68	235,61	239.29	1,6 Mio.
1 s	229,18	235,31	239,27	310.402
10 s	229,60	235,27	239,14	31.041
1 min	230,63	235,27	239,94	5.174
10 min	231,48	235,26	238,54	518

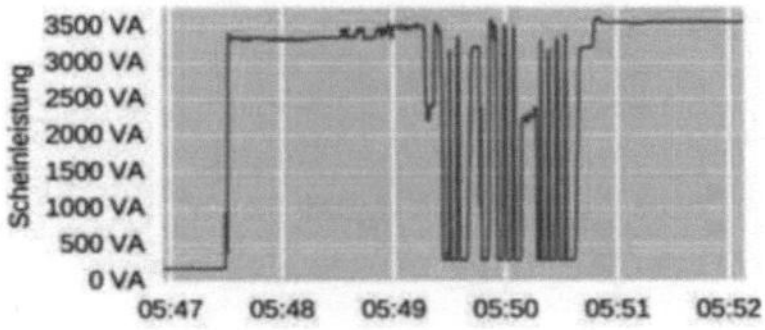

Abbildung 2: Genauere Betrachtung (10-Perioden-Mittelwerte) der bezogenen Leistung in Phase 1 zu Beginn des Ladevorganges am Freitagvormittag um ca. 6 Uhr

5. Bewertung der hohen Harmonischen

Durch die Messung an Ladestationen für Elektrofahrzeuge ist davon auszugehen, dass Oberschwingungen im Bereich über 2 kHz im Netz messbar sind. Diese ergeben sich aus der Ansteuerung der Leistungselektronik innerhalb der Ladegleichrichter, in denen die zur Verfügung gestellte 230 V-Wechselspannung in eine für die Batterie verträgliche Ladegleichspannung gewandelt wird. Dabei wird mit hoher Frequenz ein Zwischenkreis geladen, der am Ausgang des Wandlers gleichförmig wieder entladen wird. Dies sorgt für eine hohe

Effizienz, aber auch für einen stark oberschwingungsbelasteten Strombezug.
Ein Überblick über die Oberschwingungen des Stromes in Phase 1 gibt Bild 3. Es zeigt die Oberschwingungen, die im Strombezug der Ladesäulen auftreten. Während der Ladevorgänge sind deutlich Anteile bis ca. 12 kHz sichtbar. Darüber hinaus sind zeitweise einzelne Anteile bei höheren Frequenzen sichtbar. Außerdem sind konstant vorhandene Anteile in regelmäßigem Abstand vorhanden, die vermutlich von der ständig betriebenen LED-Beleuchtung stammen. Insgesamt unterscheiden sich die Oberschwingungen bei den verschiedenen Ladevorgängen unterschiedlicher Fahrzeugtypen.
Im ebenfalls in Bild 3 gezeigten Leistungsfaktor sind die Unterschiede zwischen den einzelnen Ladevorgängen noch deutlicher. Bei einigen sinkt der Leistungsfaktor bis auf 0,55, bei anderen steigt er im Vergleich zur Leerlaufbelastung an, bis zu einem Wert von 0,99.
Die Auswirkung des Strombezugs auf die Spannung hängt wie auch bei den Effektivwerten von dem betrachteten Netz und dessen Impedanz ab. Für hohe Frequenzen gelten dabei andere Impedanzen als für die 50 Hz-Komponente. Ströme hoher Frequenzen werden durch Serieninduktivitäten wie Transformatoren gedämpft und fließen durch Parallelkapazitäten, wie sie in jedem Netzelement parasitär auftreten, ab. Dadurch ist nicht unbedingt zu erwarten, dass Ströme hoher Frequenzen auch Spannungen hoher Frequenzen nach sich ziehen. In der Tat ist bei der Spannung kein bemerkenswerter Anteil sichtbar, das Maximum einer Harmonischen oberhalb von 2 kHz liegt bei 0,05 % der Grundschwingung. Das betrachtete Netz zeichnet sich allerdings auch durch eine niedrige Impedanz aus. In schwächeren Netzen mit höherer Impedanz ist eventuell eine stärkere Präsenz von Störspannungen messbar.
Generell führt eine erhöhte Oberschwingungsbelastung zu erhöhten Verlusten in induktiven Betriebsmitteln und verstärkt so deren Alterung. Im Gegensatz zu Oberschwingungen niedrigerer Frequenz können hochfrequente Oberschwingungen auch zu Störungen einzelner Anlagen oder Geräte durch kapazitive Ableitströme führen. Dies kann z.B. Schutzgeräte, elektronische Stromzähler und andere elektrische Fahrzeuge betreffen.

6. Schlussfolgerungen und Ausblick

Es wurde ein neu entwickeltes Messgerät und eine damit durchgeführte Messung vorgestellt. Die Ergebnisse sollen die Möglichkeit der detaillierten Messung von Parametern der Spannungsqualität aufzeigen. Insbesondere hochfrequente Anteile von Strom und Spannung sind mindestens bis 150 kHz auch in hoher zeitlicher Auflösung und über lange Zeiträume messbar. Durch die Verbreitung von leistungselektronischen Anlagen im Verteilnetz steht in diesem Frequenzbereich ein in Zukunft steigendes Störpotential zu erwarten.
Das beschriebene Messgerät wurde bereits an einem Anschlusspunkt von 17 Ladesäulen für Elektrofahrzeuge fest installiert und soll für mehrere Jahre konstant Messdaten aufzeichnen.
In einem weiteren Projekt sollen mehrere Geräte an verschiedenen Punkten im Verteilnetz installiert werden, um die Belastung durch PV-Wechselrichter und weitere Störquellen über lange Zeiträume zu messen.

7. Literatur

[1] J. A. Orr, A. E. Emanuel and K. W. Oberg, "Current Harmonics Generated by a Cluster of Electric Vehicle Battery Chargers," in *IEEE Transactions on Power Apparatus and Systems*, vol. PAS-101, no. 3, pp. 691-700, March 1982. doi: 10.1109/TPAS.1982.317284

[2] J. A. Orr, A. E. Emanuel and D. J. Pileggi, "Current Harmonics, Voltage Distortion, and Powers Associated with Electric Vehicle Battery Chargers Distributed on the Residential Power System," in *IEEE Transactions on Industry Applications*, vol. IA-20, no. 4, pp. 727-734, July 1984. doi: 10.1109/TIA.1984.4504481

[3] S. H. Berisha, G. G. Karady, R. Ahmad, R. Hobbs and D. Karner, "Current harmonics generated by electric vehicle battery chargers," *Power Electronics, Drives and Energy Systems for Industrial Growth, 1996., Proceedings of the 1996 International Conference on*, New Delhi, 1996, pp. 584-589 vol.1. doi: 10.1109/PEDES.1996.539678

[3] J. A. Orr, A. E. Emanuel and K. W. Oberg, "Current Harmonics Generated by a Cluster of Electric Vehicle Battery Chargers," in *IEEE Transactions on Power Apparatus and Systems*, vol. PAS-101, no. 3, pp. 691-700, March 1982. doi: 10.1109/TPAS.1982.317284

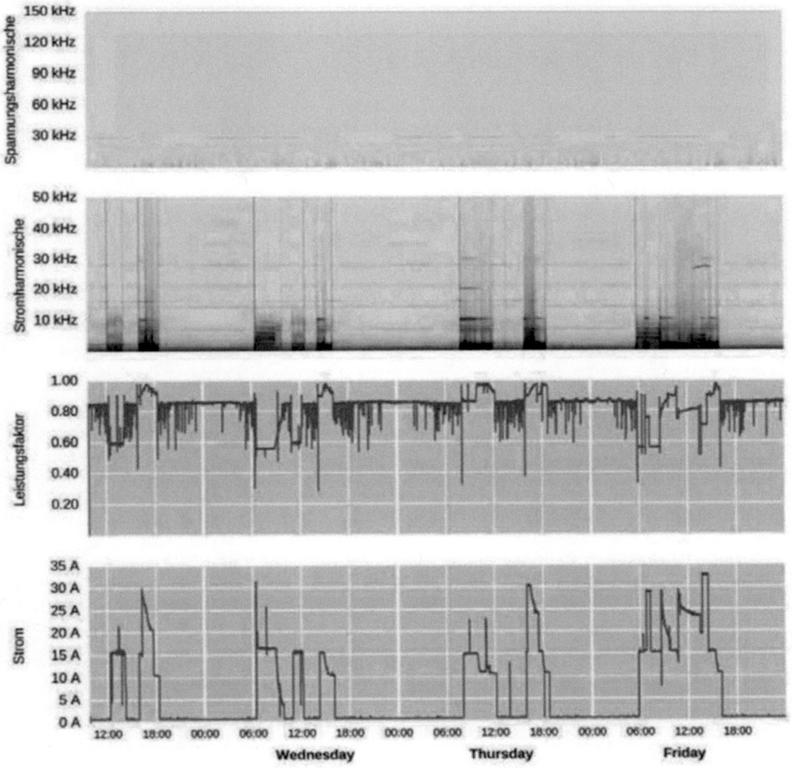

Abbildung 3: Harmonische der Spannung bis 150 kHz, des Stroms bis 50 kHz, Leistungsfaktor und Effektivwert des Stromes in Phase 1 der dreitägigen Messung an einer Ladestation für Elektrofahrzeuge in 10-Perioden-Auflösung

[4] C. Wenge, T. Winkler, M. Stötzer and P. Komarnicki, "Power quality measurements of electric vehicles in the low voltage power grid," *Electrical Power Quality and Utilisation (EPQU), 2011 11th International Conference on*, Lisbon, 2011, pp. 1-5. doi: 10.1109/EPQU.2011.6128866

[5] J. Meyer *et al.*, "Future work on harmonics - some expert opinions Part II - supraharmonics, standards and measurements," *2014 16th International Conference on Harmonics and Quality of Power (ICHQP)*, Bucharest, 2014, pp. 909-913. doi: 10.1109/ICHQP.2014.6842871

[6] J. Kilter, S. Elphick, J. Meyer and J. V. Milanovic, "Guidelines for Power quality monitoring - Results from CIGRE/CIRED JWG C4.112," *2014 16th International Conference on Harmonics and Quality of Power (ICHQP)*, Bucharest, 2014, pp. 703-707. doi: 10.1109/ICHQP.2014.6842924

GRAPHENBASIERENDE WISSENSSTRUKTURIERUNG ALS BASIS DER ZUSTANDSBEWERTUNG VON TRANSFORMATOREN

S. Kittan*

Hochschule Zittau/Görlitz, Theodor-Körner-Allee 16, 02763 Zittau

S. Kornhuber[1], P. Kästel[2], G. Nitsche[2], G. Valtin[2], M. Weise[2], M. Krüger[3], T. Friedrich[4], M. Lukas[5]

[1]Hochschule Zittau/Görlitz, [2]HTWK Leipzig, [3]OMICRON electronics GmbH, [4]ENSO Netz GmbH, [5]Lausitz Energie Kraftwerke AG

Transformatoren sind wichtige Betriebsmittel des elektrischen Energieversorgungssystems. Ein Transformatorenfehler kann schwere Schäden, sowohl am Betriebsmittel selbst als auch in dessen Umgebung, verursachen und ist daher mit hohen Kosten verbunden. Weiterhin sind viele Transformatoren bereits seit mehreren Jahrzehnten in Betrieb. Aus diesen Gründen ist eine zuverlässige Zustandsbewertung essentiell. Die Betrachtung der Transformatorendiagnose aus systemtheoretischer Sicht erlaubt die Entwicklung neuartiger Modelle zur Diagnose und Zustandsbewertung. Hierbei ist die Verwendung einer graphbasierten Wissensrepräsentation ein wesentlicher Teil dieses Entwicklungsprozesses. Der vorliegende Artikel Beschreibt den Aufbau der Wissensbasis sowie deren Anwendung zur Diagnose von Transformatoren.

Aufgrund von Routinetests werden für Transformatoren vielfältige Messinformationen angesammelt. Dennoch stützen sich die anerkannten Diagnoseverfahren nur auf einen Teil der vorliegenden Information, wie zum Beispiel die Analyse der im Öl gelösten Gase. Hierdurch wird bei der Diagnose nicht immer auf die vollständige Informationsbasis zurückgegriffen. Eine Ausnahme hierzu bilden die Health-Index Verfahren. Diese sind jedoch in Hinblick auf fehlende Messdaten unflexibel.

Die graphbasierte Wissensrepräsentation gestattet eine flexible und allgemeingültige Zustandsbewertung. Dabei wird die Flexibilität durch die Bestimmung von Vertrauenswerten zu einzelnen Diagnoseaussagen erreicht. Jeder Vertrauenswert wird unter Berücksichtigung verschiedener Aspekte, wie der Anzahl und der Eignung vorhandener Messverfahren zur Identifikation eines bestimmten Fehlers, berechnet. Die Zusammenhänge aller Aspekte sind in einem Graphen hinterlegt. Diese graphbasierte Wissensrepräsentation bietet zwei wesentliche Vorteile. Zum einen ist das hinterlegte Wissen für Menschen zugänglich gespeichert. Dies macht die Diagnoseberechnungen nachvollziehbar (White-Box-Modell) und erlaubt eine kontinuierliche Weiterentwicklung. Zum anderen kann ein Graph automatisiert ausgewertet werden. Dies gestattet die automatischen Diagnoseberechnungen durch geeignete Algorithmen. Somit ist der in diesem Artikel vorgestellte Ansatz ein wesentlicher Schritt bei der Entwicklung geeigneter Diagnoseverfahren zur Unterstützung von Experten.

1. Einleitung

In der heutigen Zeit wird die Stabilität und Zuverlässigkeit des Energieübertragungsnetzes durch verschiedene Faktoren beeinträchtigt:

- stagnierender Netzausbau
- zunehmende Lastflüsse
- verändertes Lastprofil durch regenerative Energieeinspeisung

Transformatoren sind wichtige Knotenpunkte der Übertragungs- und Verteilnetze. Somit sind diese Betriebsmittel essentiell für eine hohe Qualität der elektrischen Energieversorgung. Daher kann auch unter den verschärften Randbedingungen die Versorgungssicherheit durch ein zuverlässiges Monitoring der Transformatoren sichergestellt werden. Aus diesem Grund befindet sich eine entsprechende Software zur Unterstützung der Experten in Entwicklung. Ein wesentlicher Teil dieser Diagnosesoftware ist die Zustandsbewertung der Transformatoren.

Das Zustandsbewertungsmodul berücksichtigt vielfältige Messverfahren und Betriebsinformationen. Jedoch kann die verfügbare Information zwischen verschiedenen Transformatoren stark variieren. Folglich muss ein entsprechendes Diagnosetoll flexibel in Hinblick auf die verfügbare Eingangsinformation sein. Diese Flexibilität wird durch eine graphbasierten Wissensrepräsentationsansatz, welcher im vorliegenden Artikel vorgestellt wird, erreicht.

2. Wissensbasis und Diagnosealgorithmus

Ziel der Wissensbasis ist es die für die Transformatorendiagnose notwendigen Zusammenhänge in einer nachvollziehbaren, erweiterbaren und automatisch auswertbaren Form bereitzustellen. Alle genannten Anforderungen werden durch gerichtete Graphen erfüllt. Die nachfolgenden Abschnitte erläutern das Vorgehen zur Erstellung sowie zur Analyse der Graphen.

2.1. Failure Mode and Effect Analysis

Zunächst wurden die grundlegenden zusammenhänge mit Hilfe einer Literaturstudie erfasst. Anschließend wurden weitere Anpassungen anhand von Experteninterviews vorgenommen. Im Gebiet der Transformatorendiagnose bilden die CIGRE Guides 270, 343, 445, und 630 eine angemessene Literaturbasis [1] [2] [3] [4].

Für die Untersuchung der technischen Zusammenhänge eines Transformators empfiehlt der CIGRE Guide 630 die Durchführung einer Failure Mode and Effect Analye (FMEA). Hierbei wird der Transformator in fünf die Hauptkomponenten, welche in Abbildung 1 zu sehen sind, eingeteilt. Die Analyse wird für jede der Hauptkomponenten durchgeführt. Dabei besteht die FMEA aus einer Tabelle mit den folgenden Inhalten:

1. Hauptfunktion[a]
2. Ausfallart[b]
3. Teilkomponenten[c]
4. Fehlerursachen[d]
5. Defektbezeichnung[e]
6. Messsysteme[f]

Mit Hilfe der FMEA kann eine detaillierte Zustandserfassung zu einem Transformator erfolgen. Jedoch kann zu einer FMEA kein eindeutiger Informationsfluss festgelegt werden. Somit ist die Erstellung eines gerichteten Graphen auf Basis der FMEA nicht möglich. Daher müssen die Informationen der FMEA zur Erstellung der Wissensbasis auf das notwendigste reduziert werden.

Abbildung 1: Transformatoreinteilung für diagnostische Betrachtungen; Nach: [4]

2.2. Defect and Failure Analysis

Wenn der Zustand eines technischen Systems bewertet wird, ist es notwendig Begriffsdefinitionen festzulegen, welche vom ungewöhnliche Systemzustände beschreiben. In Anlehnung an den CIGRE Guide 227 können bei Transformatoren Defekte und Fehler auftreten [1]. Dabei bedeutet ein Defekt keine Beeinflussung der kurzfristigen Systemzuverlässigkeit. Aber ein Defekt kann zu einem Fehler führen. In diesem Fall sind Systembetrieb und –zuverlässigkeit mindestens eingeschränkt. Weiterhin werden Defekte als reversibel und Fehler als irreversibel angesehen. Daher muss das Ziel einer Diagnose sein Defekte zu identifizieren, bevor sich diese zu Fehlern weiterentwickeln und ernsthafte Schäden am Betriebsmittel entstehen.

Die grundlegende Herangehensweise der FMEA bietet aus diagnostischer Sicht den richtigen Ansatz. Jedoch sind die Detaillierten Informationen, welche aus der Analyse hervorgehen, zu komplex für einen zielgerichteten diagnostischen Ansatz. Daher ist es zielführend die Informationen auf das wesentliche zu begrenzen. Hierbei müssen die folgenden Fragestellungen Berücksichtigung finden:

- Welche Komponente ist betroffen?
- Was liegt für ein Defekt/Fehler vor?
- Wie kann der Defekt / Fehler detektiert werden?

Die Antworten auf diese Fragen bilden die Kerninformationen der Diagnosewissensbasis: Haupt- und Teilkomponenten (HK, TK) des

[a] Wesentliche Funktionen der Hauptkomponente
[b] Fehler welche in Bezug auf eine Hauptfunktion auftreten können
[c] Teile der Hauptkomponente welche an einem Schadensbild beteiligt sind
[d] Folgen in Bezug auf ein Schadensbild
[e] Aus einer Ausfallart resultierende Defekte
[f] On-line Messverfahren, welche zur Detektion der Fehler oder Defekte geeignet sind

Transformators, alle wesentlichen Defekte (D) und Fehler (F) sowie zur Detektion geeignete Messverfahren (M). Somit kann durch Ausrichtung der FMEA auf die Defekte und Fehler (**De**fect **a**nd **F**ailure **A**nalysis - DaFA) eine Wissensbasis für die Transformatorendiagnose erstellt werden. Da die Zusammenhänge zwischen den DaFA Komponenten eindeutig sind, ist es möglich diese in Form eines gerichteten Graphen darzustellen. Die dabei resultierenden Graphen werden als DaFA Schema bezeichnet und bilden die gesuchte Wissensbasis. In Abbildung 2 ist das Grundprinzip anhand eines generischen DaFA Schemas illustriert.

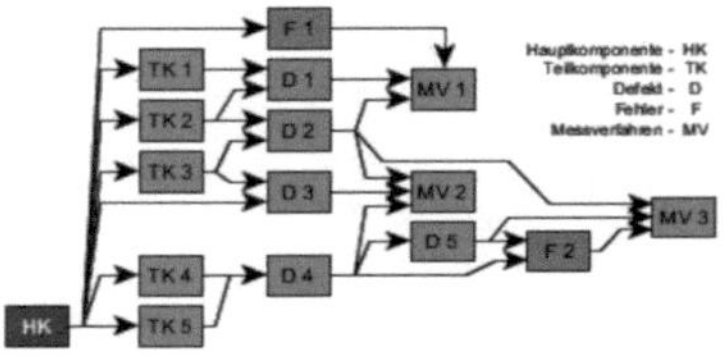

Abbildung 2: Grundlegender Aufbau der Wissensbasis anhand eines generischen DaFA Schemas

2.3. Vertrauenswerte zur Priorisierung von Diagnoseaussagen

Der Zustand des Gesamtsystems wird durch alle Pfade im DaFA Schema, beginnend an den Messverfahren, über Defekte bzw. Fehler, hin zu den Teil- und Hauptkomponenten beschrieben. Somit können einzelne Diagnoseaussagen durch inverses Auslesen aus dem DaFA Schema bestimmt werden. Dabei dürfen nur die Messverfahren als Startknoten Berücksichtigung finden, für welche die Messdaten auf Auffälligkeiten im Transformator hindeuten. Somit ist dem eigentlichen Diagnoseschritt die Interpretation der Messwerte vorgelagert.

Da die technischen Zusammenhänge im Transformator in Bezug auf die Diagnose sehr komplex sind, ist auch das resultierende DaFA Schema sehr umfangreich. Dadurch kann die Liste an resultierenden Diagnoseaussagen trotz Filterung nach relevanten Messverfahren sehr umfangreich sein. Daher muss eine Priorisierung der Diagnoseaussage hinsichtlich der Relevanz erfolgen. Zu diesem Zweck werden Vertrauenswerte (cf) eingeführt. Die Vertrauenswerte haben einen Wertebereich von minus eins bis ein. Wobei negative Zahlen eine gegensätzliche Aussage bedeuten. Die Absoluten Werte sind gleichbedeutend mit der Relevanz einer Aussage. Rückschlüsse auf Wahrscheinlichkeiten sind dagegen nicht zulässig.

2.3.1. Bewertung von Messverfahren

Die Eignung verschiedener Messverfahren zur Identifikation spezieller Fehler unterscheidet sich. Daher ist es zielführend für diese Eignung einen entsprechenden Vertrauenswert einzuführen ($cf_{AdequacyMP}$). Im Anhang 8 des CIGRE Guides 227 [1] ist eine Übersicht zu möglichen Defekten / Fehlern in Transformatorkomponenten sowie Messverfahren zu deren Detektion angegeben. Weiterhin wird die Eignung der verschiedenen Verfahren bewertet. Basierend auf diesem Bewertungsschema wurde $cf_{AdequacyMP}$ unter Berücksichtigung der folgenden Annahmen definiert:

- Das beste mögliche Vertrauenswert ist eins.
- Das schlechteste Vertrauenswert muss größer null sein.
- Die Vertrauenswerte müssen über die Bewertungsskala gleichverteilt sein.
- Wenn keine Bewertung bekannt ist, wird der mittlere Vertrauenswert (0,5) angeommen.

In Tabelle 1 ist der Zusammenhang zwischen der Eignungsbewertung eines Messverfahren sowie dem resultierenden Vertrauenswert angegeben.

Tabelle 1: Zuordnung von Vertrauenswerten zur Eignungsbewertung von Messverfahren

Bewertung	Beschreibung	$cf_{AdequacyMP}$
1	Gute Identifikation	1,0
2	Ausreichende Identifikation	0,9
3	Gute Detektion und grobe Identifikation	0,75
4	Ausreichende Detektion	0,5
5	Grobe Detektion	0,25
6	Ergänzender Test	0,1
-	Keine Bewertung	0,5

2.3.2. Bewertung der Messwertinterpretation

Eine eindeutige Interpretation von Messwerten ist nicht in jedem Fall möglich. Daher muss auch für die Messwertinterpretation ein entsprechender Vertrauenswert eingeführt werden ($cf_{InterpretationMP}$). Dabei gelten für diese Vertrauenswerte die folgenden Vorgaben:

- Positive Werte bestätigen eine Diagnoseaussage (Auffälligkeit am Transformator).
- Negative Werte Widersprechen einer Diagnoseaussage (Transformator unauffällig).
- Nullwerte bedeuten keine Aussage oder keine Messwerte zum Messverfahren.
- Absolutwerte kleiner eins implizieren eine Unsicherheit bei der Interpretation.

2.3.3. Bewertung einer Diagnoseaussage

Bei der Bestimmung einer Diagnoseaussage werden die einzelnen Vertrauenswerte zur Messverfahrenseignung und zur Messwertinterpretation in einem neuen Vertrauenswert ($cf_{DiagnosisMP}$) zusammengefasst. Eine geeignete Berechnung dieses Vertrauenswertes ist die Multiplikation der Einzelwerte:

$$cf_{DiagnosisMP} = cf_{AdequacyMP} \cdot cf_{InterpretationMP} \quad (1)$$

Mit dieser Gleichung wird die Eignung eines Messverfahrens als Wichtungsfaktor berücksichtigt.

2.4. Automatisierter Diagnoseprozess

2.4.1. Algorithmus für die graphbasierte Diagnose

Das Konzept der DaFA Schema sowie die Vertrauenswerte bilden eine geeignete Grundlage für einen Diagnosealgorithmus. Der gesuchte Algorithmus muss die relevanten Diagnoseaussagen zusammentragen. Hierzu muss für jede Diagnoseaussage ein finaler Vertrauenswert ($cf_{Diagnosis}$) berechnet werden. Da die technischen Zusammenhänge vom inversen DaFA Schema ausgelesen werden, bilden die $cf_{InterpretationMP}$ Werte die Eingangsdaten des Algorithmus. Weiterhin muss der Algorithmus das Vorgehen von Experten imitieren.

Ein Experte wird die vorhandenen Eingangsinformationen nacheinander betrachten. Aufgrund der ersten Messinformation entsteht eine Fehlervermutung. Um diese Vermutung zu bestätigen, wird sich der Experte die nächsten Daten ansehen. Dieses Vorgehen wird solange wiederholt bis

- ein Defekt / Fehler ausgeschlossen werden kann oder
- ein Defekt / Fehler identifiziert wird oder
- keine weiteren Messdaten mehr vorliegen.

Die Auswertung der Messdaten sowie das Festlegen der entsprechenden Vertrauenswerte sind der Diagnose vorgelagerte Schritte.

Ein Algorithmus, welcher in Anlehnung an die Vorgehensweise von Experten priorisierte Diagnoseaussagen ermittelt muss wie folgt arbeiten:

1. Betrachtung des ersten Messverfahrens mit $cf_{InterpretationMP} \neq 0$
   - Eine Liste von Diagnoseaussage wird erstellt. Für jede Aussage wird der entsprechende Vertrauenswert initialisiert ($cf_{Diagnosis} = cf_{DiagnosisMP}$).
2. Prüfen nach weiteren Messdaten
   - Ja: Weiter bei 3.
   - Nein: Ausgabe der priorisierten Diagnoseaussagen
3. Auswertung des nächsten Messverfahrens und entsprechende Modifikation der Vertrauenswerte für die Diagnoseaussagen. Dabei müssen die folgenden Möglichkeiten berücksichtigt werden:
   - Bestätigung vorhandener Diagnoseaussagen ($cf_{Diagnosis}$ wird erhöht)
   - Widerspruch zu vorhandener Diagnoseaussagen ($cf_{Diagnosis}$ wird verkleinert)
   - Keine neuen Erkenntnisse zu vorhandenen Diagnoseaussagen ($cf_{Diagnosis}$ bleibt unverändert)
   - Neue Diagnoseaussagen werden gefunden ($cf_{Diagnosis} = cf_{DiagnosisMP}$)
4. Gehe zu 2.

Die Anpassung von Vertrauenswerten zu bereits aktiven Diagnoseaussagen infolge neuer Messverfahren erfolgt über iterative Anwendung der folgenden Gleichung:

$$cf_{Diagnosis,new} = cf_{Diagnosis,old} + cf_{AdequacyMP} \cdot cf_{InterpretationMP} \quad (2)$$

Der Anfangswert für diese iterative Berechnung ergibt sich bei Betrachtung des ersten Messverfahrens durch Anwendung von Gleichung (1). Durch die Addition in Gleichung (2) kann der Vertrauenswert für eine Diagnoseaussage beliebige Werte auch außerhalb des Wertebereiches -1 bis 1 annhemen. Dies erlaubt eine Priorisierung zwischen verschiedenen Diagnoseaussagen unter Berücksichtigung der kompletten verfügbaren Eingangsinformation. Die Änderung des Vertrauenswerte wird durch die folgenden Parameter beeinflusst:

- Die Interpretation von Messwerten zu einem Messverfahren bestimmt ob $cf_{Diagnosis}$ ansteigt (Bestätigung) oder Abfällt (Widerspruch) anhand des Vorzeichens des $cf_{InterpretationMP}$.
- Die Änderungsstärke hängt sowohl von der Sicherheit der Interpretation (Betrag des entsprechenden $cf_{InterpretationMP}$) als auch von der Eignung des Messverfahrens zur Detektion des betreffenden Fehlers (Betrag des entsprechenden $cf_{AdequacyMP}$) ab.

2.4.2. Automatisierte Messwertinterpretation

Durch die vielfältigen Messverfahren, welche im Rahmen der Transformatorendiagnose Anwendung finden, ist eine vollständig automatisierte Auswertung sehr herausfordernd. Zunächst müssen die Messverfahren anhand der Art, wie die Messwerte zu interpretieren sind, unterschieden werden. Hierbei gibt es einfache, Grenzwertbasierte Verfahren und komplexe Verfahren.

Die Analyse der im Öl gelösten Gase (*Dissolved Gas Analysis* – DGA) oder die *Sweep Frequenzy Response Analysis* (SFRA) sind Beispiele für den letztgenannten Punkt. Für die Auswertung von Messwerten solcher Verfahren ist hinreichend praktische Erfahrung notwendig. Zusätzlich kann eine Vorverarbeitung der Messverfahren notwendig sein. Daher kann eine Automatisierung der Messwertinterpretation zu solchen Verfahren nur durch spezifisch entworfene Algorithmen durchgeführt werden. Da hierbei Expertenwissen von Bedeutung ist, bietet hierbei die Fuzzy Logic einen geeigneten methodischen Ansatz. Eine weitere Möglichkeit besteht in der Definition eindeutig auswertbarer Merkmale. In diesem Fall können Klassifikationsmethoden, wie künstliche neuronale Netze oder support vector machines eingesetzt werden.

DUKARM stellt einen Fuzzy-Controller zur Interpretation der DGA-Werte nach dem Rogers Verfahren vor [5]. Dies ist ein anschauliches Beispiel zu einem speziell entworfenen Interpretationsalgorithmus. Zusätzlich verwendet DUKARM auch Vertrauenswerte bei der Bewertung der Diagnoseaussagen. Daher ist ein solcher Ansatz eine geeignete Ergänzung für den im Artikel vorgestellten Diagnosealgorithmus.

Im Fall der einfach auswertbaren Messverfahren, ist ein Vergleich zu vorher definierten Grenzwerten ausreichend. Hierbei besteht die Herausforderung darin, einen geeigneten Grenzwert festzulegen. Wird der Grenzwert zu niedrig festgelegt, steigt das Risiko für Fehlalarme. Ist ein Grenzwert dagegen zu groß, besteht das Risiko einen Fehler zu spät zu bemerken. Durch Anwendung des Konzeptes der Vertrauenswerte kann das Risiko für ungeeignete Grenzwerte minimiert werden. Hierfür muss lediglich eine untere und eine obere Grenze festgelegt werden. Anschließend kann zu einem gegebenen Messwert der Vertrauenswert zur Messwertinterpretation berechnet werden. Dabei ist die Berechnung eine einfache Fallentscheidung, kombiniert mit einer linearen Interpolation:

$$cf_{InterpretationMV} = \begin{cases} 0 \; for \; MV < MV_{ll} \\ \dfrac{MV - MV_{ll}}{MV_{ul} - MV_{ll}} \; for \; MV_{ll} < MV < MV_{ul} \\ 1 \; for \; MV > MV_{ul} \end{cases} \tag{3}$$

mit: MV = Messwert
MV_{ll} = Unterer Grenzwert
MV_{ul} = Oberer Grenzwert

Die sich dabei ergebene Kurve ist in Abbildung 3 dargestellt. Da bei diesem Verfahren ein Vertrauenswert berechnet wird, ist eine direkte Weiterverwendung im Diagnosealgorithmus möglich.

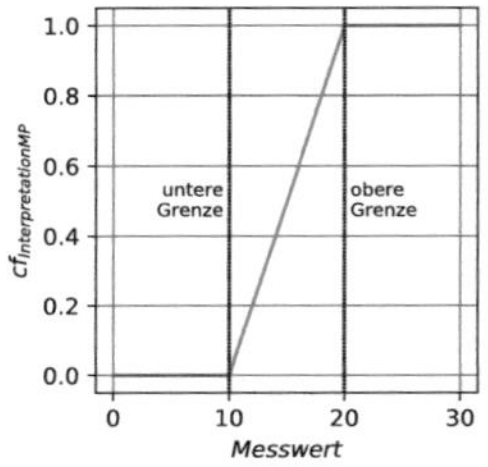

Abbildung 3: Bsp. Einer vertrauenswertbasierten Messwertinterpretation für grenzwertbasierte Messverfahren

Die Vertrauenswertbasierte Messwertinterpretation bietet erweiterte Möglichkeiten im Diagnoseprozess:

- Anzeige auffälliger Transformatorzustände ohne eine Alarmauslösung
- direkte Integration in den Diagnosealgorithmus
- zeitlicher Verlauf der Vertrauenswerte gibt Aufschluss über Fehlerentwicklung

2.4.3. Demonstrationsbeispiel

Die Funktionsweise des Diagnosealgorithmus wird am generischen DaFA Schema (Abbildung 2) veranschaulicht. Hierzu wird angenommen, dass Messwerte zu den Messverfahren $MV\ 1$ sowie $MV\ 3$ vorliegen. Als Eignung der Messverfahren zur Fehlerdetektion wird für alle im generischen DaFA Schema vorkommenden Kombinationen der Wert $0{,}5$ angenommen. Weiterhin sollen beide Verfahren einen schwachen Hinweis auf einen ungewöhnlichen Transformatorzustand hinweisen:

$$cf_{DiagnosisMP1} = 0{,}1$$
$$cf_{DiagnosisMP3} = 0{,}3$$

Anhand dieser Eingangsinformationen liefert der Algorithmus die in Tabelle 2 aufgeführten Diagnoseaussagen.

Aus den Diagnoseaussagen geht hervor, dass ein Verdacht auf den Fehlertyp „D 4“ an den Teilkomponenten „TK 4“ und „TK 5“ vorliegt. Dieser Defekt wird indirekt über die Folgefehler „D 5“ und „F 2“ detektiert. Wobei die Folgefehler durch das Messverfahren „MV 3“ identifiziert werden. Anhand des generischen DaFA Schemas wird deutlich, dass der Fehlerverdacht durch das Messverfahren „MV 2" weiter spezifiziert werden kann. Somit kann anhand des graphbasierten Diagnoseverfahrens nicht nur der aktuelle Zustand am Transformator bestimmt werden, sondern auch welche Messungen durchgeführt werden müssen um weitere Informationen zu einem Verdacht zu bekommen.

Tabelle 2: Resultierende Diagnoseaussagen zum Anschauungsbeispiel

Nr.	Komponente	Diagnose	$cf_{Diagnosis}$
1	TK 4	D 4	0,45
2	TK 5	D 4	0,45
3	TK 2	D 2	0,2
4	TK 3	D 2	0,2
5	TK 1	D 1	0,05
6	TK 2	D 1	0,05
7	HK	F 1	0,05

Die weiteren Diagnoseaussagen des Anschauungsbeispiels sind direkte Ergebnisse der vorgegebenen Messverfahren. Dabei wird der Defekt „D 2" durch beide Messverfahren detektiert. Demzufolge ergibt sich der resultierende Vertrauenswert aus der Summe der Einzelvertrauenswerte für $cf_{DiagnosisMP}$ gewichtet mit der Eignung zur Detektion (0,5). Die Diagnosen zu „D1" und „F 1" können vernachlässigt werden, da diese nur durch das Messverfahren „MV 1" mit schwachem Vertrauenswert detektiert werden.

3. Zusammenfassung und Ausblick

Der vorliegende Artikel beschreibt den Entwurf einer Wissensbasis zur Anwendung im Bereich der Transformatorendiagnose. Mit Hilfe gerichteter Graphen ist es möglich das hinterlegte Wissen nachvollziehbar, erweiterbar und automatisiert auswertbar abzulegen. Zusätzlich erlaubt das Konzept der Vertrauenswerte einen Diagnosealgorithmus welcher das Vorgehen von Experten bei der Diagnose imitiert.

Bevor der Diagnosealgorithmus bzw. das dabei verwendete DaFA Schema in der Praxis einsetzbar ist, ist eine umfangreiche Validierung notwendig. Durch den Vergleich von Diagnoseaussagen des Algorithmus mit bekannten Fehlerbildern von Transformatoren, können die technischen Zusammenhänge in der Wissensdatenbasis kontrolliert und gegebenenfalls angepasst werden.

Aufgrund der Komplexität der technisch-diagnostischen Zusammenhänge am Transformator, ist davon auszugehen, dass mit dem Erstentwurf der Wissensbasis nicht alle relevanten Diagnosefälle erfasst wurden. Daher ist eine fundierte Vorgehensweise zur Durchführung von Experteninterviews mit dem Ziel der Wissenserweiterung notwendig. Weiterhin ist auch ein definiertes Vorgehen, zur Verbesserung der Wissensbasis währen der Anwendung notwendig. Dies kann z.B. über parallele DaFA Schemas als temporärer Speicher neuer Zusammenhänge erfolgen. Anschließend können diese Zusammenhänge nach einem Review durch geeignete Fachleute in das DaFA Schema des Diagnosealgorithmus übernommen werden. Hierfür müssen in Zukunft Verfahrensanweisungen und nach Möglichkeit teil- oder vollautomatisierte Prozesse entworfen werden.

Danksagung

Das Projekt „Zustandsbewertung von Leistungs- und Verteiltransformatoren der elektrischen Energietechnik (Smart Grid - Smart Monitoring)" wird mit Mitteln des Bundesministeriums für Bildung und Forschung gefördert.
FKZ: SC03FH026PB5

GEFÖRDERT VOM
Bundesministerium für Bildung und Forschung
FORSCHUNG AN FACHHOCHSCHULEN

Literatur

[1] CIGRE_WG_A2.18, Guide 227: Life Management Techniques For Power Transformers, CIGRE, 2003.

[2] CIGRE_WG_A2.27, Guide 343: Recommendations for Condition Monitoring and Condition Assessment Facilities for Transformers, CIGRE, 2008.

[3] CIGRE_WG_A2.34, Guide 445: Guide for Transformer Maintenance, CIGRE, 2011.

[4] CIGRE_WG_A2.44, Guide 630: Guide on Transformer Intelligent Condition Monitoring (TICM) Systems, CIGRE, 2015.

[5] J. J. Dukarm, „Transformer oil diagnosis using fuzzy logic and neural networks," in *Canadian Conference on Electrical and Computer Engineering*, Vancouver, BC, 1993.

FEUCHTIGKEIT IN ÖL-PAPIER-ISOLIERTEN BETRIEBSMITTELN: URSACHEN, MESSUNG, MAẞNAHMEN

Maik Koch
Hochschule Magdeburg, maik.koch@hs-magdeburg.de

Dieser Beitrag betrachtet das Thema Feuchtigkeit in Öl-Papier-isolierten Betriebsmitteln, insbesondere Transformatoren, unter den Gesichtspunkten (1) Ursachen für Feuchtigkeit, (2) Vergleich verschiedener Messverfahren, (3) Maßnahmen gegen Feuchtigkeit. Insgesamt liegt der Schwerpunkt auf der praktischen Anwendung und dem Vermitteln von Erfahrungen. Feuchtigkeit in Öl-Papier-isolierten Betriebsmitteln entsteht durch Atmung, Undichtigkeiten, Alterung (Oxidation und Pyrolyse) und aus Restfeuchte nach der Herstellung. Zur Messung der Feuchtigkeit werden die Titration nach Karl Fischer an Papierproben, Gleichgewichtsverfahren auf Basis kapazitiver Sensoren und Ölproben sowie die Messung und Analyse der dielektrischen Antwort kurz vorgestellt. Bei den Gleichgewichtsverfahren erzielt man die besten Ergebnisse bei Anwendung der relativen Feuchte im Öl (Wassersättigung). Dieses Verfahren ist auch sehr gut für die kontinuierliche Überwachung (Online-Monitoring) anwendbar. Die Analyse der dielektrischen Antwort (PDC, FDS, DFR) setzt auf Modellierung dielektrischer Eigenschaften mit dem Ziel der Unterscheidung der Einflüsse von Öl, Grenzflächenpolarisation und Zellulose. Alle Methoden wurden anhand einer großen Zahl von Beispielmessungen verglichen. Dabei führen das Gleichgewichtsverfahren auf Basis der relativen Ölfeuchte und moderne dielektrische Diagnoseverfahren bei richtiger Anwendung zu Ergebnissen, die untereinander und auch mit entnommen Papierproben gut übereinstimmen.
Praktische Erfahrungen zeigen, dass insbesondere in Mitteleuropa das Risiko zu hoher Feuchtigkeit kein allgemeines Problem darstellt (sehr gute Fertigungsqualität, gute Wartung von Betriebsmitteln, mäßige Belastung), sondern vielmehr eine Einzelfallbetrachtung nötig ist.
Bei der Trocknung von Betriebsmitteln hat sich insbesondere die mittelbare Trocknung des Aktivteils über das Öl durchgesetzt. Der Autor machte mit langfristig und bei hohen Temperaturen eingesetzter Ölaufbereitung durch Fullererde gute Erfahrungen. Ebenso erfolgreich zeigten sich andere Ölaufbereitungssysteme, wenn die richtigen Prozessparameter gewählt werden. Der große Vorteil beider Verfahren liegt in der Tatsache, dass die Trocknung im Betrieb erfolgen kann und dass gleichzeitig andere Alterungsprodukte entfernt werden.

1. Ursachen und Wirkung

Wasser in Öl-Papier-Isolierungen erhält vom Fachpublikum in den letzten Jahren eine wachsende Aufmerksamkeit, da die Zahl alter und damit potentiell feuchter Isoliersysteme steigt, da neuartige Messverfahren entwickelt wurden und letztlich wegen dessen schädigender Wirkungen, [1]. Der Wassergehalt der Feststoffisolierung beträgt 0,4-1 % für neue Transformatoren und steigt auf 3-4 % am Ende der Lebensdauer von etwa 30-50 Jahren. Feuchtigkeit schädigt durch drei Wirkungen: Die Durchschlagsspannung von Öl und Zellulose werden verringert, die Alterung der Zellulose beschleunigt und die Emission von Gasblasen bei hohen Temperaturen verursacht.

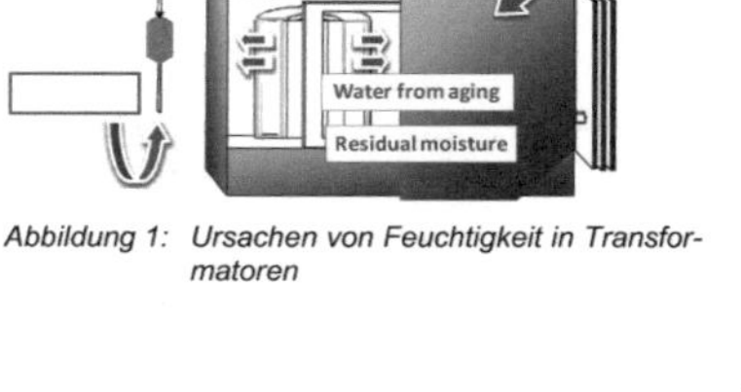

Abbildung 1: Ursachen von Feuchtigkeit in Transformatoren

1.1. Ursachen von Feuchtigkeit

Feuchtigkeit in öl-papier-isolierten Betriebsmitteln stammt aus der Fertigung, der Atmosphäre (Reparatur, Atmung, Undichtigkeiten) und Alterung (Oxidation, Pyrolyse), Abbildung 1. Die Restfeuchte nach der Fertigung beträgt – abhängig vom Herstellungsprozess – 0,3-0,8 % Wassergehalt im Feststoff. Der Beitrag der Alterung ist schwer quantifizierbar, laut Messungen im Labor führten 4 Kettenteilungen des Zellulose-Makromoleküls (entspricht etwa der Lebensdauer) zu einer Erhöhung um 1 %, [1].
Der Beitrag durch Atmen hängt wesentlich von der Betriebsweise des Transformators ab, insbesondere den Temperaturänderungen. [3] zeigt, dass der Feuchteeintrag bei einem typischen Netzkuppler mit 1 l/a, bei einem Maschinentransformator mit 0 l/a und bei einem Transformator mit Wärmetauscher mit 16 l/a abzuschätzen ist.

1.2. Gefährdung durch Feuchtigkeit

Der offensichtlichste Effekt von Feuchtigkeit, die herabgesetzte Durchschlagspannung, stellt aus Sicht des Verfassers nur in besonderen Situation eine Gefährdung für den Transformator dar.

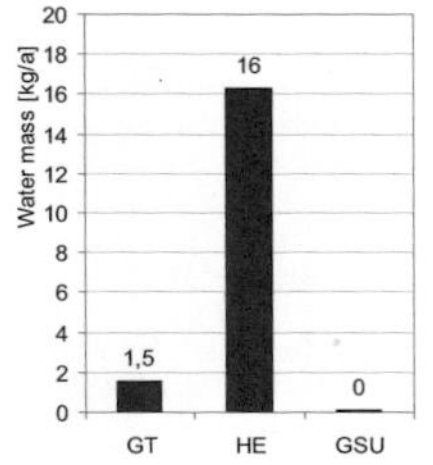

Abbildung 2: Feuchteeintrag durch Atmung für einen Netzkuppler (GT), Transformator mit Wärmetauscher (HE) und einen Maschinentransformator (GSU)

Abbildung 3 zeigt die Durchschlagspannung von Isolierflüssigkeiten als Funktion der relativen Feuchtigkeit (oder Wassersättigung), gemessen mit der klassischen Anordnung nach VDE0370 (HOSO, FR3 und Midel eN sind natürliche Ester, Midel 7131 ein synthetischer Ester, NN3000X ein Mineralöl). Zwar sinkt die Durchschlagsfestigkeit mit steigender relativer Feuchte, jedoch wird sie erst ab rF > 40 % gefährlich niedrig. Solche Werte treten jedoch in Transformatoren nur in Ausnahmefällen auf. Selbst bei der relativ hohen Papierfeuchte von 3 % ist die relative Feuchte im Öl bei nur 10 %. Gefährlich werden kann nur die Kombination aus sehr feuchten Transformatoren und schnell sinkender Öltemperatur. Dann kann die Feuchtigkeit aus dem Öl nicht schnell genug im Papier aufgenommen werden und die Wassersättigung kann kurzfristig steigen.

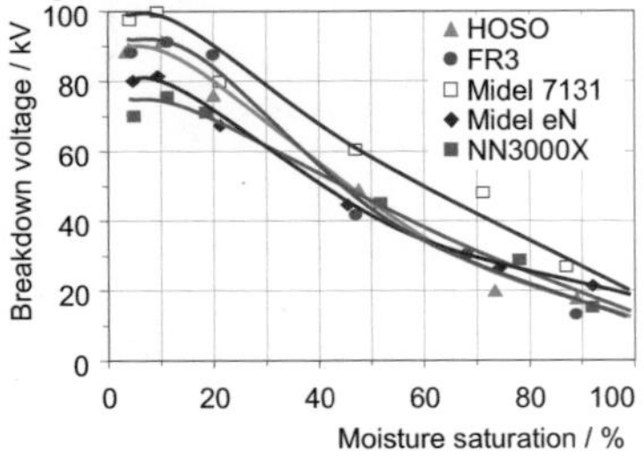

Abbildung 3: Durchschlagsspannung von Isolierflüssigkeiten als Funktion der relativen Feuchtigkeit

Praktisch relevanter ist aus Sicht des Autors die beschleunigte Alterung durch Hydrolyse. Feuchtigkeit verringert dramatisch die Lebensdauer von Zellulose durch Spaltung der Makromoleküle. Aus Abbildung 4 kann abgelesen werden, dass ein Zellulosewerkstoff mit 1,0 % Feuchte bei 70°C eine Lebensdauer von ca. 100 a hat, während diese bei 4 % Feuchte auf ca. 10 a sinkt.

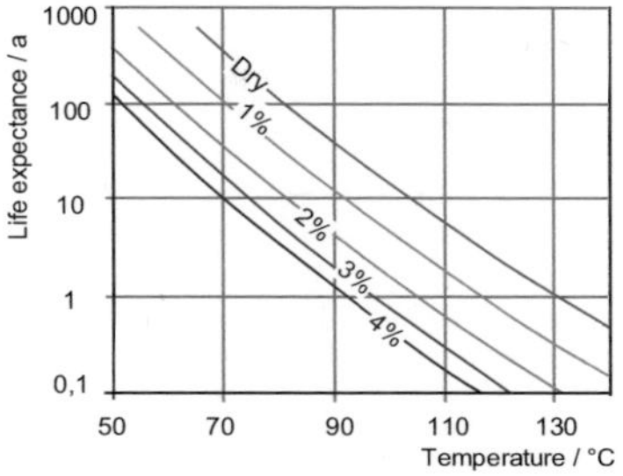

Abbildung 4: Lebensdauer von Zellulose in Abhängigkeit von Feuchtigkeit und Temperatur, [2]

Schließlich stellte Feuchtigkeit aufgrund des Bubble-Effekts, dem Ausheizen von Wasserdampf bei hohen Temperaturen, eine Gefährdung dar. Schon bei einer Leiteroberflächentemperatur von ca. 100°C können Dampfblasen ausgeheizt werden und zu Teilentladungen führen. Doch auch dieser Effekt ist praktisch beschränkt, denn der Bereich höchster Temperaturen im Transformator, der obere Bereich der Wicklung, ist wegen der dort herrschenden Temperaturen zugleich der trockenste Bereich.

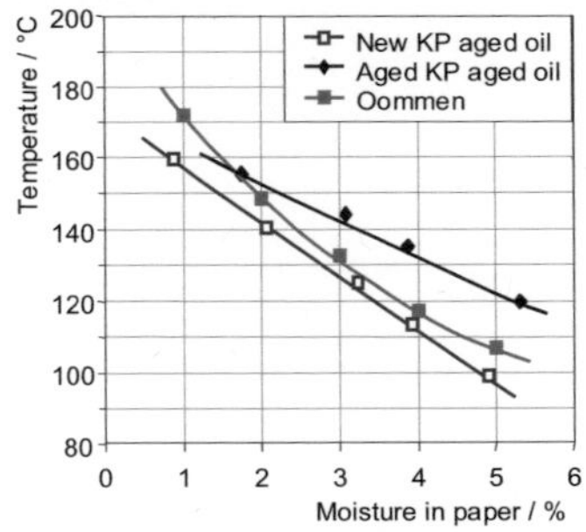

Abbildung 5: Einsatztemperatur von Gasblasen im gealterten Öl-Papier-Dielektrikum

Zusammenfassend führt aus Sicht des Autors die beschleunigte Alterung zur höchsten Gefährdung; während verringerte Durchschlagspannung und Gasblasenbildung nur in besonderen Fällen den Betrieb beeinträchtigen.

2. Vergleich verschiedener Messverfahren

Zur Messung der Feuchtigkeit werden die Titration nach Karl Fischer, kapazitive Sensoren und Messung und Analyse der dielektrischen Antwort angewendet.

2.1. Titration nach Karl Fischer

Die Titration nach Karl Fischer repräsentiert den Stand der Technik für direkte Feuchtemessungen in den Materialien Öl und Zellulose. Ihre Ergebnisse an Papierproben stellen den Maßstab für andere Verfahren zur Feuchtebestimmung dar. Dennoch beeinträchtigen verschiedene Faktoren ihre Vergleichbarkeit und Genauigkeit:

- Stark veränderliche Wasserkonzentration im Öl bei Temperaturänderungen (Diffusion und Gleichgewicht),
- Eindringen von Feuchtigkeit während Probenentnahme und Transport zum Labor,
- Probenaufbereitung und Titrationsverfahren
- Ungenauigkeit im Bereich kleiner Feuchten (< 5 ppm Ölfeuchte),
- Ausheiztemperatur für Zelluloseproben.

Deshalb führten Blindtests an gleichem Öl und Papier zu deutlich unterschiedlichen Ergebnissen beim Vergleich verschiedener Labore, [4].
Praktisch kann die direkte Messung an Papierproben nicht angewendet werden, da eine Entnahme von Proben zur Zerstörung des Dielektrikums führt.
Die direkte Messung im Öl hingegen stellt die an häufigsten angewandte Methode zur Wasserbestimmung dar. Die oben aufgeführten Faktoren führen jedoch zu einer nur geringen diagnostischen Aussage. Die Grenzwerte der Standards scheinen diese Ungenauigkeiten wieder zu spiegeln: Die von der IEC60422 erlaubte maximale Konzentration von 15 ppm entspricht bei 30°C etwa einem Wassergehalt im Papier von 4 %, was als extrem feucht gelten muss. Der Autor muss mit Erstaunen zur Kenntnis nehmen, dass lt. IEC 60422 dieser Grenzwert unabhängig von der Öltemperatur gilt. Deshalb kann die direkte Feuchtemessung im Öl durch Karl-Fischer Titration nur als grobe Indikation von Feuchtigkeit angewendet werden.

2.2. Kapazitive Sensoren

Deutlich genauere Ergebnisse liefert die Messung der Wassersättigung (relative Feuchte) im Öl durch kapazitive Sensoren.
Kapazitive Sensoren werden seid den 90'er Jahren eingesetzt. Sie bestehen aus zwei Elektroden mit einem hygroskopischen Polymer, in welchen Wassermoleküle eindringen und damit die Kapazität der Anordnung ändern. Da Wassermigration auf Unterschieden im Wasserpotential beruht, können diese Sensoren physikalisch bedingt nur die *relative* Feuchtigkeit oder auch *Wassersättigung* messen. Eine Kalibrierung auf die absolute Feuchtigkeit (Gewichtsfeuchte in ppm) ist zwar möglich, bleibt aber immer auf das jeweilige Öl beschränkt.

Die Vorteile der kapazitiven Sensoren liegen in einer sehr einfachen Anwendung, sie sind online-fähig, leicht kalibrierbar, messen kontinuierlich und haben eine deshalb hohe Genauigkeit verglichen mit den Unwägbarkeiten von Probenentnahme, Transport und Probenhandhabung die mit der Karl Fischer Titration verbunden sind. Nachteile des Verfahrens liegen in der Ungenauigkeit bei trockenen Isoliersystemen (< 1,5 % Wassergehalt im Feststoff) und dem nicht vorhandenen Feuchtegleichgewicht bei niedrigen Temperaturen (< 30°C).
Aus der Wassersättigung im Öl kann über entsprechende Feuchtigkeitsisotherme auf den Wassergehalt im Papier geschlossen werden.
Abbildung 6 stellt einen solchen Feuchtigkeitsisotherm (Gleichgewichtsdiagramm) dar und klassifiziert auch Isoliersysteme entsprechend der IEC 60422. Abbildung 7 zeigt die Ergebnisse einer Online-Messung der relativen Feuchtigkeit bzw. Wassersättigung. Aus dem Mittelwert von ca. 4,1 % bei 47°C kann eine Gewichtsfeuchte im Papier von ca. 1,4 % abgeleitet werden.

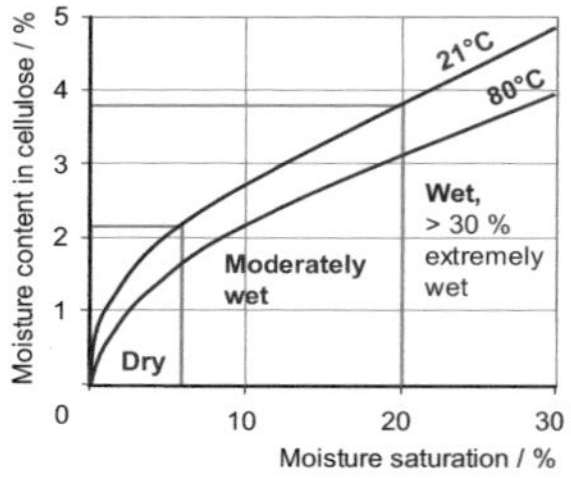

Abbildung 6: Gleichgewichtsdiagramm auf Basis der Wassersättigung im Öl mit Grenzen nach IEC 60422:2005

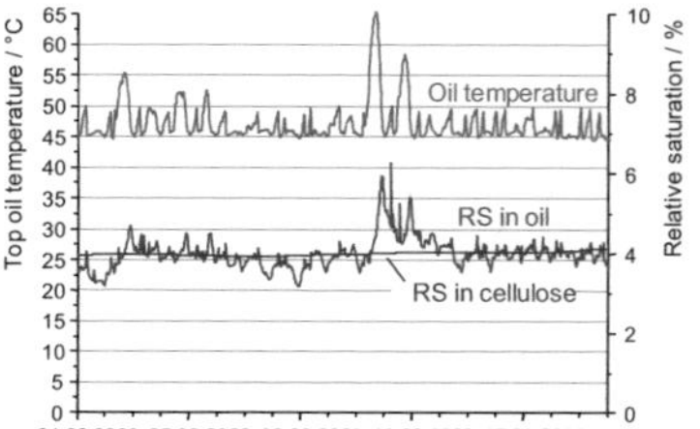

Abbildung 7: Obere Öltemperatur, Wassersättigung im Öl und im Papier während einer Online-Messung

2.3. Messung und Analyse der dielektrischen Antwort

Das Fachpublikum begrüßte dielektrische Diagnosemethoden, da sie eine höhere Genauigkeit als die damals übliche Gleichgewichtsmethode basierend auf dem Wassergehalt im Öl (ppm) versprachen. Für die zuerst kommerzialisierte Wiederkehrspannungsmethode (RVM) wurde jedoch bald offenbar, dass sie zu stark von der Ölleitfähigkeit beeinträchtigt wurde. Als viel zuverlässiger erwiesen sich die neueren Ansätze der Polarisationsstrommessung (Polarisation / Depolarisation Currents PDC) und der dielektrischen Spektroskopie (Frequency Domain Spectroscopy FDS). Beim Zeitbereichsverfahren PDC werden die Polarisations- und Depolarisationsströme über eine Zeit von typischerweise 1-10000 s aufgezeichnet und entsprechend Abbildung 8 interpretiert.

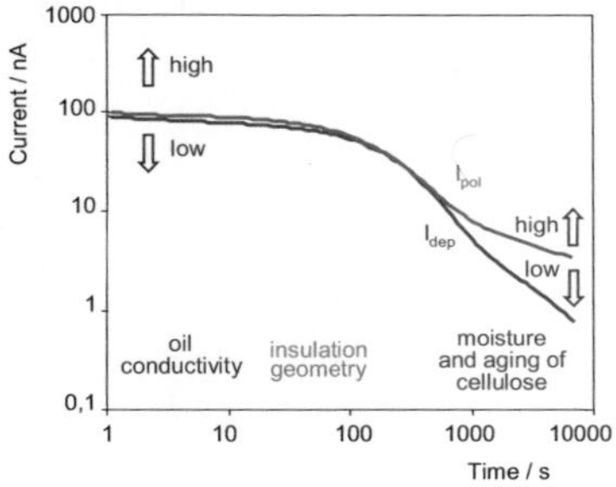

Abbildung 8: Interpretation des PDC-Verfahrens

Bei der dielektrischen Spektroskopie im Frequenzbereich werden Kapazität und Verlustfaktor über einen sehr weiten Frequenzbereich von typisch 1000 Hz-0,1 mHz gemessen und entsprechend Abbildung 9 interpretiert. Heutige Software berechnet die Feuchtigkeit im festen Isolierstoff automatisch.

Aufgrund des weiten Zeit- und Frequenzbereichs ermöglichen beide Verfahren, zwischen dem Zustand des Öls und dem der Feststoffisolierung zu unterscheiden. Entsprechende Software kompensiert auch den Einfluss der Isolationsgeometrie und der Temperatur, im besonderen Fall auch den von leitfähigen Alterungsprodukten.

Verschiedene Ansätze wurden zur Beschleunigung der Messung entwickelt, welche wegen der niedrigen Frequenzen Stunden dauern kann. Zu diesen Ansätzen gehören die gleichzeitige Messung mehrerer Frequenzen (mehrere Sinusschwingungen werden gleichzeitig angelegt, [5]) und die Kombination von Zeit- und Frequenzbereichsmessung. Durch das letztere Verfahren ist sogar die sehr breitbandige Messung von 1000-0,00001 Hz in ca. 2 h möglich, eine typische Messung dauert nur 20 Minuten, [6].

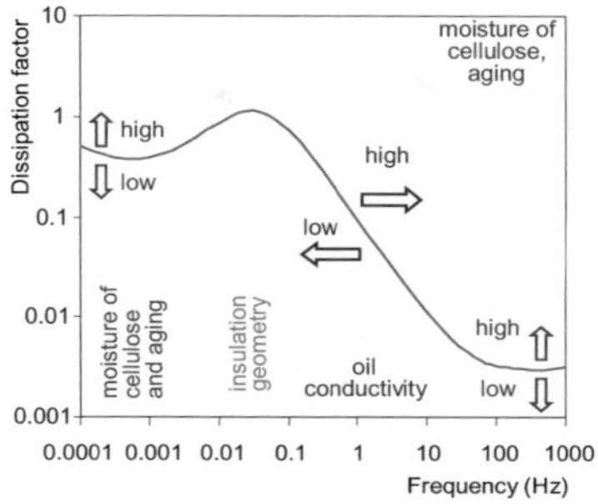

Abbildung 9: Interpretation der dielektrischen Eigenschaften eines Transformators im Frequenzbereich

Fehlereinflüsse wurden in der Fachwelt ausführlich diskutiert und quantifiziert, [7]. Die Genauigkeit ist gut, verglichen mit anderen Verfahren, dies gilt auch bei niedrigen Temperaturen und besonders bei neuen Transformatoren, [8]. Allerdings besteht der wesentliche Nachteil des Verfahrens darin, dass der Transformator physikalisch vom Netz getrennt werden muss und eine Messung im Betrieb nicht möglich ist.

2.4. Vergleich der Verfahren

Die Feuchtigkeit in der Papierisolierung wurde für insgesamt 61 Transformatoren bestimmt, die weltweit in Umspann- und Kraftwerken im Betrieb sind. Einige der Transformatoren wurden z.B. während Trocknungsverfahren mehrmals gemessen. Abbildung 10 zeigt den Wassergehalt über dem Alter der Transformatoren für alle unterschiedlichen Messverfahren. Tabelle 1 erklärt die in der Abbildung verwendeten Abkürzungen.

Tabelle 1: Messverfahren zur Wasserbestimmung

Abk.	Methode	Ausführung
D1.0	Dielektrische Spektroskopie	Omicron Dirana SW 1.0
M1.5	Dielektrische Spektroskopie	Programma IDA 200, SW MODS 1.5
R3.0	Rückkehrspannung	Haefely RVM5462, SW 3.0
P3.0	Polarisations- und Depol.-ströme	Alff PDC Analyzer, SW 3.0
WCO	Wassergehalt im Öl	Gleichgewichtsdiagramm auf Basis des Wassergehalts in Öl
WSO	Wassersättigung im Öl	Gleichgewichtsdiagramm auf Basis der relativen Feuchte im Öl
KFT	Papierprobe	Titration nach Karl Fischer an Papierproben

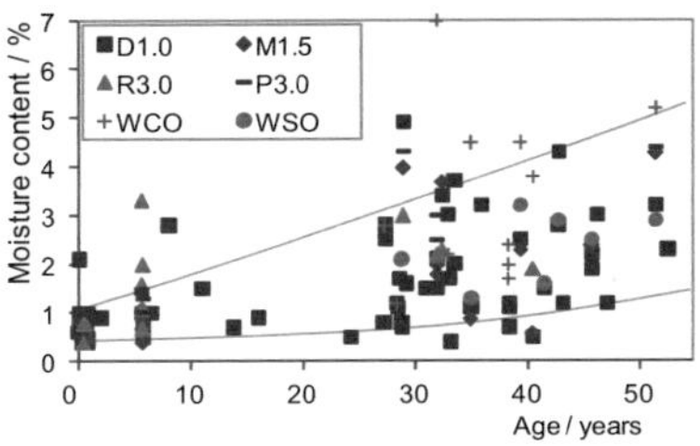

Abbildung 10: Wassergehalt in der Zellulose-Isolierung für Transformatoren verschiedenen Alters

Entsprechend Abbildung 10 beträgt der Wassergehalt in der Feststoffisolierung für neue Transformatoren 0,4-0,9 %. Hier spielt die Qualität des Fertigungsprozesses eine große Rolle. Im Laufe der Lebensdauer steigt der Wassergehalt an, so dass nach 30 Jahre Betriebsdauer etwa 2 % typisch sind. Dennoch sind die Ergebnisse stark gestreut. Die älteren Transformatoren mit dennoch sehr geringem Wassergehalt in Abbildung 10 waren nur wenig belastete Netzumspanner, als Reserveeinheiten nie im Betrieb oder in einem Kraftwerk nur geringen Temperaturschwankungen (und damit geringer Atmung) ausgesetzt. Einige kleinere Verteiltransformatoren enthält das Diagramm ebenfalls, hier ist der Wassergehalt besonders groß mit z.B. nahe 5 %.

Abbildung 11 verdeutlicht die prinzipiellen Unterschiede zwischen den Verfahren, indem sie die relative Abweichung des jeweiligen Verfahrens vom Mittelwert aller Verfahren darstellt. Leider ist diese Darstellung aufgrund der teilweise geringen Datendichte nur als Trend zu verstehen. Dennoch wird klar, dass das Gleichgewichtsverfahren aufgrund des Wassergehalts im Öl deutlich höhere Feuchten diagnostiziert als die anderen Verfahren. Dagegen liegt die Analyse der dielektrischen Antwort recht nahe an den Ergebnissen der Papierproben.

Abbildung 11 Relative Abweichung zwischen den Verfahren

3. Trocknung von Transformatoren

3.1. Trocknung während der Fertigung

Der Fertigungsprozess von Transformatoren zielt auf eine Entfernung des im Feststoff der Isolierung (Pressboard, Papier, zellulosebasierte Tragstrukturen) gebundenen Wassers mit einem Wassergehalt von deutlich weniger als 1 %, typisch 0,3-0,7 %. Während dieses Prozesses soll die Isolierung nur unwesentlich durch Wärmeeintrag gealtert werden.

Zu diesem Ziel wird (1) die Verdampfungswärme für das Wasser zur Verfügung gestellt und (2) der Druck zyklisch abgesenkt zur Verbesserung der Diffusionsvorgänge. Abbildung 12 verdeutlicht den Einfluss von Wärme und Druck auf den Trocknungsprozess, wobei ein Isoliermaterial mit 8 % anfänglichem Wassergehalt auf 0,3 % getrocknet wird.

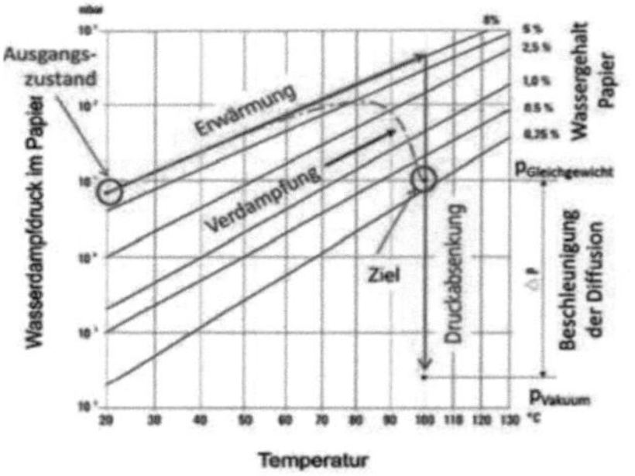

Abbildung 12 Trocknung des festen Isolierstoffs durch Temperaturerhöhung und Druckverminderung, [9]

Die heute eingesetzten Trocknungsverfahren, „Hot Air" und „Vapour Phase", basieren auf den physikalischen Prinzipien der Verdampfung von Wasser durch Wärme und der zyklischen Druckabsenkung zur besseren Diffusion. Der wesentliche Unterschied liegt in der Kondensation eines Lösungsmittels beim Vapour Phase Verfahren, welches durch die Kondensationswärme zur schnelleren Erwärmung führt. Damit sind kürzere Prozesszeiten erreichbar, jedoch ändert sich das Trocknungsergebnis nicht. Bei richtiger Wahl der Prozessparameter (Temperatur, Unterdruck bzw. Feinvakuum und Dauer) werden durch beide Verfahren vergleichbare Trocknungsergebnisse erzielt.

3.2. Trocknung vor Ort

Um den kostspieligen Transport von Transformatoren in das Werk zu vermeiden und da der Netzbetrieb oft die Entfernung von Transformatoren nicht erlaubt, wurden Trocknungsverfahren entwickelt, welche onsite und sogar online anwendbar sind. Aus Sicht des Autors haben sich dabei Trocknungsverfahren durchgesetzt, welche mit Hilfe von Fullererde das Öl regenerieren oder welche das Öl in langen Zeiträumen durch Patronen (Trocknungskolonnen) trocknen.

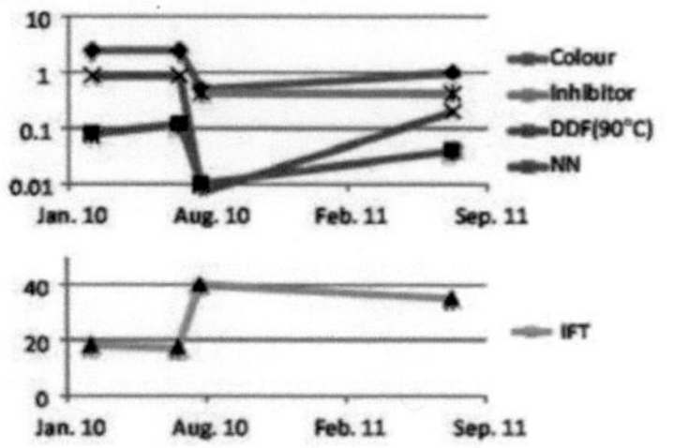

Abbildung 13: Zustandsparameter des Isolieröls vor und nach der Aufbereitung mit Fullererde

Der Prozess der Regenerierung mit Fullererde läuft in einem kurzen Zeitraum von wenigen Tagen bis Wochen ab, wobei die Qualität des Öls nach der Regeneration vergleich mit Neuöl ist. Allerdings ist auf das Zusetzen von Inhibitoren zu achten, da diese i.a. entfernt werden. Exemplarisch zeigt Abbildung 13 Ölparameter (Farbe, Inhibitorgehalt, Verlustfaktor, Neutralisationszahl und Grenzflächenspannung) vor und nach der Ölaufbereitung an einem Maschinentransformator mit 132 kV, 21.8 MVA aus dem Jahr 1995. Nach Erfahrung des Autors kann durch solch eine Aufbereitung die Lebenszeit von Transformatoren um 10-30 Jahre verlängert werden, da insbesondere die Alterungsprodukte und –katalysatoren aus Öl und (teilweise) Papier entfernt werden.

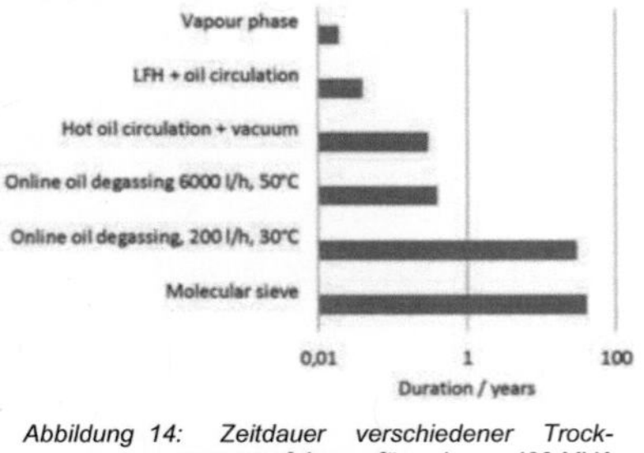

Abbildung 14: Zeitdauer verschiedener Trocknungsverfahren für einen 400 MVA Transformator mit 14 t Papier-Board-Isolierung, [10]

Die Online-Trocknung durch Patronen, zum Bei spiel mit Zellulose gefüllt, hat zunächst nur die Trocknung des Öls zur Folge. Die Trocknung des Zellulosewerkstoffs vollzieht sich erst bei höheren Temperaturen (Feuchtediffusion muss stattfinden) oder nach sehr langen Zeiten. Deshalb ist der Erfolg der Trocknung unterschiedlich und stark von der Öltemperatur und dem Ölumlauf abhängig. Abbildung 14 illustriert den Einfluss von Temperatur und Verfahrenstyp auf die Trocknungsdauer, gültig für einen Transformator mit 400 MVA, ca. 14 t Papier-Board-Isolierung, Ursprungsfeuchte 3 %, Zielfeuchte 1,5 % in Papier und Board.

4. Zusammenfassung

Feuchtigkeit schädigt Öl-Papier-Isolierungen durch verschiedene Effekte, insbesondere durch beschleunigte Alterung der Zellusewerkstoffe. Zuverlässig messen können sie kapazitive Sensoren (besonders online) und die Analyse der dielektrischen Antwort (besonders bei niedriger Temperatur und im Neuzustand). Als Trocknungsverfahren setzte sich onsite die Fullerung durch und online die Trocknung durch Trockenkolonnen.

Literatur

[1] V. Sokolov et al.: "Moisture Equilibrium and Moisture Migration within Transformer Insulation Systems" Cigré Working Group A2.30, Technical Brochure 359, Paris 2008

[2] L. E. Lundgaard, "Aging of oil-impregnated paper in power transformers", IEEE Transactions on Power Delivery, Jan. 2004

[3] M. Koch, S. Tenbohlen, M. Rösner: „Moisture Ingress in Free Breathing Transformers", CMD, Condition Monitoring and Diagnosis, Beijing, China, 2008

[4] M. Koch, S. Tenbohlen, J. Blennow, I. Hoehlein: "Reliability and Improvements of Water Titration by the Karl Fischer Technique" Proceedings of the XVth International Symposium on High Voltage Engineering, ISH, Ljubljana, Slovenia, 2007

[5] Produktbroschüre Megger IDAX 300, online verfügbar, us.megger.com/insulation-diagnostic-analyzer-idax300/350

[6] Produktbroschüre Omicron Dirana, online verfügbar, www.omicronenergy.com/en/products/all/primary-testing-monitoring/dirana/

[7] S. M. Gubanski et al. "Dielectric response diagnosis for transformer windings", Report of CIGRÉ TF D1.01.14, Technical Brochure 414, Paris, 2010

[8] M. Koch, M. Krüger, S. Tenbohlen: Methoden zur Feuchtebestimmung in Transformatoren im Vergleich, ETG Fachtatung Diagnostik, Fulda 2009

[9] S. Zabeschek: «Trocknung beim Fertigunsprozess in der Fabrik», VDE Seminar zur Transformatorentrocknung, Stuttgart, 2012

[10] P. Köstinger: Drying of Transformers in the field, Omicron Diagnostic Measurements on Power Transformers Feldkirch, 2008

Oberlausitzer Energie-Symposium 2017, Zittau, Deutschland, 25./26. Oktober 2017

TRENDS IM TRANSFORMATOR-LEBENSZYKLUS UND ASSET MANAGEMENT

Thorsten Krüger*
Maschinenfabrik Reinhausen GmbH, Falkensteinstr. 8, 93059 Regensburg

Aufgrund der steigenden Anzahl und dem höheren Alter von Leistungstransformatoren in der Energiebranche werden mehr und verlässlichere Hilfsmittel zur Zustandsbewertung von Betriebsmitteln an zentraler Stelle benötigt, um die Planung notwendiger Serviceeinsätze zu vereinfachen.

1. Einführung

Resultierend aus dem enormen Anstieg des Energiebedarfs wächst die Zahl installierter Netzwerktransformatoren schneller als je zuvor. Strategische Planung ist dabei eine wichtige Aufgabe für den Energieversorger und die Energiebranche. Die Kapazitätsplanung für neue Transformatoren basiert u. a. auf der installierten Transformatorkapazität. Bevorzugte Lösungen nutzen vorhandene Anlagen, um kapitalintensive Investitionen in zusätzliche Transformatorkapazität zu minimieren. Daher ist die Optimierung von Anlagennutzung umso wichtiger und darum auch die Berücksichtigung von modernen Asset Management-Strategien.
Für das Management von Transformatorflotten mit heterogenen Strukturen hinsichtlich Alter, physischem Zustand und Wichtigkeit wird ein modernes Toolset benötigt, um die Wirkung einzelner Transformatoren auf die Leistung der gesamten Flotte betrachten zu können. Passende Strategien beinhalten die Erkennung von Unregelmäßigkeiten, bevor diese Fehler hinsichtlich der Risikobewertung der Verlässlichkeit des operativen Systems verursachen können.
Solche modernen Anlagenmanagementstrategien beinhalten:

- Zuverlässigkeitsorientierte Instandhaltung
- Zustandsbewertung
- Zeit- und zustandsbasierte Instandhaltungsstrategie
- Automatische Ableitung der notwendigen Aufgaben, die bei der nächsten Wartung anfallen
- Abschätzung von verbleibender dynamischer Lebensdauer

Außerdem sind folgende Methoden Schlüssel zum Erfolg:

- Dynamischer und zustandsabhängiger Austausch von Komponenten mit längerer Wartungsdauer
- Technisch und wirtschaftlich optimierte Ersatzlösungen für kritische Anlagenteile

2. Hauptziele

Der Schlüsselfaktor für den Erfolg ist es, wesentliche Daten von allen Anlagen rechtzeitig erhalten. Neben einem vor-Ort-Zugang für Servicepersonal wird ein zentralisiertes Monitoring für die gesamte Transformatorflotte anhand großflächiger Datenübertragung durch die Nutzung von Standardprotokollen ermöglicht. Eine Schlüsselanforderung ist das Sammeln der wichtigsten Daten vom Umspannwerk zum zentralen Asset Management, um einen schnellen Überblick über die Anlagen zu erhalten. Im Fall von Unregelmäßigkeiten soll der Asset Manager die Möglichkeit haben, die detaillierten Informationen der spezifischen Anlage abzurufen. Indem er Daten sowie Trends beobachtet, ist er in der Lage, schleichende Mängel sehr viel früher zu bemerken als zuvor, als lediglich Grenzwerte überwacht wurden.

3. Notwendige Entscheidungen

Der gängige Prozess bei der Entscheidung, ob ein Transformator mit einem Monitoringsystem ausgestattet werden soll, ist der Vergleich von Notwendigkeit und Kosten. Während die Notwendigkeit auf dem strategischen Punkt der Applikation sowie den Ausfallrisiken basiert, sind die Kosten eher diskutabel.

Wenn das Monitoring-System in bereits existierende Schaltschränke am Transformator integriert werden kann, werden die zusätzlichen Kosten eines Schaltschranks in der Feldebene eingespart. Zusätzlich wäre das integrierte Monitoring-System mit Leitsystem-/SCADA-Kommunikation ausgestattet. Dies würde eine direkte Verbindung zwischen dem Kontrollzentrum ermöglichen und eine enorme Menge an Verkabelung zwischen Verteilerkasten und Netzwerkkontrollebene sparen, indem ein einfaches Glasfaserkabel verwendet wird, das sogar redundant ausgeführt werden könnte, um Risiken von Störungen bei der Datenübertragung zu verringern.

Unter Berücksichtigung aller Möglichkeiten kann ein intelligentes und adäquates Monitoring-System entwickelt werden, das Aufbau- und Betriebskosten reduziert, um die Überwachung von großen, mittelgroßen und kleinen Transformatoren zu ermöglichen. Des Weiteren wird ein erfahrenes technisches Expertenteam benötigt, um den tatsächlichen Status des Transformators als neues „Offset" zu beurteilen.

4. Technische Aspekte

Neben einfachen Messungen und Handlungen bei überschrittenen Grenzwerten, steht ein modernes System vor weiteren Herausforderungen: Die Reaktion auf Trendveränderungen und das Verhalten der Anlage selbst:

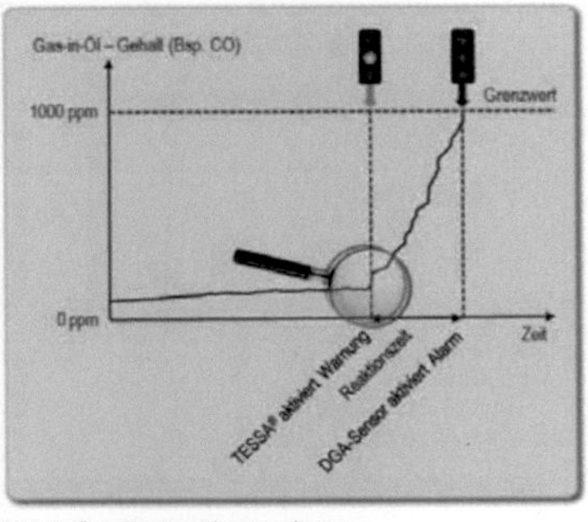

Bild 1: Gradientenüberwachung

Früher wurde nur bei überschrittenen Grenzwerten Warnungen, Alarm und Handlungen ausgelöst, ein modernes Monitoring-System hingegen reagiert bereits auf Trendänderungen, sogar, wenn ein bestimmter Grenzwert nicht überschritten wird.

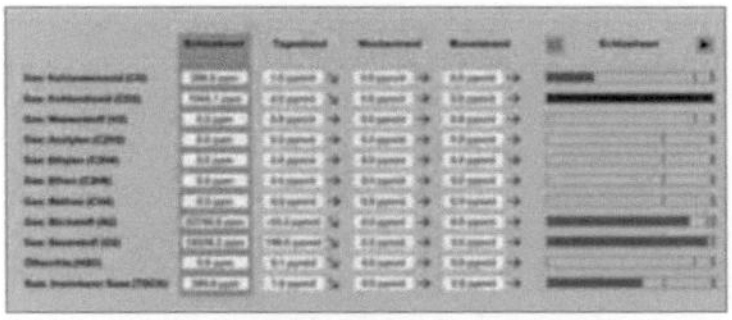

Bild 2: Detaillierte Prüfung der Gaswerte inkl. Gradient

5. Ziel

Alle resultierenden Daten und Informationen sind am Transformator verfügbar. Dies ist eine wichtige Anforderung der Verantwortlichen vor-Ort. Allerdings benötigt der Asset Manager diese Informationen rechtzeitig in seiner Zentrale, um reagieren und strategisch planen zu können. Ein interessanter Punkt ist die Frage, wie solche Daten und Datenbanken über weite Strecken übertragen und empfangen werden können, ohne dabei enorme Kosten zu verursachen.

Der erste Versuch, die Ausgaben niedrig zu halten, ist die Nutzung vorhandener Kommunikationspfade. Eine Möglichkeit ist, vorhandene Leitsysteme zu nutzen. Die lokalen Monitoring-Systeme würden ihre Daten z. B. über IEC61850 in das zentrale Flottenmonitoringsystem übertragen. Sind diese Möglichkeiten nicht vorhanden oder nicht freigegeben, können lokale Monitoring-Systeme einfach mit Modems (PLC, GSM/UMTS, ...) ausgestattet werden. Das zentrale System wird über einen definierten VPN-Tunnel (virtual private network) und gesicherte „https" mit jedem System kommunizieren – die IT Sicherheit hat höchste Priorität; zudem sind die Schaltrichtungen zu Transformatoren und OLTCs blockiert.

5.1. Zentralisierte Tools und Analysen

Ein übergeordnetes, zentrales System, auch Flottenmonitoring oder Flottenmanagement genannt, visualisiert diese Daten und ermöglicht Analysen. Dort kann der Asset Manager alle Zertifikate, Testergebnisse, Namenschilder, Kontakte, o.ä. einfügen, um einen vollständigen Überblick aller Daten (Online- und Offlinewerte) zu erhalten. Zusätzlich ist die Visualisierung eines Transformer-Health-Index möglich sowie die Anzeige von Überlastfähigkeit.

Der Asset-Health-Index, der insbesondere für den Leistungstransformator bereits eine weite Verbreitung gefunden hat, kennzeichnet den Zustand des Betriebsmittels, wie auch seiner unterlagerten Komponenten sehr aussagekräftig, da Online-Informationen ebenso eingehen, wie die Ergebnisse von Begehungen inkl. optischer Inaugenscheinnahme. Parallel zur Darstellung des Transformators an-sich und Planungen zu seiner Wartung, ist ein Ranking der gesamten Transformatorflotte in der Übersichtsdarstellung möglich.

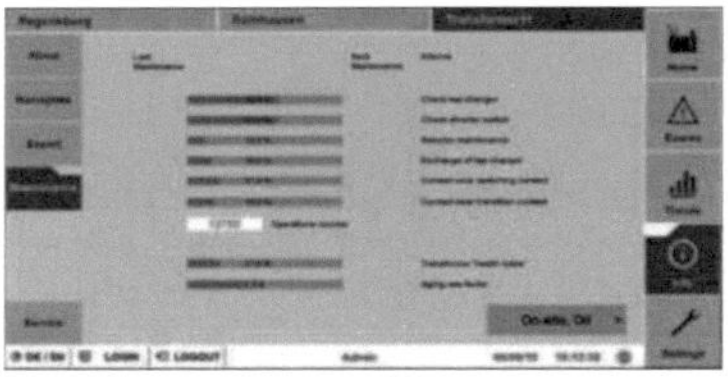

Bild 3: Wartungsplanung und Forecast

Bisher wurden solche Zusammenstellungen üblicherweise auf Papier oder in MS Excel vorgenommen und sind auch als Balzer-Schema bekannt. Die Teilautomatisierung (im Sinne von Online-Daten vollautomatisiert und nur bei den Begehungsergebnissen/Messungen manuell nachzupflegen) schafft hier eine erhebliche Zeitersparnis, Aktualität der Daten und Transparenz in der Analyse.

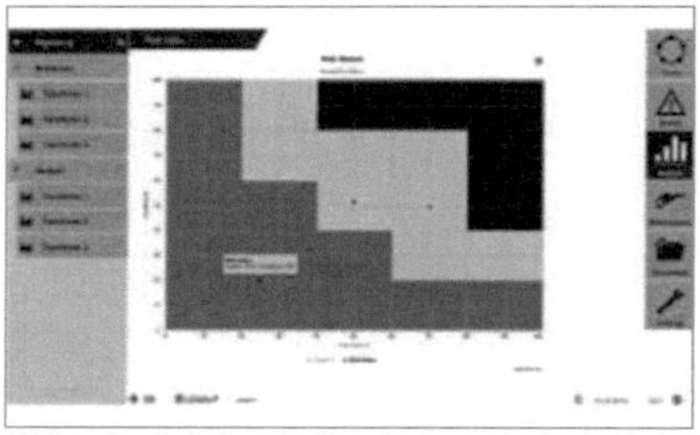

Bild 4: Health-Index der Transformatorflotte

Durch das umfangreiche Datei-Ablagesystem stehen dem Benutzer innerhalb des Flottenmonitorings sämtliche Daten, wie bspw. Thermografie-Bilder, manuelle Messergebnisse oder Zertifikate zur Verfügung, da sie direkt nach der Datenaufnahme vor-Ort in das zentrale System integriert und dem Betriebsmittel automatisch zugeordnet werden können. Dies ist gerade dann von entscheidender Bedeutung, wenn ein Techniker am Betriebsmittel steht und Arbeiten vornimmt. Dieser kann somit mobil auf das Zentralsystem zugreifen und über das Ablagesystem alle Dokumente inkl. Bedienungsanleitungen und Schaltbilder öffnen.

Die Mitnahme umfangreicher Ordner und Dokumentationen oder gar ein Rückfahren zur Zentrale bei spontanen Einsätzen ist damit überflüssig.

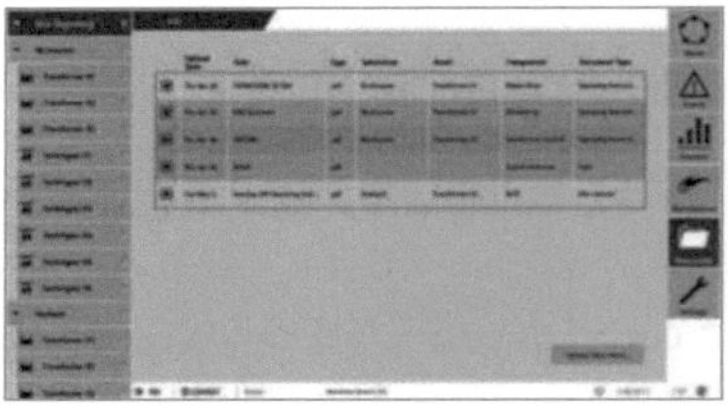

Bild 5: Datei-Ablagesystem

Besonderer Bedeutung kommt dabei das einfache Handling und Zuordnungsmöglichkeiten der Dateien zu. Über ein „Upload"-Button gelangt der Nutzer auf ein Fenster, auf dem Suchkriterien für das später integrierte Dokument möglich sind und die Datei ebenfalls einem Betriebsmittel zugeordnet wird – per Automatik sind diese Felder bereits vorgefüllt. Nach Bestätigung wird das Dokument mobil hochgeladen und in der Datenbank verknüpft abgelegt.

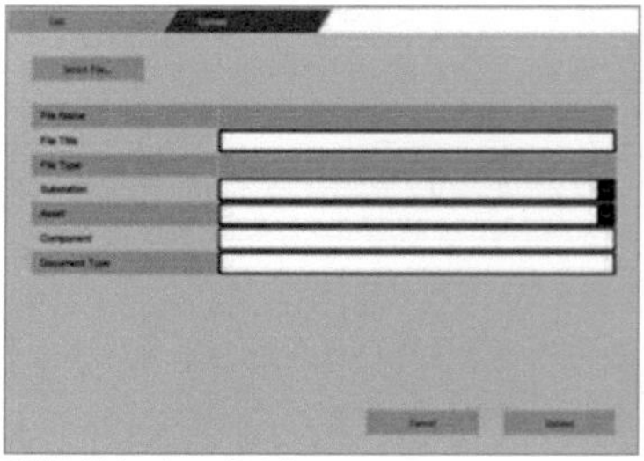

Bild 6: Upload von Dateien

5.2. Überblick und Handlungen

Der Asset Manager sollte die wichtigsten Informationen auf einen Blick erhalten: Laufen alle Transformatoren problemlos oder liegt irgendwo eine kritische Situation vor? Deshalb erhält er die Ampelsignale (wie im folgenden Bild), wie die Netzleitstelle, allerdings ist seine Ampel mit mehr Details und Analysen hinterlegt.

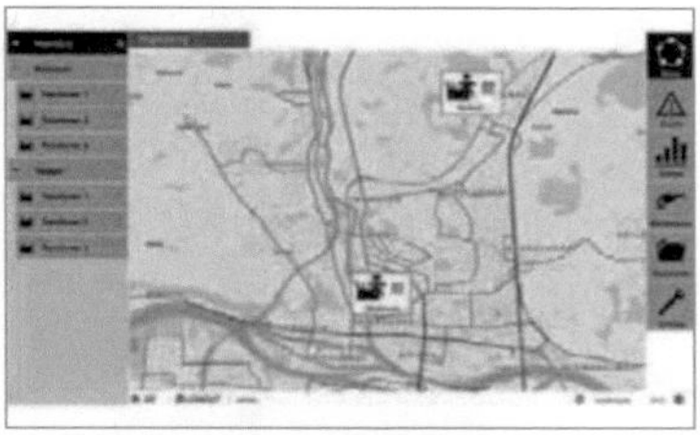

Bild 7: Zentralansicht Flottenmonitoring

In obigem Bild werden beispielhaft die verbundenen Umspannwerke und deren Status auf einer Karte visualisiert. Durch das Klicken eines Umspannwerk-Symbols öffnet sich eine detaillierte Ansicht von Transformatoren und weiteren Betriebsmitteln der Umspannanlage (Leistungsschalter, Wandler, Überspannungsableiter) mit dem tatsächlichen Status und Werten. Eine Warnung oder ein Alarm wird auch bei einer Trendveränderung oder wenn Wartungsarbeiten geplant werden sollten, ausgelöst. Er erhält alle notwendigen Tools um die Wartungsplanung zu vereinfachen, Ausfallrisiken zu senken und damit die Verfügbarkeit seiner Anlagen zu steigern.

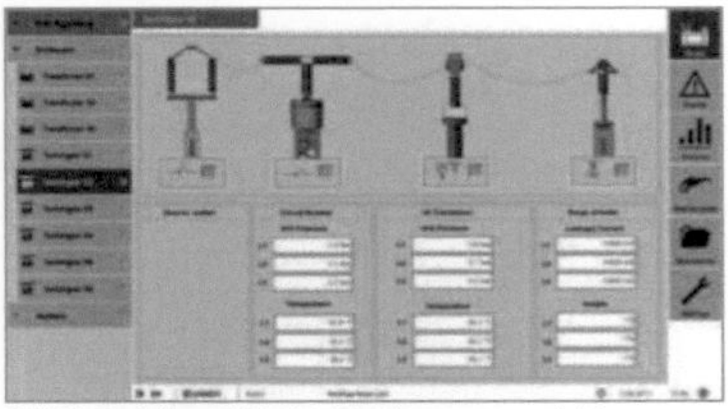

Bild 8: Detailansicht des Hochspannungsfelds

Deshalb unterstützen ihn automatisierte Funktionen bei seiner täglichen Arbeit und notwendigen Handlungen bei Notfällen. Innerhalb des zentralen Systems definiert er, wie die Serviceabteilung auf Alarme und Warnungen reagieren soll. Via E-Mails und SMS kann er Servicegruppen je Region oder Spezialisten bei definierten Ereignissen informieren, beispielsweise die automatische Informierung eines Durchführungsspezialisten unabhängig von regionalen Zuordnungen.

6. Zusammenfassung

Moderne Monitoring-Systeme, die lokal in der Anlage oder zentral im Hauptquartier installiert sind, ermöglichen den Vorteil eines Wechsels von risiko- oder zeitbasierter Wartung hin zu zustandsbasierter Wartung, wenn Messdaten mit dem Know-How der Anlage und Analysen (mathematisch und statistisch) kombiniert werden. Durch die Nutzung passender Hardware, Sensoren und Technik, bietet ein optimiertes System Features zu vernünftigen Preisen.

Eine Integration des Flottenmonitoringsystems in die Zentrale ermöglicht es den Betreibern zudem, einen mobilen Zugriff durch dislozierte Experten und Servicetechniker zu geben. Dies birgt den Vorteil schneller Einsichtnahme in das System und die Prüfung des Betriebsmittel-Status sowie die Zurverfügungstellung von Informationen, wie z.B. Bildern, die in der Anlage aufgenommen und einem erweiterten Kreis von Experten zeitnah zugängig gemacht werden sollen.

Zusätzlich zum zentralen Management-Tool, das Daten sammelt, zusammenführt und Daten(-banken) analysiert, erhält der Asset Manager ein einzigartiges Tool, um seine wichtigsten Ziele zu erreichen:

- Verfügbarkeit und Lebensdauer seiner Anlagen steigern
- Fehler- und Ausfallrisiken senken
- Serviceplanung optimieren
- Servicekosten reduzieren

7. Anschrift

Maschinenfabrik Reinhausen GmbH
Thorsten Krüger
Falkensteinstr. 8, 93059 Regensburg
Tel.:+49 4090 7700
E-mail: t.krueger@reinhausen.com

Oberlausitzer Energie-Symposium 2017, Zittau, Deutschland, 25./26. Oktober 2017

FELDERFAHRUNGEN MIT ON-SITE ÖL-REGENERIERUNG AN EIGENBEDARFS-TRANSFORMATOREN IM KRAFTWERK JÄNSCHWALDE

Holger Lohmeyer*
ABB PGTR, Trafoweg 4, 06112 Halle/Saale

Michael Lukas
Lausitzer Energie Kraftwerke AG, Am Kraftwerk, 02943 Boxberg/O.L.

Oleg Kuzmin, Ralf Büchner
ABB PGTR, Trafoweg 4, 06112 Halle/Saale

Seit einigen Jahren kommen neue Technologien zur kontinuierlichen Regenerierung von Transformatorenisolierölen auf der Anlage als lebensdauerverlängernde Maßnahme, im Sinne der Nachhaltigkeit bei der Versorgung mit Elektroenergie zum Einsatz. Dabei liegt der Schwerpunkt auf der Wiederherstellung der Qualitätsparamater von neuen Isolierflüssigkeiten auf Mineralölbasis, wie sie z.B. der IEC-Standard 60296 [1] vorgibt und der wirtschaftlichen Betrachtung des Aufwandes im Vergleich zur Verwendung von neuem Isolieröl. Der zusätzliche Spüleffekt des Aktivteils, dessen Auswirkungen stark von den erzielten Wicklungstemperaturen abhängen, wird dabei in aller Regel eher billigend in Kauf genommen, ohne diesen Aspekt in die Entscheidungsfindung zu involvieren.
Dieser Beitrag möchte anhand von Praxisbeispielen der Lausitz Energie Kraftwerke AG zeigen, dass diese Effekte anhand dielektrischer off-line Messungen nachweisbar sind und damit zusätzliche Argumente für die Nachhaltigkeit dieser modernen Technologie liefern.

1. Veranlassung

Die zum Ausgang des letzten Jahrtausends für den kontinuierlichen Einsatz im Felde weiter entwickelte Technologie der Regenerierung von Isolierölen auf Mineralölbasis ist im letzten Jahrzehnt technisch weitgehend ausgereift und durch eine wachsende Zahl an Serviceanbietern verfügbar. Aufgrund der anspruchsvollen arbeits-, sicherheits- sowie umweltrechtlichen Randbedingungen und der notwendigen Prozessbegleitung durch qualifiziertes Personal gestalten sich rein wirtschaftliche Betrachtungen jedoch häufig noch schwierig.
Auslöser für die Überlegung die Isolierölfüllung eines in Betrieb befindlich Leistungstransformators vor Ort zu regenerieren, sind dabei in aller Regel kritische Ergebnisse der regelmäßigen Ölproben, die sich in starker Alterung [2] oder der Anwesenheit von korrosiven Ölbestandteilen [3] darstellen. Als Ergebnis erwartet der Betreiber das Wiederherstellen der Qualität von neuen Isolierölen bzw. die vollständige Beseitigung störender Substanzen zu einem zumindest vergleichbaren Preis.
Ein sehr wesentlicher Aspekt der Technologie der mehrfachen Reaktivierung der verwendeten Fuller-Erden fließt dabei häufig nur am Rande in diese Betrachtungen ein, die spülende Wirkung auf den gesamten aktiven Teil des Transformators. Die unter diesem Blickwinkel erzielten Ergebnisse entziehen sich meist der näheren Analyse und werden in der Gesamtbetrachtung vernachlässigt.
Die sehr positiven Auswirkungen von Öl-Regenerierungen im Felde sollen Gegenstand der vergleichenden Analyse von elektrischen Messungen dielektrischer Parameter an mehreren Leistungstransformatoren im Kraftwerk Schwarze Pumpe sein.

2. Technischer Hintergrund

2.1. Ausgangspunkt

Im Rahmen der kontinuierlichen Instandhaltung in den Kraftwerken der LEAG werden auch an den Block- sowie alle unterstützende Transformatoren regelmäßige Aktivitäten der Wartung, Instandhaltung und Diagnose getätigt. Im Rahmen der Bewertung der Ölanalytik wurde vor einigen Jahren entschieden, Ölregenerierungen an einer Reihe von Eigenbedarfstransformatoren durchzuführen.
Da die hier betrachteten Transformatoren dabei auch regelmäßige elektrische Messungen

erfahren, ist es möglich die Ergebnisse, insbesondere der dielektrischen Parameter vor und nach der Regenerierung des Isolieröls zu vergleichen.

2.2. Angaben zu den Transformatoren

Bei den hier betrachteten Geräten handelt es sich um 40 MVA Eigenbedarfstransformatoren mit einer Nennübersetzung 20 / 10,5 / 10,5 kV in einem LEAG Kohlekraftwerk. Im Rahmen der routinemäßigen Instandhaltung werden an diesen Betriebsmitteln auch regelmäßig elektrische Messungen, inklusive dielektrischer Messverfahren durchgeführt.

Nachdem im Sommer 2010 Messungen erfolgten, wurde später, aufgrund des Zustandes der Ölfüllung entschieden, eine Regenerierung vorzunehmen. Die zuletzt im Mai 2016 ausgeführten elektrischen Messungen sind damit gut geeignet, einen tiefer gehenden Blick auf diesen Aspekt der Ölregenerierung bei einem in Betrieb befindlichen Transformator zu werfen.

2.3. Isolierölparameter

Die Isolieröluntersuchungen des 40 MVA Eigenbedarfstransformators Trafo 1 sind in der Tabelle 1 vor und nach der Regenerierung gegenübergestellt. Die Isolierölparameter sind von 2 unabhängigen Laboren ermittelt worden.

*Tabelle 1: EBT, 40 MVA; 10 / 2*10,5 kV Isolierölparameter*

Trafo 1	vor der Ölregeneration		nach der Ölregeneration	
ProbenNr.:	JE16-01624	34907	JE16-01630	34908
Datum Probenahme	25.10.2016	25.10.2016	14.11.2016	14.11.2016
Ölsörte	TRF-GL	TRF-GL	TRF-GL	TRF-GL
Klarheit [opt. Beurteilung]	klar	blank	klar	blank
Durchschlagspannung [kV]	75,1	86,8	81,5	83,9
Farbzahl	5,7	5,5	0,7	1,0
Wasser [mg/kg]	19	13	5	3
diel. Verlustfaktor	0,1257	0,1191	0,0038	0,0043
NZ [mg KOH/g]	0,33	0,7	<0,01	<0,01
Grenzflächenspannung [mN/m]	20,4	20,9	44,5	42,3
DBPC [%m/m]	0,18	0,23	0,33	0,34
DBDS [mg/kg]	<1	<1	<1	<1
PN-Temp. [°C]	30	30	12	12
Korr. Schwefel	nicht korrosiv	nicht korrosiv	nicht korrosiv	nicht korrosiv
Laboruntersuchung	Labor AG	Labor AN	Labor AG	Labor AN

3. Dielektrische Messungen

3.1. Angewendete Messverfahren

Folgende Messverfahren werden im Rahmen der routinemäßigen Instandhaltung in regelmäßigen Abständen verwendet

- Isolationswiderstandsmessung (DC)
- Verlustfaktoren und Kapazitäten der Wicklungen
- Frequency Domain Spectroscopy (FDS)

3.2. Isolationswiderstände

Die Messung der Isolationswiderstände zwischen den verschiedenen Isolationsanordnungen und Erdpotential ist eine grundlegende Methode zur Abschätzung der Güte der Isolierstrecke in der Fertigung, im Rahmen der abschließenden Prüfung, vor der Inbetriebnahme und als diagnostisches Werkzeug zur regelmäßigen Überwachung von elektrischen Anlagen und Geräten sowie im Fehlerfall. Sie stellt auch für Leistungstransformatoren eine grundlegende Methode dar, wenn es zur Zustandsbewertung alternder Isolierung kommt.

Als wesentliche Einflussfaktoren auf eine intakte Isolation gelten neben der Feuchtigkeit weitere, bei der Alterung der Isolationskombination Öl/Zellulose entstehende Abbauprodukte. Die Güte der Isolation wird im Betrieb im Wesentlichen durch diese, meist polaren Alterungsprodukte bestimmt, welche neben der Ölleitfähigkeit die Ergebnisse dielektrischer Messungen stark beeinflussen.

In der Tabelle 2 sind die Messergebnisse für die Isolationswiderstände des 40 MVA Eigenbedarfstransformators Trafo 1 vor und nach der Ölregenerierung, sowie der sogenannte K_r-Wert (Absorptionskoeffizient), aufgelistet.

*Tabelle 2: EBT, 40 MVA; 10 / 2*10,5 kV Isolationswiderstände $U_{mess.}$ = 2,5 kV, R_{60} korr. auf 20°C*

Isolations-Strecke	R_{15vor} [GΩ]	R_{15nach} [GΩ]	R_{60vor} [GΩ]	R_{60nach} [GΩ]	$K_{r\,vor}$ R_{60}/R_{15}	$K_{r\,nach}$ R_{60}/R_{15}
OS - Alles	0,25	**2,8**	0,62	**2,5**	1,44	**1,33**
US1 - Alles	0,64	**3,9**	2,7	**3,8**	2,40	**1,48**
US2 - Alles	0,58	**3,8**	2,0	**3,5**	2,05	**1,41**
OS - US1	1,6	**7,6**	10,3	**7,7**	3,61	**1,54**
OS - US2	2,4	**8,4**	10,4	**8,2**	2,48	**1,47**
US1 - US2	2,2	**7,2**	8,0	**6,7**	2,08	**1,41**
OS - Eisen	0,41	**8,4**	0,81	**8,2**	1,15	**1,47**
US1 - Eisen	1,1	**8,3**	4,2	**7,8**	2,24	**1,43**
US2 - Eisen	1,1	**8,5**	3,5	**7,7**	1,88	**1,38**

Der Vergleich der Isolationsspannungen im oberen Drittel der Tabelle zeigt zunächst, dass die absoluten Messwerte nach 60 Sekunden, umgerechnet auf 20°C Messtemperatur deutlich höher ausfallen, was als Indiz zu werten ist, dass der Einfluss von Verunreinigungen zurück gegangen ist [4], wobei die Feuchte annähernd gleich geblieben ist (siehe auch 3.4).

Die Messungen in den beiden unteren Dritteln der Tabelle erfolgten unter Verwendung des „Guard"-Anschlusses des Messgerätes, der den Einfluss von Kriechströmen auf der Oberfläche der jeweiligen Isolationstrecke ausschließen soll.

Bei den Messungen der Isolationsstrecken der Wicklungen gegen Eisen ist dies offensichtlich sinnvoll und zeigt im Vergleich der R_{60}-Werte vor und nach der Regenerierung dieselbe Tendenz, insbesondere für die außen liegende Oberspannungswicklung.

Die Messergebnisse für die Isolationsstrecken zwischen den Wicklungen (mittleres Drittel) weisen scheinbar ein anderes Bild aus. Hier stellt sich jedoch die Frage, ob es sinnhaft ist, jeweils die dritte Wicklung und Eisen gemeinsam auf „Guard" zu legen.

Vergleicht man die dimensionslosen und damit von der Messtemperatur unabhängigen Absorptionskoeffizienten (K_r) vor und nach der Regenerierung des Öls, ergibt sich danach ein deutlich einheitlicheres Bild. Auch das lässt sich als Indiz für geringere Verschmutzung der Isolationsstrecken werten, unter Annahme dass die beiden anderen, den Messwert bestimmenden Faktoren, kapazitiver Ladestrom uns dielektrischer Absorptionsstrom bei einer reineren Isolation deutlich schneller gegen Null tendieren und damit der interessierende Leck- bzw. Ableitstrom besser bestimmt und eine zuverlässigere Aussage über die Güte des Isolationssystems gewonnen wird.

3.3. Dielektrischer Verlustfaktor

Ein weiteres bewährtes diagnostisches Mittel elektrischer Messungen im Felde, die Bestimmung von Wicklungskapazitäten und tan-Delta der einzelnen kapazitiven Anordnungen ist schematisch in Abbildung 1 dargestellt.

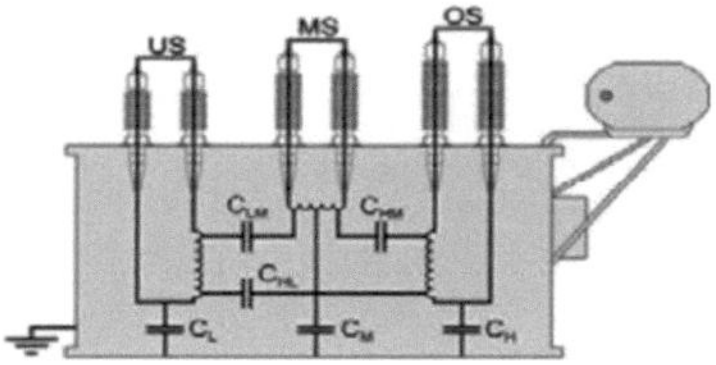

Abbildung 1: Messung dielektrischer Verlustfaktor, Wicklungskapazitäten (schematisch)

Für die sehr gut reproduzierbaren Messungen liegen häufig Ergebnisse aus dem Prüfnachweis des Herstellers vor oder es lassen sich durch wiederholte Messungen Auffälligkeiten ableiten. Im beschriebenen Beispiel lassen sich aus dem Vergleich der Kapazitäten keine Auffälligkeiten mit Bezug auf die Wicklungsgeometrie ableiten.

Tabelle 3: C und tan-Delta, $U_{mess.}$ = 10 kV, tan-Delta korr. auf 20°C

Gemessene Kapazität	C_{xvor} [nF]	C_{xnach} [nF]	tan δ_{vor} [%]	tan δ_{nach} [%]
C_{HL1}	5,28	**5,22**	0,46	**0,22**
C_{HL2}	5,45	**5,39**	0,44	**0,22**
C_H	3,18	**3,15**	0,51	**0,22**
C_{HV}	13,92	**13,76**	0,46	**0,22**
C_{L1L2}	0,88	**0,87**	0,29	**0,13**
C_{L1}	6,59	**6,55**	0,61	**0,42**
C_{LV1}	12,74	**12,63**	0,52	**0,32**
C_{L2}	6,56	**6,55**	0,60	**0,47**
C_{LV2}	12,89	**12,81**	0,51	**0,35**

Sehr deutlich zeigen sich jedoch die signifikanten Verbesserungen im Verlustfaktor für alle kapazitiven Anordnungen. Der Spüleffekt der Ölregenerierung wird hier besonders gut erkennbar.

3.4. Frequency Domain Spectroscopy (FDS)

Seit den 90-ger Jahren des vergangenen Jahrhunderts werden Messverfahren etabliert, die man unter dem Begriff „Dielectric Frequency Response" (DFR) zusammenfassen kann und deren kombinierte Anwendung ein inzwischen weithin anerkanntes Verfahren zur Abschätzung der Feuchte der festen Isolation darstellt [6]. Durch die wahlweise Bewertung der dielektrischen Kenngrößen im Zeit- und Frequenzbereich über ausgefeilte mathematische Modellanpassungen lassen sich die wesentlichen, beeinflussenden Parameter Geometrie undÖlleitfähigkeit, bei möglichst exakt bekannter Messtemperatur sehr gut approximieren und der Parameter Feuchte sehr gut abschätzen.

In Abbildung 2 ist für die „Frequency Domain Spectroscopy" (FDS) dargestellt wie diese Parameter den Kurvenverlauf der tan-Delta Messung als Funktion der Frequenz maßgeblich beeinflussen [7].

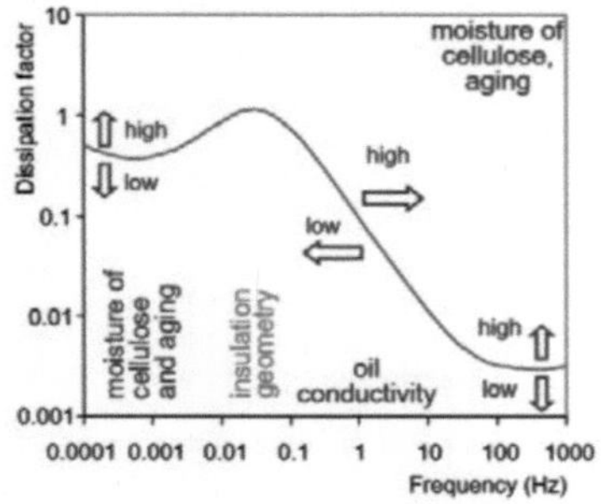

Abbildung 2: FDS, beeinflussende Parameter f(f) [7]

Es ist anzunehmen, dass durch die Ölregenerierung auf der Anlage die Ölleitfähigkeit kleiner (mittlere Frequenzen) und der Einfluss von Alterungsprodukten geringer wird (niedrige und hohe Frequenzen), während sich Geometrie und Feuchte der Isolation nicht ändern.

Den Vergleich der beiden Messkurven zeigt Abbildung 3.

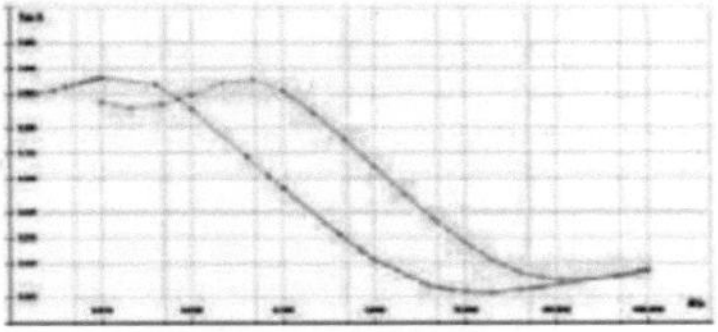

Abbildung 3: tan-Delta als f(f) vor (rot) und nach (blau) der Öl-Regenerierung

Hier schlägt sich vor allem die von 29 pS/m auf 1 pS/m erheblich verbesserte Ölleitfähigkeit in einer deutlichen Verschiebung der Kurve zu niedrigen Frequenzen nieder. Der Einfluss des geringeren Anteils an Alterungsprodukten zeigt sich in signifikant niedrigeren tan-Delta-Messwerten im hohen Frequenzbereich und einem flacheren, besser zu approximierenden Kurvenverlauf im Bereich sehr kleiner Frequenzen, wenngleich dies eine Verlängerung der notwendigen Meßzeit zur Abschätzung der Isolationsfeuchte bedeutet. Bei der Messung vor der Regenerierung wurden 1,4% Isolationsfeuchte und nach der Regenerierung 1,3% abgeschätzt. Dies lässt sich als sehr gut vergleichbar einschätzen und zeigt auch, dass der Einfluss einer Ölregenerierung auf den gesamten Wasserhaushalt des Transformators gering ist.

4. Fazit

Anhand der diskutierten Messergebnisse konnte gezeigt werden, dass bei Ölregenerierungen neben der Wiederherstellung der Ölparamater auf Neuöl-Niveau ein signifikanter Einfluss auf die dielektrischen Eigenschaften der Wicklungsanordnungen nachzuweisen ist, was vorwiegend durch die Entfernung erheblicher Mengen an Abbauprodukten des Isolieröls und der festen Isolation erklärbar ist.

Dies liefert nach Ansicht der Autoren zusätzliche Argumente diese moderne Instandhaltungsmethode als „Lebensdauer verlängernde Maßnahme“ einzuordnen und im Vergleich zum Tausch der gealterten Isolierölfüllung gegen neues Öl nicht nur monetäre und ökologische Aspekte in Betracht zu ziehen.

Danksagung und Literatur

Wir bedanken uns bei der LEAG für die Möglichkeit, die angeführten realen Messergebnisse aus der regelmäßigen Überwachung ihrer Transformatorenflotte zur Veranschaulichung verwenden zu dürfen.

Literatur

[1] DIN IEC 60296 (VDE 0370-1) : 2012-02, Flüssigkeiten für elektrotechnische Anwendungen - Neue Isolieröle auf Mineralbasis für Transformatoren und Schaltgeräte, Norm, Deutsche Fassung EN 60296:2012

[2] DIN IEC 60422 8vde 0370-12. 2013-11; Isolieröle auf Mineralölbasis in elektrischen Betriebsmitteln - Leitlinie zur Überwachung und Wartung, Norm, Deutsche Fassung EN IEC60422: 2013

[3] M. Dahlund, H. Lohmeyer, K. Gustafsson, "Up-date on copper sulfide mitigation techniques", Transformer Life Management, Halle/Saale 2012

[4] L. Carlson, A. Fazlagic, P. Lorin, Service Handbook for Transformers, 3rd edition, 2007

[5] Chauvin Arnoux; NS2 523 Ed. 1, 03/2010

[6] O. Kuzmin, Zur Aussagekraft ausgewählter Verfahren zur Diagnose von Transformatoren, 6. VUM-Tagung, Graz, 07/2017

[7] B. Holmgren, Dielectric response measurement on power transformers background and theory, KCC Halle 2008

DIE NEUE GENERATION DER TEILENTLADUNGSÜBERWACHUNG FÜR ISOLIERSYSTEME IN STATORWICKLUNGEN

Enrico Savorelli
CAMLIN POWER Lisburn Co. Antrim, N. Ireland BT28 2EX

Die Teilentladungs(TE) - Messung wird als das effektivste Online-Diagnosewerkzeug zur Beurteilung von Isoliersystemen in Ständerwicklungen angesehen. Es ist üblich, TE-Tests offline während größerer Unterbrechungen, oder regelmäßig online ein- bis zweimal im Jahr durchzuführen. Die Hauptnachteile von offline Tests sind jedoch die Abwesenheit von elektromechanischen Kräfte und die niedrigeren Wicklungstemperaturen im Vergleich zum Betriebszustand. Dies kann dazu führen, dass manche Arten von Teilentladungen nicht erkannt werden, wie z.B. Schlitzentladungen, hervorgerufen durch eine lose Wicklung [IEEE1434]. Mit regelmäßigen TE-Tests können mehr verwendbare Ergebnisse gesammelt werden, jedoch ist ein gut entwickeltes Testverfahren zwingend erforderlich, das zudem bei jeder Messsitzung durchgeführt wird. Andernfalls können Trends unzuverlässig und damit untauglich sein. Dieses Verfahren beinhaltet:

1) Die Verwendung des gleichen Messeinstruments, da jeder Hersteller für TE-Messgeräte seine eigene Technologie (Bandbreite, Rauschunterdrückung) entwickelt hat, wodurch Vergleiche zu anderen Geräten und Methoden erschwert werden
2) Die Verwendung der gleichen Aufzeichnungs-Einstellungen: Triggerpegel, Vollausschlag, Frequenzfilter und Zeitraum der Erfassung, wodurch die statistische Parameterausgabe beeinflusst und damit wiederum die Vergleichbarkeit verschiedener Messungen unmöglich gemacht werden
3) Die Durchführung bei gleichen Betriebsbedingungen. Gemäß IEEE 1434 muss die Spannung innerhalb 1.5%, die Wicklungstemperatur innerhalb 5°C und die elektrische Belastung innerhalb 10% liegen
4) Variieren der Betriebsbedingungen, um all jene TE-Phänomene bewerten zu können, welche sich reduziert oder verstärkt auswirken, wie z.B. von geringer bis maximaler Belastung.

Selbst wenn TE-Messungen korrekt durchgeführt werden, ist zum Lesen der Ergebnisse oftmals ein TE-Experte erforderlich, der die phasenaufgelöste TE-Darstellung (PRPD: *phase-resolved partial discharge*) interpretiert und damit die eigentliche Diagnose des Isolationssystems ermöglicht.

Diese Abhandlung beschreibt ein 24/7 TE-Überwachungssystem, das die oben genannten Einschränkungen überwindet und speziell für drei-phasige Systeme, insbesondere für die Ständerwicklungen rotierender Maschinen, ausgelegt ist. Darüber hinaus ist hierbei die Notwendigkeit eines TE-Experten zur Diagnose nur in Ausnahmen erforderlich, und nicht mehr wie bisher, zur Interpretation jedes einzelnen Datensatzes. Ermöglicht wird dies durch eine Kombination aus Hardware, patentierten Echtzeit-Algorithmen zur Rauschunterdrückung und einem intelligenten Datenmanagement. Damit können Verläufe von statistischen Parameters zuverlässig in Bezug zu bestimmten Betriebsbedingungen gebracht werden. Ein einfaches grafisches Werkzeug setzt die Datensätze aus Betriebsbedingung und TE-Aktivität in Korrelation: die TE-Karte. Die TE-Karte ist ein einfach zu interpretierendes „Bild", welches Kraftwerksbetreiber und Asset Manager intuitiv über TE-Ergebnisse aufklärt. Die gelieferten Informationen helfen dem Kraftwerksmanager, korrektive Maßnahmen zu planen, Betriebsparameter zu optimieren und die Notwendigkeit eines Experten zur Dateninterpretation zu verschieben. Die TE-Karte ermöglicht es dem Anlagenbetreiber ausserdem, auf einfache Weise gleichartige Maschinen zu vergleichen und gemäß ihrem Zustand in einem Wartungsprogramm zu priorisieren. Unterbrechungen können so hinausgeschoben und Einnahmeverluste durch Produktionsausfälle minimiert werden.

1. Einleitung

Mehrere statistische Studien zeigen, dass der Zusammenbruch der Isolation die häufigste Ursache für Generatorausfälle darstellt [1]. Der elektrische Durchschlag ist üblicherweise das Ergebnis einer Verschlechterung, welche auf Alterungseffekte und/oder Konstruktions- oder Wartungsfehler zurückzuführen ist. Die

Verschlechterung des Isolationssystems steht in den meisten Fällen in Korrelation zu Teilentladungsaktivitäten:

- Thermischer Verfall: chemische Alterungsprozesse steigern den internen Gasdruck und verringern damit die Adhäsionskräfte der Epoxy-Glimmer-Grenzflächen, was zu Hohlräumen, Delaminierungen und TE führt;
- Thermisches Zyklisieren: aufgrund von unterschiedlichen thermischen Ausdehnungskoeffizienten der beteiligten Materialien führt die thermo-mechanische Belastung zur Schwächung oder zum Bruch der Verbindung zwischen Kupfer und Isolierung, wodurch Delaminierungen innerhalb der Isolation und Teilentladungen entstehen
- Schlechte Harzimprägnierung: Luftbläschen innerhalb der Isolierung, welche TE erzeugen
- Lockere Statorstangen: aufgrund der Vibrationen bewegt sich die Stange im Schlitz, beschädigt und reibt die leitendende Schicht ab und erzeugt TE (Schlitz-Teilentladungen);
- Halbleitende Beschichtung: TE entstehen innerhalb des Freiraums zwischen Ständer und Spule (Schlitz-TE) aufgrund sehr hohem Anfangswiderstand oder schlecht aufgebrachter Leitschicht;
- Halbleitende/Stressabstufungs-Verbindung: eine schlechte Verbindung zwischen dem Stressabstufungsband und der Leitschicht führt zu TE im Übergang der zwei Werkstoffe;
- Unzureichender Abstand/Verbund des Wickelkopfs: hohe elektrische Felder innerhalb des Kühlmediums zwischen den Stäben können zu Koronaentladungen führen (Stab zu Stab/Masse-TE);
- Verschmutzung: Staub- und Ölablagerung vermindern die Spannungsfestigkeit auf der Isolationsoberfläche (Stress-grading-TE)

Es gibt viele Diagnosewerkzeuge, um die Statorwicklungsisolierung zu beurteilen: DC, Hipot, Isolationswiderstand, Polarisationsindex, Kapazitäts-Tip-up, Verlustfaktor-Tip-up; jedoch besitzt nur der TE-Test den Vorteil, offline als auch online durchgeführt werden zu können.

Der bedeutendste Unterschied zwischen online und offline Ansätzen besteht darin, dass bei den Offline-Tests die Belastungen aufgrund der Betriebsbedingungen (Last und Temperatur) überhaupt nicht vorhanden sind oder unterschiedlich sind (Spannung); demzufolge sind bei offline Tests bestimmte Schäden generell nicht feststellbar - wie z.B. abhängig von der elektrischen Belastung gelockerte Statorstäbe, oder TE, welche vermehrt bei steigenden Temperaturen im Stressabstufungsbereich auftreten (halbleitendes Material). Bei offline Tests ist das elektrische Feld über die gesamte Wicklung konstant, wo hingegen es im Normalbetrieb auf der Neutralleiterseite auf Null abfällt.

Offline Tests sind i.d.R. teurer, da sie einen längeren Maschinenausfall zur Folge haben, eine externe Hochspannungsquelle benötigt wird und sie zeitaufwendiger sind.

Offline Tests haben zwei Hauptvorteile: geringeres Hintergrundrauschen, welches die TE-Messung beeinflusst; die Möglichkeit, den Ort der TE-Quelle (den Defekt) besser zu ermitteln und es ist keine permanente Installation von TE-Sensoren notwendig.

Die häufigste Praxis ist, regelmäßig TE-Messungen online, ein- bis zweimal jährlich, durchzuführen, unter der zeitlichen Berücksichtigung, dass der Abbauprozess der Statorwicklungsisolation normalerweise sehr langsam ist.

Die Idee hinter periodischen Tests ist, TE-Aktivitäten auf mögliche Entwicklungen hin zu überprüfen. Der Vergleich erfolgt durch die Trends der statistischen Parameter, die die TE-Aktivität beschreiben: hauptsächlich die Amplitude und die Wiederholrate. Die vom Gerät ausgegebenen Parameter sind eng an die Technologie (z.B. Bandbreite und Multiplexen) und an die Einstellungen (z.B. Triggerschwelle und Filter) zur Datenaufzeichnung gebunden.

Mit anderen Worten, wenn die Messungen nicht in gleicher Weise durchgeführt werden, könnten die Ergebnisse nicht vergleichbar sein und die Trends werden bedeutungslos. Darüber hinaus können nur dann vergleichbare Ergebnisse gesammelt werden, wenn die Messungen unter den gleichen Betriebsbedingungen der Maschine [2] durchgeführt werden, da Teilentladungen deutlich mit der Last, der Temperatur und der Feuchtigkeit variieren können [2,3].

Der IEEE-Leitfaden definiert zu den oben genannten Betriebsbedingungen Bereiche, um eine Vergleichbarkeit der Ergebnisse zu ermöglichen: die Spannung innerhalb von 1.5%, die Temperatur innerhalb von 5°C und die elektr. Last innerhalb von 10%.

Da unterschiedliche TE Aktivitäten bei unterschiedlichen Betriebsbedingungen begünstigt werden, empfiehlt IEEE 1434 und IEC 60034-27-2 die Datenerfassung bei verschiedenen Belastungen und Temperaturen (Abbildung 1), um ein vollständiges Verständnis der Defekte zu erlangen, die die Wicklungsisolation beeinflussen.

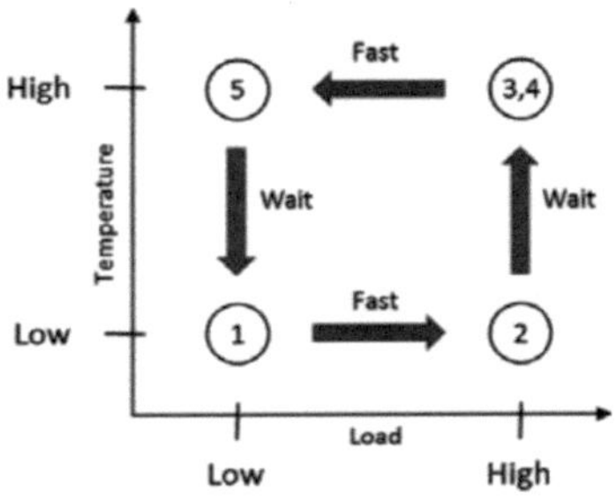

Abbildung 1: IEC 60034-27-2 Ablauf für periodische TE-Messungen

Das Verfahren setzt sich aus mehreren Schritten zusammen. Die erste Messung wird durchgeführt, wenn die Temperatur der Maschine konstant ist (Startpunkt 1 oder 3). Eine zweite Messung wird unmittelbar nach einer schnellen Veränderung der Last getätigt (von 1 nach 2 und von 3,4 nach 5), sodass lediglich die Last variiert, die Temperatur jedoch weitestgehend konstant bleibt. Der dritte Schritt wird nach einer bestimmten Wartezeit durchgeführt, um die Maschine in ein thermisches Gleichgewicht zu bringen. Die letzte und vierte Messung wird erbracht unmittelbar nachdem die Last reduziert oder auf ihren Startwert erhöht wird.
Bei hoher Last und Temperatur (3,4) wird außerdem vorgeschlagen, die Blindleistung zu variieren, um somit die Wirkung des Stroms zu maximieren (Stabvibration). Trotz der Vorteile, die das oben genannten Verfahren vorsieht, wird es nicht angewendet. Zum einen ist es zu zeitaufwendig. Zum anderen ist es nicht möglich, die Maschine derart zu bedienen, um alle vorgeschlagenen Kombinationen von Betriebsbedingungen abzudecken.

2. Kontinuierliche Überwachung von TE

Eine kontinuierliche Überwachungseinrichtung, die speziell für 3-phasige Systeme und insbesondere für Rotationsmaschinen ausgelegt ist, verfolgt das Verhalten von TE-Aktivitäten während dem normalen Betrieb des Generators. TE-Ergebnisse und Betriebsbedingungen werden so in Korrelation gesetzt und im System eingebettet.
Das System zeichnet kontinuierlich alle Daten unverfälscht und gleichzeitig über drei Kanäle auf; alle zehn Minuten wird dann die Zusammenfassung der aufgezeichneten Daten ausgegeben.
Die Datenaufzeichnung erfolgt über die komplette Systembandbreite und ohne Triggerschwellen oder Skalenendwerte; damit sind alle Aufzeichnungen vergleichbar.
Eine patentierte Echtzeit-Datenverarbeitung unterscheidet zwischen möglichen TE, Rauschen, Unterbrechungen und Störsignalen und verwirft alle nicht TE-relevanten Daten für eine effiziente Speicherverwaltung.
Mit der Aufzeichnung von Betriebszustandssignalen, wie der elektr. Last, der Kupfertemperatur, oder Feuchtigkeit, ist das System nicht nur in der Lage, automatisch TE-Aktivitäten mit den genannten Größen in Korrelation zu setzen. Es können außerdem Zustände, wie das Hochfahren der Maschine näher untersucht werden. Letzterer ist i.d.R. der kritischste Zustand für Maschinen aufgrund hoher thermischer Schwankungen in kürzester Zeit und der mechanischen Belastung - insbesondere für jene, die Spitzenlasten abdecken.
Diese technischen Merkmale ermöglichen zwei Funktionen, welche die Interpretation der aufgezeichneten Daten vereinfacht gegenüber der phasenaufgelösten TE-Darstellung *(PRPD: phase resolved partial discharges)* und der Puls-Amplituden-Verteilung.

- PDE-Karte *(PDE: partial discharge energy)* (Abbildung 2): Sie ist eine 2D Darstellung des Maschinenstatus, der Last und der Temperatur, in der alle zehn Minuten ein Punkt in Bezug auf die Betriebsbedingungen angezeigt und abhängig von der Teilentladungsenergie (PDE) eingefärbt wird (von grün nach rot, basierend auf der Schwere). Die Teilentladungsenergie ist ein Parameter, der die Amplitude als auch die Wiederholrate der TE-Aktivität berücksichtigt. Die PDE-Karte ist angelehnt an die IEC 60034-27-2. Dieses grafische Werkzeug zeigt intuitiv alle bestehenden Zusammenhänge zwischen TE, Last und Temperatur;

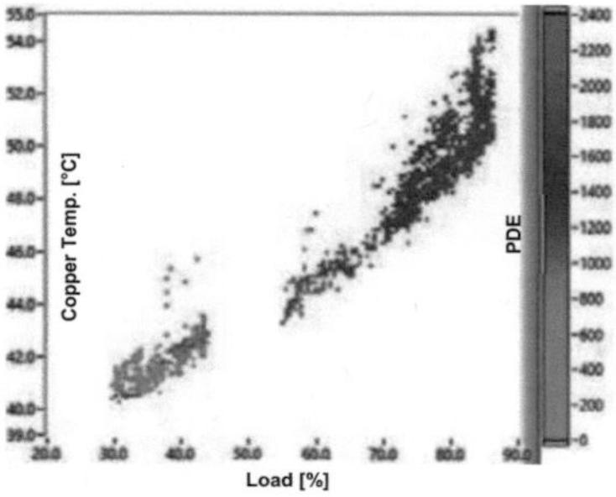

Abbildung 2: Beispiel einer PDE-Karte

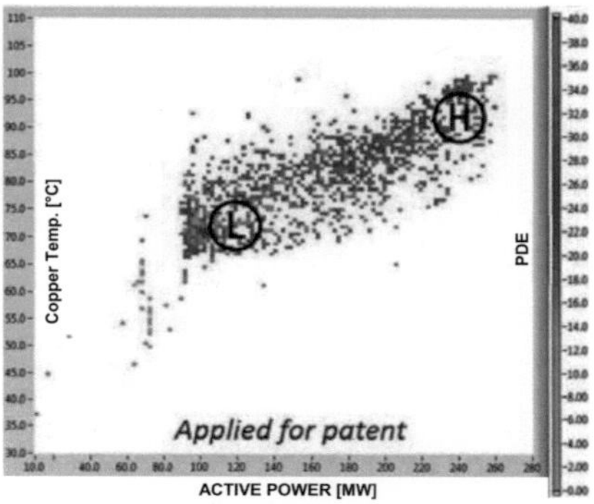

Abbildung 4: PDE-Karte eines Turbogenerators

- TE-Trends basierend auf dem Betriebszustand: jede Woche sammelt das System die erfassten Daten für jede definierte Betriebsbedingung und extrahiert neue statistische Parameter: wöchentliche Amplitude, Wiederholrate, PDE, NQN und Qm. Diese Werte werden dann als Verlauf dargestellt und zur Ausgabe von Warnhinweisen verwendet. Auf diese Weise werden die Trends weniger durch sporadische Messungen beeinflusst und sind stabiler. Falsche Alarme werden dadurch minimiert.

Abbildung 3 zeigt deutlich anhand einer 18MVA Wasserkraftmaschine für Spitzenlasten, wie die PDE-Karte mit dem empfohlenen IEC Ablauf übereinstimmt.

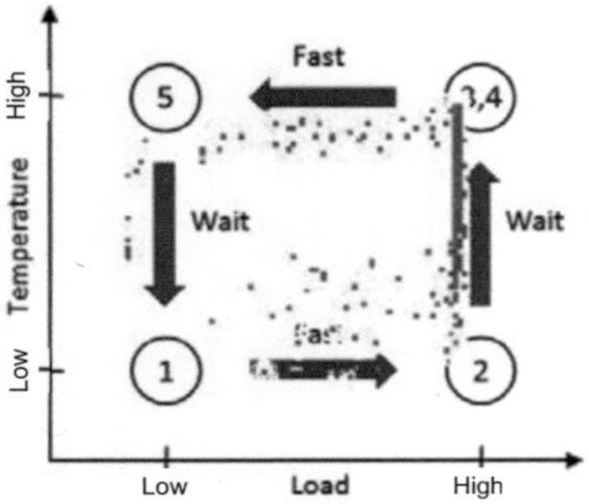

Abbildung 3: PDE-Karte einer Spitzenlastmaschine überlagert mit dem IEC Ablauf

3. Fallstudie 1: Diagnose

Ein 300MVA, 19kV Turbogenerator zeigt TE-Aktivitäten in Korrelation mit den Betriebsbedingungen – die TE-Energie steigt mit der Temperatur an (Abbildung 4) [4].

Das Überwachungssystem stellt die Werkzeuge zur Verfügung, um die Diagnose der TE-Phänomene, die das Isolationssystem betreffen, durchzuführen: PRPD-Muster und Amplitudenanalyse-Plots.
Abbildung 6 zeigt die angesammelten PRPD-Muster im niedrigen (L) und im hohen Temperaturbereich (H). Die Muster ähneln sich, jedoch gibt es eine Schlitz-TE [5], die bei höheren Temperaturen wesentlich aktiver ist.

Der Defekt wurde durch die in Abbildung 5 gezeigte boroskopische Inspektion bestätigt.

Abbildung 5: boroskopisches Ergebnis zeigt Schlitz-Teilentladung

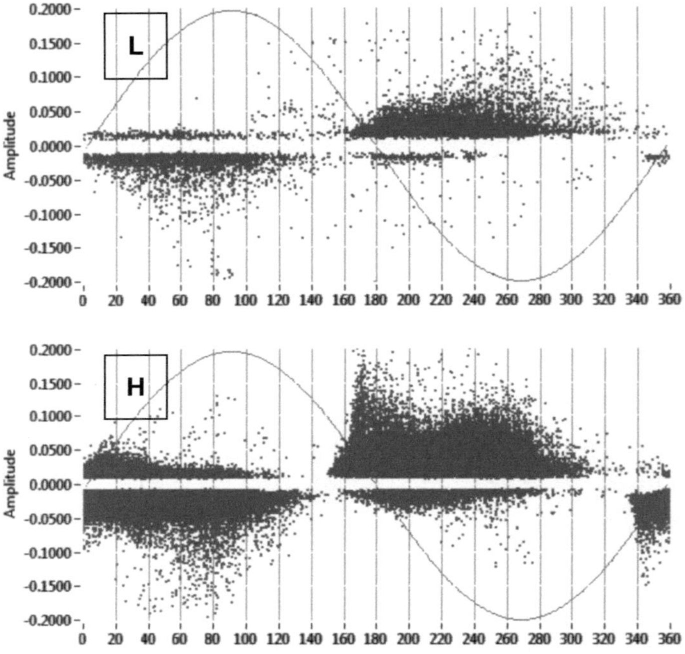

Abbildung 6: PRPD-Muster bei niedriger (1) und hoher (2) Temperatur

4. Fallstudie 2: Feedback

Ein 200MVA Turbogenerator weist auf eine entgegengesetzte Beziehung zwischen TE-Aktivität und der Maschinentemperatur hin (Abbildung 8). Ohne die Art der TE Aktivität näher zu untersuchen und ohne eine Diagnose auf Basis der PRPD-Muster, war es möglich, die TE-Effekte nur durch Justieren des Temperaturreglers für die Wasserstoffkühlung zu reduzieren. Für den Statorkern wurde als Grenztemperatur 59°C für ein akzeptables TE-Niveau angesetzt. Dafür wurde die Maschine eine Woche betrieben, wobei eine etwas höhere Temperatur beibehalten wurde, um den Nutzen zu bewerten. Das Ergebnis zeigt, dass bei gleicher Last, zwischen 120MVA und 160MVA, der Statorkern eine höhere Temperatur erreicht und die TE-Aktivität abnimmt (grüne Punkte).

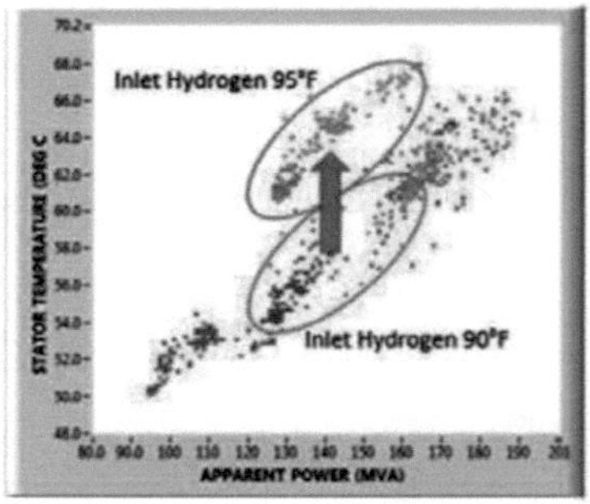

Abbildung 7: PDE-Karte zeigt Korrekturmaßnahmen

Eine geringere TE-Aktivität bedeutet einen langsameren Alterungsprozess, wodurch der Anlagenbesitzer die Lebensdauer seiner Maschine steigern kann.

Die Korrekturmaßnahmen können allein aus Betrachtung der TE-Karte erfolgen – es ist kein TE-Wissen notwendig. Die von der Maschine erreichte Höchsttemperatur blieb weiterhin unter der Konstruktionsgrenze, Klasse F Isolierung, daher gibt es keine Bedenken hinsichtlich einer erhöhten thermischen Verschlechterung.

5. Fallstudie 3: Flottenranking

Bei bauähnlichen Maschinen kann die PDE-Karte außerdem als ein einfaches grafisches Werkzeug zum Vergleich verwendet werden, um schnell die von TE betroffene Maschine zu identifizieren. Das Beispiel in Abbildung 9 zeigt die PDE-Karten von zwei identischen Maschinen in demselben Wärmekraftwerk. Die Maschinen werden auf gleiche Weise betrieben (die Punkte sind im x-y Graph verteilt und bilden das gleiche Muster); Maschine A arbeitet bei einer leicht höheren Temperatur als Maschine B, aber Maschine B ist von einer stärkeren TE-Aktivität betroffen. In diesem Szenario kann der Asset Manager eine tiefergehende Analyse priorisieren und gegebenenfalls die konsequente Instandhaltung planen.

Die Diagnose wird durchgeführt, indem die gespeicherten Daten aus dem System geladen werden. Abbildung 9 zeigt, dass Maschine B von Delaminierungen betroffen ist.

Jede Woche wird die PDE erneut ausgewertet, um die unter ähnlichen Betriebsbedingungen erworbenen Daten wieder zusammenzufassen. Abbildung 10 zeigt die PDE für jede Phase bei mittlerer Last (ML) und bei hoher Last (HL). Die Aktivitäten sind im einmonatigen Zeitraum sehr stabil, was darauf hindeutet, dass keine sofortige Warnung auftritt.

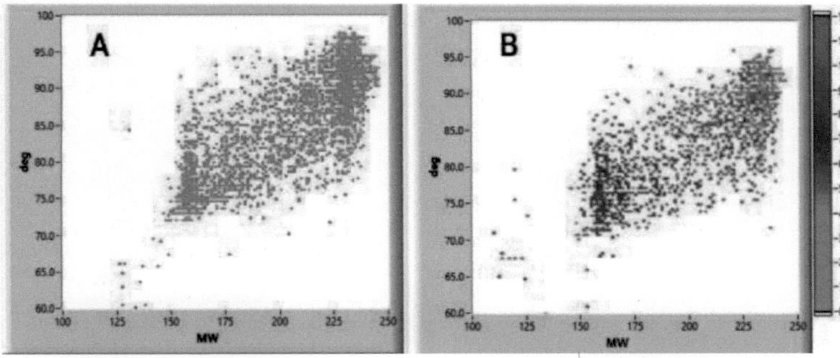

Abbildung 8: PDE-Karte verwendet für ein Flottenranking

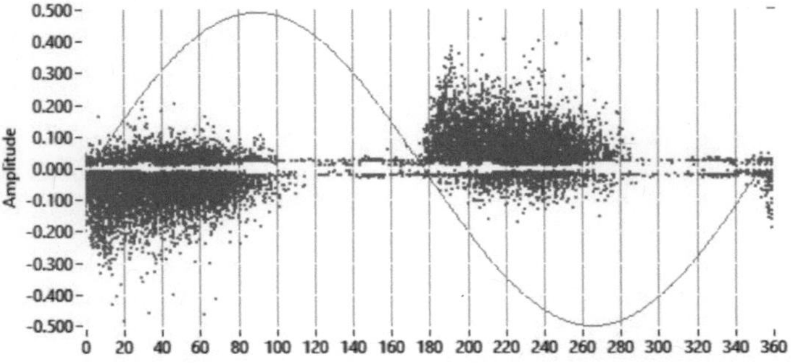

Abbildung 9: PRPD-Muster zeigt Delaminierungen

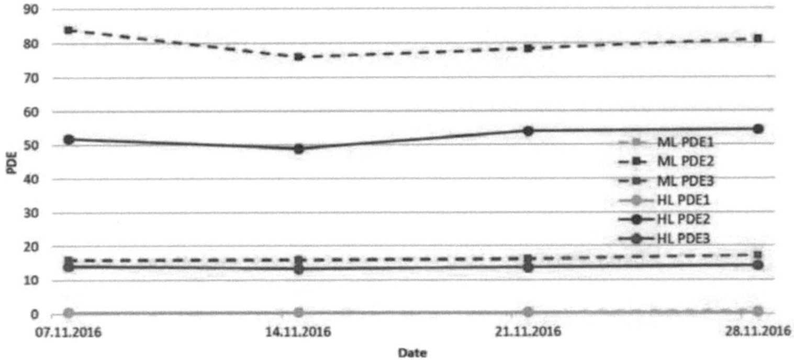

Abbildung 10: wöchentlicher Verlauf bei unterschiedlichen Betriebszuständen

6. Fazit

Online TE-Messungen können für Asset Manager, die sich mit der Maximierung der Maschinenverfügbarkeit und der Ausfallplanung beschäftigen, äußerst nützlich sein. Informationen, die von TE-Messungen zur Verfügung gestellt werden, können dazu beitragen, die Maschinen auf Grundlage des realen Zustands des Isoliersystems zu ordnen. Darüber hinaus kann das intelligente TE-Überwachungssystem, das Teilentladungen und Betriebsbedingungen korreliert, leicht lesbare Informationen vermitteln (PDE-Karte). Es besteht darüber hinaus keine Notwendigkeit mehr, einen TE-Experten im eigenen Haus zu haben oder die TE-Interpretationen jedes Mal auszulesen, wenn die Ausgabedaten ausgewertet werden.

Das Monitoring-System, basierend auf einer kontinuierlichen und gleichzeitigen Signalerfassung auf allen Phasen, speichert alle Diagnoseparameter und Werkzeuge, um eine tiefergehende Untersuchung durchzuführen. Flottenranglisten, ein zuverlässiger Trend der TE-Aktivität und deren Diagnose können erhebliche Auswirkungen haben auf:

- Wartungsplan: eine Verringerung der durchschnittlichen Tages- / Jahres-Ausfälle wird zu einem wirtschaftlichen Nutzen führen aufgrund reduzierter Einnahmeverluste bei Versorgungsausfällen und reduzierten Arbeitsaufwänden;
- Priorisierung und Aufschiebung von Wicklungsauswechselungen, welche oftmals Millionen von Euro kosten; Priorisierung und Aufschub kann helfen, das Budget besser zu planen;

Literaturverzeichnis

[1] *DIN EN 60599:2008-02 In Betrieb befindliche, mit Mineralöl imprägnierte elektrische Geräte - Leitfaden zur Interpretation der Analyse gelöster und freier Gase,* Norm, 2008.

[2] CIGRE_WG_A2.18, Guide 227: Life Management Techniques For Power Transformers, CIGRE, 2003.

ERHÖHTE ZUVERLÄSSIGKEIT UND SICHERHEIT DURCH KONTINUIERLICHE FERNGESTEUERTE ANLAGENÜBERWACHUNG

Lenny Shaver*, *Sr. Director, Product Management,*
LumaSense Technologies, Inc. Santa Clara (CA)

Automatisierte thermische und visuelle Überwachung kritischer Industrieanlagen ermöglicht eine frühzeitige Fehlererkennung

Eine zustandsorientierte Instandhaltung ihrer Anlagen ist für Stromversorger aus Sicherheitsgründen unerlässlich. Für die meisten Versorgungsunternehmen sind derartige Initiativen oft mit hohen Investitionen verbunden.

Beim Einsatz von Fernüberwachung und Diagnose zur Verbesserung der Betriebsabläufe und zur Erzielung einer kontinuierlichen, zustandsorientierten Anlagenüberwachung stellen neu entwickelte automatisierte Kamerasysteme

eine exzellente Lösung dar. Die Thermografie bietet zur frühzeitigen Diagnose von Störungen sichere und bewährt
e
Lösungen. Bei der Verwendung von berührungsloser Messtechnik ist eine exakte Überwachung und Erkennung thermischer Anomalien möglich, auch während die Anlage in Betrieb ist. Besonders bei älteren Mittel- und Hochspannungsanlagen ist das Fehlerpotenzial oder der völlige Ausfall aufgrund ihres Alters und ggf. thermischer Belastung deutlich erhöht. Optimierte Instandhaltungskonzepte in der Stromversorgungsbranche erfordern daher immer mehr eine kontinuierliche Überwachung von kritischen Anlagen wie Transformatoren, Verteilereinrichtungen und Umspannwerken mittels automatisierter, datengesteuerter Frühwarnsysteme, um gefährliche Zwischenfälle zu vermeiden.

Diese Überwachungssysteme beinhalten Hard- und Software, die es den Kameras ermöglicht, Objekte im Umspannwerk autonom zu erfassen bzw. Temperaturabweichungen zu messen. Z.B. werden erfasste Daten direkt analysiert und Alarme werden auf der Grundlage von Temperaturänderungen an einzelnen Komponenten erzeugt, die sich diesbezüglich von vergleichbaren Anlageteilen deutlich unterscheiden.

Durch den Einsatz von Wärmebild-Systemen an kritischen Stellen im gesamten Stromverteilungssystem verfügen die Energieversorger über eine sichere, kontinuierliche Online-Überwachung, unabhängig von Personal und anderen begrenzten Ressourcen.

I. EINFÜHRUNG

Die meisten Energieversorgungsunternehmen investieren in die Einführung einer zustandsorientierten Instandhaltung (Condition Based Maintenance - CBM) und führen entsprechende Initiativen durch, um die Betriebskosten zu senken und die Zuverlässigkeit zu erhalten oder gar zu erhöhen. Der Einsatz der Thermografie ist ein bewährtes Verfahren zur Überwachung von Zuständen und zur Erkennung von Fehlern in elektrischen Anlagen. Viele Jahre lang waren tragbare Wärmebildkameras ein etabliertes und anerkanntes Werkzeug in der zustandsorientierten und vorbeugenden Instandhaltung von elektrischen Verteilersystemen in Nieder-, Mittel- und Hochspannungsanlagen, wo sie häufig in periodischen Zeitabständen eingesetzt wurden.

Allerdings schränken rein manuelle Thermografiekontrollen die praktische Anwendbarkeit und Skalierbarkeit der zustandsorientierten Instandhaltung ein. Die Kontrollen sind mit erheblichen Kosten verbunden und die gesammelten Daten sind tendenziell ungenau.

Doch selbst wenn dabei fundierte Daten erfasst werden, fehlt es oft an effektiven Tools und Ressourcen, um diese Daten zu analysieren. Fortschritte in der Thermografie erlauben es, diese Überwachung ferngesteuert und automatisiert durchzuführen, sodass Energieversorger eine zustandsorientierte Instandhaltung nun besser umsetzen können.

Automatisierte Kamerasysteme der nächsten Generation werden von großen Versorgungsunternehmen zur Fernüberwachung von Umspannwerken eingesetzt. Die Systeme enthalten Infrarotkameras als Messgeräte zur Erfassung elektrischer Störungen und Degradationen. Die Systeme beinhalten Software, die es den Kameras ermöglicht, sichtbare Anlagenteile im Umspannwerk autonom zu erfassen und zu vermessen. Für die Analyse der erfassten Daten gibt es unterschiedliche Ansätze. Ein Ansatz ist es, die Messdaten im Datenarchiv des Energieversorgers zu loggen. Dies ermöglicht eine multivariate Analyse und die Anwendung fortschrittlicher Mustererkennung (Advanced Pattern Recognition APR) sowie maschineller

Lernverfahren. In einem anderen Ansatz werden Daten direkt analysiert und Alarme aufgrund von Temperaturänderungen erzeugt, wenn sich thermische Änderungen ergeben oder bestimmte Anlagenteile eine signifikant andere Temperatur als vergleichbare Anlagenteile aufweisen. Weitere Verfahren der Datenintegration und Datenanalyse sind Schwerpunkt der laufenden Entwicklung und von Feldversuchen.

II. Einsatz von Thermografie in Umspannwerken

Manuelle und regelmäßige Kontrollen von elektrischen Anlagen in Umspannwerken sind bei den meisten Energieversorgern weitgehend etabliert, um elektrische Störungen zu erkennen und zu lokalisieren. Aufgrund der Genauigkeit, Geschwindigkeit und Sicherheit der berührungslosen Temperaturmessung verfügt die Infrarot-Thermografie über besondere Vorteile und hat deshalb stetig an Akzeptanz im Feld gewonnen.

III. Grundlagen infrarot-thermischer Messungen

Jedes Objekt, dessen Temperatur über dem absoluten Nullpunkt liegt, emittiert Strahlung. Diese Strahlung wird Wärmestrahlung genannt und hängt vor allem von der Temperatur ab. Man spricht von Infrarotstrahlung, weil sich die Wellenlängen dieser Strahlung vorrangig im elektromagnetischen Spektrum oberhalb des sichtbaren roten Lichts befinden, d.h. im infraroten Bereich.

Die Temperatur ist der entscheidende Faktor für Strahlung und Energie. Infrarote Strahlung transportiert Energie. Diese abgestrahlte Energie wird zur Bestimmung der Temperatur von Objekten, z. B. einem elektrischen Kontakt oder einer Transformatordurchführung verwendet.

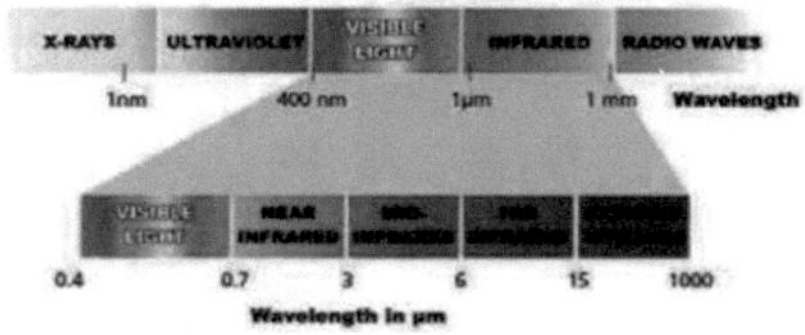

Abb.1 : Der bei der Thermographie verwendete Infrotbereich ist der sog. Ferninfrarotbereich mit Wellenlängen von typischerweise 8 bis 14 µm.

Die heutigen thermischen Kameras verfügen über hochentwickelte 2D-Detektoren, die als Focal Plane Arrays (FPA) bezeichnet werden und das von dem Objekt abgestrahlte Infrarotspektrum detektieren.

So werden Pixel für Pixel elektrische Signale erzeugt, die in kalibrierte Temperaturen umgewandelt werden, was dem „Bild“ des Objekts entspricht.

Mit Hilfe von Software können diese thermischen Bilder analysiert werden, um die Temperaturen einzelner Objekte einer Szene zu messen und aufzuzeichnen.

Ein kritischer Parameter, der bei der Infrarotmessung berücksichtigt werden muss, ist der „Emissionsgrad" des zu messenden Objekts.

Der Emissionsgrad eines Objekts ist eine Eigenschaft des Objektmaterials und beschreibt das Verhältnis der Energie, die von der Oberfläche des Materials abgestrahlt wird im Vergleich zur Energie, die ein theoretisch perfekter Strahler (ein sog. „schwarzer Körper") emittieren würde. Wie es die Begriffe vermuten lassen, haben z.B. schwarze oder/und matte Objekte im oft einen höheren Emissionsgrad als weiße oder reflektierende Objekte, die typischerweise ein geringeres Emissionsvermögen aufweisen. Mitunter lassen aber die sichtbaren Eigenschaften keinen Rückschluss auf die Emissivität im langwelligen Bereich zu.

In Umspannwerken wird beispielsweise lackierter Stahl im Vergleich zu oxidiertem Aluminium einen relativ hohen Emissionsgrad aufweisen.

Ein weiteres Beispiel ist, dass die Emissionsgrade von keramischen Transformatordurchführungen im Vergleich zu solchen aus Polymeren sehr unterschiedlich sind.

IV. Herausforderungen in der Praxs

In der Praxis ist die manuelle Kontrolle von elektrischen Anlagen und Umspannwerken mühsam, ungenau und kostenintensiv. In der Regel müssen Mitarbeiter reisen und Geräte mit sich führen, sodass sie für andere wichtige Arbeiten nicht zur Verfügung stehen. Manuelle Kontrollen sind zudem fehleranfällig und die Ergebnisse je nach Netzlast und Wetterbedingungen variabel.

Bei manuellen Kontrollen gibt es auch häufig die Herausforderung, dass der Emissionsgrad für verschiedene Messobjekte korrekt ermittelt werden muss. Dazu ist oft ein Bediener erforderlich, der den Emissionsgrad entweder während der Messung in der Kamera-Schnittstelle oder bei der Nachbearbeitung der aufgenommenen Thermografie-Bilder in der Software einstellt.
In beiden Fällen sind zusätzliche Arbeitsschritte erforderlich, zudem eröffnen sich so weitere potentielle Fehlerquellen. Neben den Herausforderungen einer akkuraten Datenerfassung ist für viele Versorgungsunternehmen eine anschließende Analyse der Informationen wiederum mit erhöhtem Aufwand an Personal und Zeit verbunden, da diese Ressourcen zur Interpretation und manuellen Kontrolle der Daten bereitgestellt werden müssen.

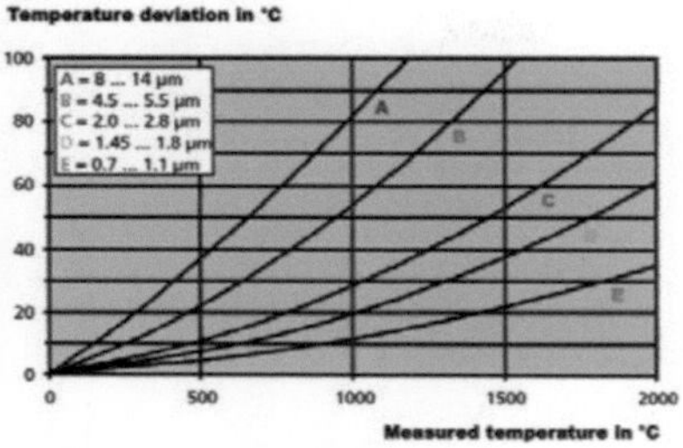

Abb. 2 : Messfehler verursacht durch eine 10%-ige Abweichung der Emissionsgrad-Einstellung

V. Anforderungen für den Einsatz in Umspannwerken

A. Entwickelt für den kontinuierlichen Betrieb im Umspannwerk

Die neueren Kamerasysteme sind für den Einsatz im Außenbereich für alle Witterungsverhältnisse konzipiert und EMV-fest. Weiterhin müssen die Kameras mindestens in einem IP 66 Gehäuse untergebracht werden, so dass die Elektronik der Kamera geschützt ist. Nur so kann eine genaue Temperaturmessung erfolgen.
Die Kamerasysteme wurden auf Zuverlässigkeit in Umspannwerken hin untersucht, indem sie Tests gemäß der IEC-Norm für elektromagnetische Verträglichkeit (EMV) für Umspannwerke unterzogen wurden. Die Prüfungen umfassen elektrostatische Entladung, gestrahlte Störfestigkeit, Surge-Prüfung, schnelle Transienten-Bursts, leitungsgeführte Störfestigkeit, magnetische Störfestigkeit und Spannungsunterbrechungen.

Das Gehäuse der Thermokamera ist abgedichtet und beinhaltet sowohl eine Heiz- als auch eine Kühlfunktion, damit die Kamera bei allen Klima- und Wetterbedingungen akkurate thermische Messungen durchführen kann.
Des Weiteren sind die Systeme so ausgelegt, dass sie bei minimaler Wartung im Dauerbetrieb im Feld eingesetzt werden können.

B. Typischerweise überwachte Anlagen

Das Anlagenteil mit der höchsten Priorität bei der Überwachung in einem Umspannwerk ist typischerweise der Transformator, gefolgt von den Leistungsschaltern.

Letztlich entscheidet aber jeder Energieversorger selbst über die Prioritäten. Grundlage dazu sind etwaige Probleme, die in der Vergangenheit aufgetreten sind oder netzspezifische Betriebsbedingungen.

Neben den Transformatoren überwachen die Energieversorger typischerweise auch Isolatoren (Phasen L1, L2, L3), Kondensatorbänke, Stromwandler, Strom-Spannungs-Kombiwandler, Orts-netz-Transformatoren, Sammelschienen und andere Anlagen. Bei den Transformatoren überwachen die Energieversorger auch die Transformatordurchführungen, die Temperaturen der Öltanks sowie Kühlkörper und Lüfter.

Unten in Abb. 3 ist eine typische Szene gezeigt, die von einem Kamerasystem vermessen wird. Die Kamera nimmt im Rahmen der Datenerfassung sowohl ein thermisches als auch ein visuelles Bild der zu überwachenden Anlage auf. Bei jeder Messung gibt es spezifische, vom Benutzer definierte Bereiche (Regions of Interest - ROI), die ausgewertet werden. Diese ROI-Werte werden gespeichert und zur Auswertung an das Datenarchiv gesendet, wie an späterer Stelle in diesem Paper beschrieben.

Abb. 3 : Infrarot- sowie auch visuelle Bilder werden vom Kamerasystem erfasst. Anlagenteile oder Kontaktastellen werden thermisch gemessen die Ergebnisse zur Auswertung und Alarmerzeugung mit einem bestimmten Protokoll an eine Datenbank oder den Datenhistorian übertragen.

C. Montage im Umspannwerk

Die Kameras werden an einer erhöhten Position montiert, wo sie eine ausreichende Sicht auf die aktiven Anlagenteile -wie etwa Transformatoren- haben. Typischerweise werden die Kameras an einem bereits vorhandenen Turm (Abb. 4) oder auf einem Steuerhaus des Umspannwerks montiert.

In einigen Fällen wurden zusätzliche Masten auf dem Gelände montiert, um einen optimalen Blickwinkel für die Kamera zu erhalten (Abb 5).

Abb. 4 : Kamerafixierung auf einem Turm des Umspannwerks

Die Auswahl des Montageorts der Kamera erfolgt durch eine Begutachtung der Anlage vor Ort oder anhand der Baupläne der Anlage. Hierbei wird darauf geachtet, vor allem die priorisierten Anlagenteile im Umspannwerk zu erfassen.

Die Kamera ist über ein Standard-Ethernet-Netzwerk mit einer Steuerung verbunden. Die Übertragung kann auch mit Glasfaserkabeln realisiert werden, um die EMV-Störfestigkeit im Umspannwerk sicherzustellen. Die Steuerung befindet sich im Betriebsgebäude der Station und kann alle Kameras der Anlage steuern.

Die Kameras verfügen über ein integriertes Teleobjektiv, das es dem System ermöglicht, Anlagenteile und Kontaktstellen aus einer Entfernung von mehr als 50 Metern akkurat zu vermessen.
Darüber hinaus enthält die Kamera eine Autofokus-Funktion, so dass sich die Bildschärfe bei Bewegung der Kamera automatisch selbst einstellt. So können Anlagenteile gemessen werden, die sich sowohl nahe als auch weit entfernt vom Montageort der Kamera befinden.

Abb. 5 : Auf einem Mast montiertes Kamerasystem

Abstand von der Kamera	**Kleinste messbare Objektgröße**
10 m	7 x 7 mm
20 m	13 x 13 mm
30 m	20 x 20 mm
40 m	26 x 26 mm
50 m	33 x 33 mm

Tabelle 1 : Entfernungen, aus denen man Anlagenteile überwachen kann

VI. Automatisierte Datenerfassung und -auswertung

Dieses Kamerasystem sammelt kontinuierlich und automatisch Daten. Die Kamera ist zunächst so programmiert, dass eine „Tour" des Umspannwerks gemacht wird, um alle Anlagenteile von Interesse zu überwachen und zu vermessen. Einmal programmiert, überwacht die Kamera das Umspannwerk im Dauerbetrieb und liefert die Ergebnisse an ein zentrales Datenarchiv.

Die vom Kamerasystem gemessenen Bilder und Temperaturen spezifischer Anlagenteile können von Ingenieuren und Bedienpersonal an zentraler Stelle abgerufen und begutachtet werden. Es gibt zwei bevorzugte Verfahren zur Übermittlung der Messergebnisse an ein zentrales Archiv, beide Verfahren können parallel eingesetzt werden.

Ein Verfahren besteht darin, die Daten über eine API an eine Microsoft SQL-Datenbank zu schicken.

Die Versorgungsunternehmen können eine Liste von Anlagenteilen aus anderen Datenbanken oder Programmen in das Steuerungssystem importieren und die gesammelten Daten werden mit bestimmten Anlagenteilen (z. B. Transformatordurchführungen, Transformatorenkühler oder Leistungsschalter) verknüpfen.

Dieses Verfahren bietet mehr Nutzen und beinhaltet die Möglichkeit, die thermischen und visuellen Bilder in einem komprimierten JPG-Format zu speichern. Das System funktioniert aufgrund der Speicherung der JPGs wie ein Thermischer Video-Recorder (TVR). Der Benutzer hat so die Möglichkeit, für relevante Zeiträume und bestimmte Anlagenteile Zeitrafferfilme zu erstellen. Neben den JPGs wird auch die gemessene Temperatur jedes Anlagenteils in der Datenbank hinterlegt. Die Datenbank wird mit einer Übersichtsliste der zu überwachenden Anlagenteile eingerichtet. Benutzer können Trendberichte über die Temperatur der Anlagen erhalten oder automatisierte Warnungen einrichten.

Autorisierte Benutzer mit Zugriff auf die Daten können Warnungen oder regelmäßige Berichte per E-Mail erhalten. Das System verknüpft diese Übersichtsliste bzw. Baum der Anlagenteile mit den von der Kamera durchgeführten Messungen. Da die Software den Zugriff per Webbrowser authentifiziert, können Benutzer Daten über verwaltete Anlagenteile aus der Ferne erfassen, darauf zugreifen und analysieren. Benutzer können auch E-Mail-Benachrichtigungen für Berichte, Alarme und Warnungen einrichten. Experten können so in Echtzeit Benachrichtigungen erhalten, sofort die Daten überprüfen, zusätzliche Untersuchungen veranlassen und die zustandsorientierte Instandhaltung planen.

Ein zweites Verfahren ist das Senden von Daten an ein protokollierendes Datenarchiv. Dadurch können die thermischen Messungen neben anderen bereits im Archiv protokollierten Parametern analysiert werden. Eine weitverbreitete Plattform für dieses Datenarchiv ist das PI-System von OSIsoft. Für die Daten im PI-System können die Benutzer geläufige Berichtserstellungs- und Analysetools zur Erzeugung von Warnungen und Analysen verwenden.

Beide Verfahren, die MS SQL-Datenbank und das PI-System können unabhängig voneinander oder auch nebeneinander eingesetzt werden.

VII. Warnungen und Benachrichtigungen

Die Warnungen können so eingestellt werden, dass sie aufgrund der Temperatur eines Anlagenteils auslösen oder wenn bestimmte Anlagenteile eine unterschiedliche Temperatur wie ähnliche Anlagenteile aufweisen. Beispielsweise wird ein Alarm erzeugt, wenn bei den Transformatordurchführungen der Temperaturunterschied zwischen den drei Phasen mehr als 10° C beträgt.

VIII. Zukünftige Forschungsgebiete

Aufgrund sinkender Technologiekosten und steigender Zuverlässigkeit werden immer mehr Online- und Fernüberwachungssensoren in Umspannwerken eingesetzt. In einem ersten Schritt werden aktive kritische Anlagenteile, wie etwa Transformatoren eingebunden. Beispielsweise kann eine Online-Gas-in-Öl-Analyse (DGA) oder eine direkte Messung von Wicklungs-Hotspots realisiert werden.

Die Möglichkeiten der multivariaten Mustererkennung, des maschinellen Lernens und der vergleichenden Analyse liegen auf der Hand, hängen aber von den zu sammelnden und zu analysierenden Daten ab. Größere Energieversorgungsunternehmen erstellen Datenarchive, die Online-Parameter wie die direkte Messung von Wicklungs-Hotspots, Temperaturen von Transformatordurchführungen , die Gas-in-Öl-Analyse (DGA), das Wetter und Betriebsfaktoren erfassen. Die detaillierte Überwachung kritischer Anlagenteile im Stromversorgungsnetz ist ein wachsendes und reifendes Geschäftsfeld.

Weil regelmäßige, fehleranfällige manuelle Kontrollen nach und nach durch strengere und kontinuierlich automatisierte Überwachungssysteme ersetzt werden, erhalten die Versorgungsunternehmen zunehmend ein genaueres Bild über den tatsächlichen Zustand von alternden Anlagen und Hochspannungsausrüstungen in ihren Umspannwerken und Netzen.

Danksagung

Der Autor bedankt sich ausdrücklich für die Beiträge von Benutzern aus Energieversorgungsunternehmen in den USA, Australien, Neuseeland und Indien.

Quellen

H. Pauly, Dr. F. Engel - Das Pyrometer-Kompendium
Eine Firmenschrift der IMPAC Electronic GmbH
Frankfurt/M., 1999
Archiv LumaSense Technologies Inc.

Referenzen

Software:

PI System™ Daten von OSIsoft, San Leandro, California, USA

LumaSpec RT von LumaSense Technologies, Inc., Santa Clara, California, USA

Normen:

IEC 61000-6-5:2015 Fachgrundnormen - Störfestigkeit von Betriebsmitteln, Geräten und Einrichtungen, die im Bereich von Kraftwerken und Schaltstationen verwendet werden.

Schlagwörter:

Zustandsüberwachung, Elektrische Fehlererken-nung, Infrarot-Bildverarbeitung, Fernüber-wachung, Automatisierung von Umspannwerken, Thermische Analyse.

DIE VISKOSITÄT ALS ALTERUNGSINDIKATOR VON TRANSFORMATORÖL

Christof Sumereder*, **Uwe Trattnig**
FH JOANNEUM GmbH, Institut Energie-, Verkehrs- und Umweltmanagement
Roland Fischer, Frank Uhlig
Technische Universität Graz, Institut für Anorganische Chemie

Das elektrische Isolationssystem spielt für einen sicheren und zuverlässigen Betrieb von Leistungstransformatoren eine wesentliche Rolle. Die Hochspannungsisolierung hat neben der elektrischen Funktion auch noch thermischen und mechanischen Belastungen Stand zu halten. Während der gesamten Lebensdauer erfährt dieses System ein Wechselspiel an Lastzyklen, wobei an das eingesetzte Mineralöl besonders hohe Anforderungen gestellt werden. Nicht nur wegen der elektrischen Feldstärke, sondern auch durch das Temperaturwechselspiel aufgrund von Lastwechsel erfährt das Mineralöl physikalische und chemische Veränderungen. Zur Beurteilung des Transformatorzustands werden in regelmäßigen Abständen Ölproben gezogen und im Labor analysiert, was als Stand der Technik angesehen werden kann. Unterschiedliche chemische und physikalische Parameter und dielektrische Untersuchungen werden durchgeführt und ausgewertet. Die Zustandsbewertung erfolgt nach den geltenden Standards bzw. Normen nach IEC, IEEE oder VDE, wobei die Gaschromatographie (GC-Analyse) der gelösten Gase (Dissolved Gas Analysis – DGA) nach IEC 60599 eine der am häufigsten eingesetzten Methoden darstellt. Die Analyse und Interpretation der Ergebnisse ist mittels unterschiedlichen Schemen möglich und führt daher zu gewissen Unschärfen in der Aussage hinsichtlich des Alterungszustands. Bei der DGA können Ölproben während des Betriebs gezogen werden, jedoch ist eine Mindesttemperatur von 8°C empfohlen. Während der kalten Jahreszeit ist eine DGA daher oft nicht möglich.

Die Ölviskosität wird im Normalfall nur bei Neuölen gemessen bzw. angegeben, während des Betriebs wird diese routinemäßig nicht gemessen. Die Beobachtung der Ölviskosität ist in anderen technischen Anwendungsbereichen eine gängige Methode für die Evaluierung des Zustands. Sie kann bis zu sehr tiefen Temperaturen (-40°C) angewendet werden und führt zu aussagekräftigen Ergebnissen. In einem ersten Versuch wurden die kinematische und dynamische Viskosität von Mineralöl unterschiedlicher Verteilnetztransformatoren untersucht und hinsichtlich des Alterungszustands analysiert. Die Ölproben wurden von einem Verteilnetzbetreiber und einem Industriebetrieb zur Verfügung gestellt, wobei die Betriebshistorie der Transformatoren weitgehend bekannt war. Somit konnten die Analyseergebnisse mit dem tatsächlichen Zustand in guter Übereinstimmung korreliert werden. In diesem Beitrag sollen erste Ergebnisse dieser Untersuchungen präsentiert werden.

1. Eigenschaften von Mineralöl und Kohlenwasserstoffe

Mineralöl wird seit jeher für die Kühlung als auch als Isolations- und Imprägniermedium in Leistungstransformatoren eingesetzt. Es stellt daher einen wesentlichen Beitrag für den Zustand und damit den Betrieb bzw. die Lebensdauer von Transformatoren dar. Analysiert man den Zustand des Mineralöls, so können aufgrund der chemischen und physikalischen Eigenschaften Rückschlüsse auf den Betriebszustand herausgefunden werden. Im Regelfall werden in Abständen von etwa 1-2 Jahren Ölproben gezogen, die im Labor auf unterschiedlichste Parameter, beispielsweise elektrische Kennwerte (Durchschlagspannung, Verlustfaktor), physikalische Eigenschaften (Oberflächenspannung, Feuchtigkeit) oder auch chemische Zusammensetzung (gelöste Gase, Furananteile) untersucht werden. Diese Analysen und die dazugehörigen Bewertungskriterien können in den einschlägigen Regelwerken [1] und Normen nachgelesen werden.

Die Zusammensetzung von Mineralöl und damit auch dessen Eigenschaften hängen sehr stark von der Herkunft des Rohöls und dem

Raffinerieprozess ab. Es besteht aus folgenden Kohlenstoffverbindungen:

- Aromate: Benzolringe, diese rufen in Verbindung mit Licht und Sauerstoff eine beschleunigte Alterung hervor.
- Paraffine: Kettenmoleküle, diese verhindern das Fließverhalten bei tiefen Temperaturen.
- Naphtene: ringförmige Kohlenwasserstoffe, diese fördern das Fließverhalten bei tiefen Temperaturen.
- Olefine: ketten-/ringförmige Moleküle, diese reduzieren die Alterungsstabilität.

Die Zusammensetzung von Transformatoröl charakterisiert sich aus folgenden Kohlenstoffverbindungen:

- aromatische zwischen 4 und 12%
- paraffinische etwa 50%
- naphtenische (Ergänzung zu 100%)
- olefine keine.

Je nach Zusammensetzung des Öls werden unterschiedliche rheologische Eigenschaften erzielt, die wiederum stark von der Temperatur, der Belastung und dem Druck abhängen können. Aus Anwendungsbereichen wie der Lebensmittelchemie, Kraftstofftechnologie, Schmierstoffe, Brems-/Hydrauliköle oder auch bei medizinischen Analysen wurden Parameter wie Brechung, Viskosität, Brenn-/Flammpunkt viel intensiver untersucht als bei Hochspannungsbetriebsmittel. Aus diesen Anwendungen liegt daher bereits ein großer Erfahrungsvorrat vor. Im Rahmen dieses Projekts wurden an gealterten Transformatoren Ölproben gezogen und zusätzlich zu den Routineuntersuchungen auch unterschiedliche rheologische Analysen aufbereitet.

2. Messmittel und Methoden

Für die Durchführung der Untersuchungen wurden marktübliche Geräte herangezogen. Für die Bestimmung der Viskosität wurde ein Modell nach dem Stabinger Rotationsprinzip eingesetzt. Dabei wird eine sehr kleine Probenmenge in einen Rotor eingebracht, der einen Magneten beschleunigt. Aufgrund der inneren Reibung der Flüssigkeit rotiert dieser Magnet mit einer geringeren Drehzahl als der angetriebene Rotor, wodurch sich die Viskosität bestimmen lässt. Der Vorteil dieses Messprinzips liegt in der sehr geringen erforderlichen Probenmenge von wenigen ml und der kurzen Messzeit im Vergleich zu anderen Methoden.

Die Messung des Brechungsverhaltens erfolgte mittels Refraktometer, beide Geräte konnten so verschalten werden, dass die Messergebnisse für die Berechnung der weiteren Parameter mit der integrierten Software automatisch erfolgte.

Abbildung 1: Refraktometer (oben) und Rotationsviskosimeter (unten), Bildquelle: Anton Paar

2.1. Viskosität und Brechung

Die dynamische Viskosität ist ein wichtiger Beurteilungsparameter für die innere Reibung einer Flüssigkeit, er beschreibt den hydrodynamischen und elastohydrodynamischen Schmierungszustand der untersuchten Flüssigkeit. Bringt man an einem Flüssigkeitsfilm eine Scherkraft auf, so entsteht eine Schubspannung. Infolge der inneren Reibung der Flüssigkeit wirkt ein Widerstand entgegen, der als dynamische Viskosität η bezeichnet wird. Diese ist vom Schergefälle D, vom Druck p, von der Temperatur T und der Zeit t abhängig. Von Thixoprie spricht man, wenn es unter Belastung zu einer Abnahme der Viskosität und Wiederzunehme bei Entlastung kommt. Die Rheopexie liegt im gegenteiligen Fall vor. Mit zunehmender Scherbelastung und Belastungsdauer nimmt die Viskosität ab, man kann von Alterung sprechen [2] [3].

Die kinematische Viskosität ν beschreibt das Verhältnis der dynamischen Viskosität zur Dichte der Flüssigkeit. Oftmals wird auch ein Viskositätsindex VI angegeben, der sich aus der kinematischen Viskosität berechnet.

Die Brechung findet an der Grenzfläche zweier unterschiedlichen Medien statt und kann mittels Snellius Gesetz beschrieben werden. Die Medien können sowohl unterschiedliche Aggregatzustände aufweisen als auch aus zwei verschiedenen Flüssigkeiten bestehen. Mittels

Snellius Gesetz können drei Effekte beschrieben werden:

- Winkelablenkung: sin(a)/sin(b) = nb/na
- Ausbreitungsgeschwindigkeiten: sin(a)/sin(b) = c/v = n
- Laufzeiten: t = d/v = (n.d)/c

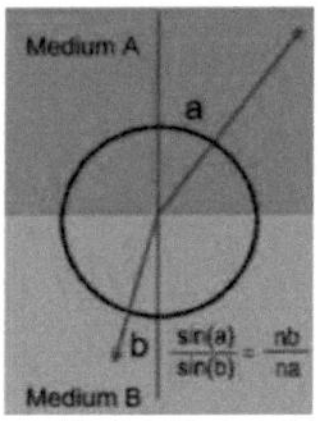

Abbildung 2: Brechung / Snellius-Gesetz, Bildquelle: wikipedia.com

Die Messung von Viskosität und Brechung erfolgt in diesem Projekt nach den Normen ASTM D3487-16 Standard Specification for Mineral Insulating Oil Used in Electrical Apparatus

2.2. Kohlenwasserstoffe

Zur Beurteilung der Kohlenstoffzusammensetzung der untersuchten Mineralöle wurden die ASTM D3238 *Standard Test Method for Calculation of Carbon Distribution and Structural Group Analysis of Petroleum Oils by the n-d-M Method* sowie die ASTM D2140 *Standard Practice for Calculating Carbon-Type Composition of Insulating Oils of Petroleum Origin* herangezogen.

Für die Berechnung der Kohlenwasserstoffanteile wird nach Norm folgend vorgegangen:

Berechnung der viscosity gravity constant VGC, wobei die Dichte bei 60°F und die Viskosität bei 100°F zu messen ist. Mittels Formel lässt sich die VGC berechnen:

$$VGC = \frac{G + 0{,}0887 - 0{,}776 \log\log(10.V-4)}{1{,}082 - 0{,}72 \log\log(10.V-4)} \quad (1)$$

mit G = Dichte bei 60°F
V = Viskosität bei 100°F

Aus der gemessenen Dichte und der Brechung wird der Relative Intercept RI berechnet:

$$RI = n_D^{20} - (d/2) \quad (2)$$

mit n_D^{20} = Brechungsindex bei 20°C
d = Dichte bei 20°C

Mit diesen beiden Faktoren lässt sich mittels Kohlenstoff-Relationen-Diagramm aus der Norm die Anteile der aromatischen, paraffinischen und naphtenischen Komponenten des Mineralöls bestimmen.

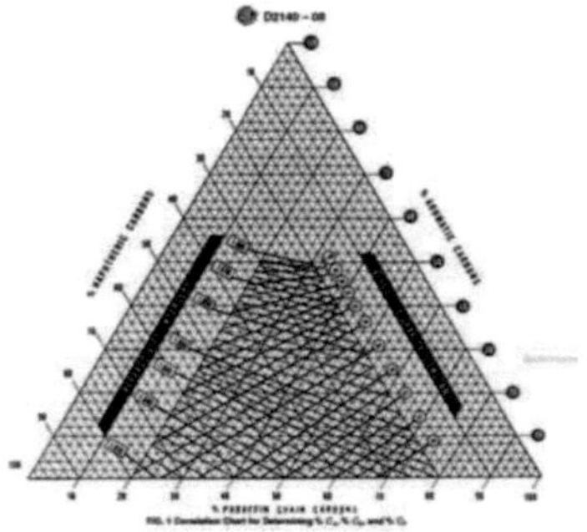

Abbildung 3: Kohlenstoff-Relationen-Diagramm nach ASTMD2140

3. Messungen und Ergebnisse

Im Rahmen dieses Projekts wurden Ölproben von älteren Transformatoren sowohl eines Verteilnetzbetreibers und als auch eines Industriebetriebs analysiert. Im Fall des Verteilnetzbetreibers waren auch die historischen Öldaten der Routinetests sowie Ergebnisse aus diagnostischen Untersuchungen vorhanden, die einen sehr genauen Rückschluss auf den jeweiligen Zustand zuließen.

Im Rahmen dieses Papers wird auf die Ergebnisse der Viskositätsanalysen sowie der Brechungsindizes eingegangen und mit den Resultaten der klassischen Ölparameter verglichen.

Tabelle 1: Messergebnisse

	BJ	Dyn.Vis. mPa.s	Kin.Vis. mm²/s	Ref.Ind. n_D
KW SC Technol US 3000	1958	11.422	13.314	1.477620
KW KA Technol US 3000	1961	11.568	13.356	1.482810
KW TH Technol US 3000	1972	10.175	11.852	1.479260
UW LA Technol US 4000	1962	11.997	13.908	1.480790
UW GA Technol US 4000	1965	10.496	12.190	1.480700
UW LI Technol US 4000	1970	10.165	11.815	1.480240
UW TR Technol US 4000	1990	8.5843	9.9667	1.479790
UW WU Technol US 4000	1992	8.8127	10.343	1.474960
KW KI	1980	10.354	12.058	1.479210
UW VO Nynäs Nytro 4000	2005	8.2354	9.6053	1.475860

In Tabelle 1 sind die Ergebnisse der Viskositäts- und Brechungsindexmessung sowie die Inbetriebnahmezeitpunkte aufgelistet. Die kinematische Viskosität wird definitionsgemäß mittels Division der dynamischen Viskosität mit der Dichte berechnet. Die Messung erfolgte mit den beschriebenen Geräten und Methoden in einem Temperaturspektrum zwischen -20°C und 100°C. Die Ergebnisse sind in den folgenden Diagrammen ersichtlich.

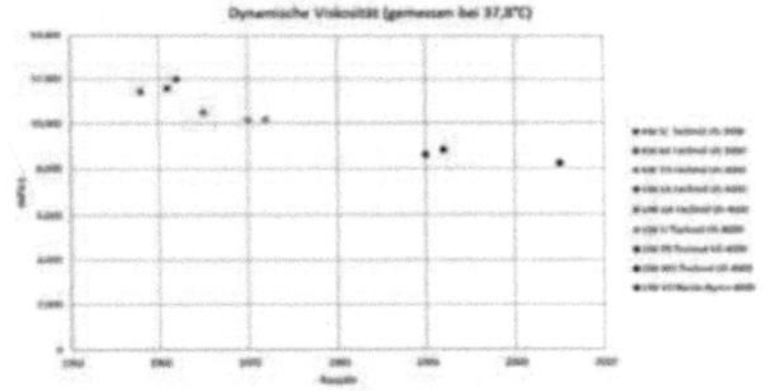

Abbildung 4: Dynamische Viskosität

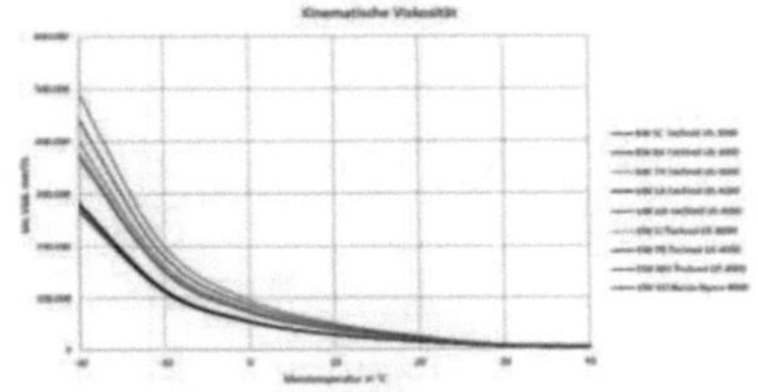

Abbildung 5: Kinematische Viskosität

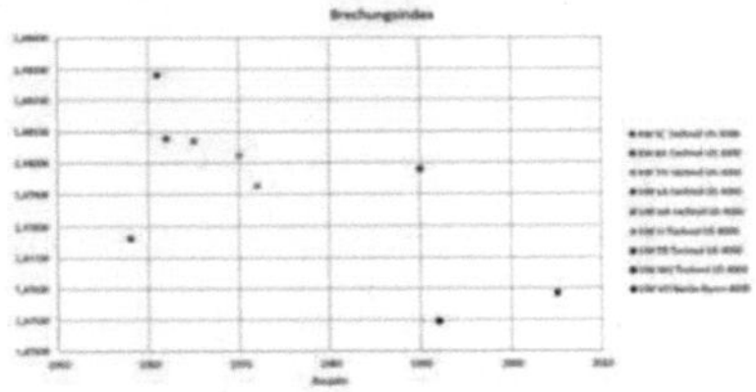

Abbildung 6: Brechungsindex

In einem weiteren Schritt erfolgte die Bestimmung der Kohlenwasserstoff-komponenten. Die Berechnung erfolgte nach der beschriebenen ASTM Methode, die jeweiligen Ergebnisse dieser Kohlenwasserstoff-komponenten sind in Tabelle 2 aufgelistet.

Tabelle 2: Kohlenwasserstoffkomponenten

	BJ	CA %	CN %	CP %
KW SC Technol US 3000	1958	5.3	39.6	55.1
KW KA Technol US 3000	1961	8.2	39.4	52.4
KW TH Technol US 3000	1972	7.4	37.5	55.1
UW LA Technol US 4000	1962	7.1	38.9	54.0
UW GA Technol US 4000	1965	8.0	37.6	54.3
UW LI Technol US 4000	1970	7.9	37.8	54.3
UW TR Technol US 4000	1990	7.4	40.6	52.0
UW WU Technol US 4000	1992	5.3	38.6	56.1
KW KI	1980	7.2	37.7	55.0
UW VO Nynäs Nytro 4000	2005	2.9	46.3	50.8

Betrachtet man die grafische Auswertung in folgender Abbildung, so ist zu erkennen, dass bei den eingesetzten mineralischen Ölen eine sehr geringe Schwankungsbreite gegeben ist.

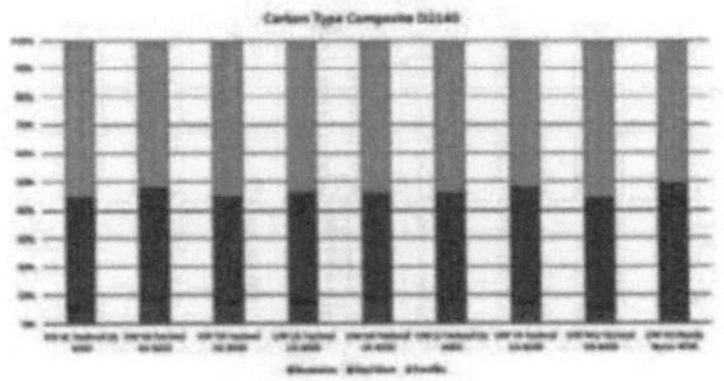

Abbildung 7: Kohlenwasserstoffe

4. Interpretation der Ergebnisse

Die Auswertungen der dynamischen Viskosität und der Brechungsindizes erfolgte in Relation zum Inbetriebnahme der Transformatoren. In den Abbildungen 4 und 6 ist jeweils ein Anstieg der Analysegrößen mit zunehmendem Betriebsalter zu erkennen.

Die kinematische Viskosität wurde in einem Temperaturspektrum zwischen -20°C und 100°C aufgenommen, wobei im Abbildung 5 nur der signifikante untere Temperaturbereich dargestellt wurde.

Die Zusammensetzung der Kohlenwasserstoffe variiert bei den untersuchten Mineralölen in einem sehr engen Bereich. Da es sich um idente bzw. beinahe idente Ölsorten handelt war an dieser Stelle kein anderes Ergebnis zu erwarten.

5. Zusammenfassung und Ausblick

Im Rahmen dieser Untersuchungen wurden neben den bekannten Diagnosemethoden für Mineralöl von Leistungstransformatoren der Schwerpunkt auf das Viskositätsverhalten, den Brechungsindex und die Kohlenwasserstoff-komponenten gelegt. Für die Messung dieser Parameter kamen handelsübliche Geräte zum Einsatz, ein Rotationsviskosimeter und ein Refraktometer. Die Ergebnisse wurden für die Ermittlung der Kohlenwasserstoffkomponenten herangezogen.

Die Auswertung der gemessenen Viskositätswerte brachte eine charakteristisches Verhalten hinsichtlich der Inbetriebnahme der Transformatoren hervor. Da jedoch der Ausgangswert sämtlicher Öle unbekannt war kann aus heutiger Sicht noch keine Aussage über den Zusammenhang mit der Ölalterung getroffen werden. In weiterführenden Untersuchungen anhand von künstlich gealterten Ölproben sollen nähere Erkenntnisse gewonnen werden.

Tendenziell war beim Brechungsindex ein Ansteigen mit zunehmendem Betriebsalter zu verzeichnen, wenngleich es auch bei den 10 untersuchten Ölen 2 Ausreißer gab.

Die angewendete Messmethode erfordert eine sehr geringe Ölmenge und das Messverfahren ermöglicht mit den eingesetzten Geräten einen automatisierten Ablauf. Die Auswertung erfolgt automatisch und ermöglicht eine aussagekräftige Darstellung.

Literatur

[1] VDEW, *VDEW-Ölbuch Band 2 Isolierflüssigkeiten*, 7., vol. 2. Frankfurt am Main: Verl.- und Wirtschaftsges. der Elektrizitätswerke, 1996.

[2] Y. Du, T. Wu, and J. Cheng, “Age detection of lubricating oil with on-line sensors,” in *IEEE SENSORS - Proceedings*, 2015, pp. 5–8.

[3] M. R. Meshkatoddini, “Aging Study and Lifetime Estimation of Transformer Mineral Oil,” *Am. J. Eng. Appl. Sci.*, vol. 1, no. 4, pp. 384–388, 2008.

Oberlausitzer Energie-Symposium 2017, Zittau, Deutschland, 25./26. Oktober 2017

VERIFIKATION DER HPF-SENSORIK ZUR TEILENTLADUNGSERFASSUNG AN MITTELSPANNUNGS-SCHALTANLAGEN

Gerd Valtin*
HTWK Leipzig, Wächterstraße 13, D-04107 Leipzig

Michael Weise
HTWK Leipzig, Wächterstraße 13, D-04107 Leipzig

FORSCHUNG AN FACHHOCHSCHULEN

GEFÖRDERT VOM
Bundesministerium für Bildung und Forschung

MS-Schaltanlagen als Knotenpunkte der Verteilungsnetze besitzen für die Sicherung einer hohen Energieversorgungsqualität eine zentrale Bedeutung. Das Ausnutzen der Grenzparameter, die Bestimmung der Brauchbarkeitsdauer sowie die Reduzierung des Ausfallrisikos von Schaltanlagen unter Anwendung geeigneter Diagnose- und Monitoringverfahren gewinnen im Hinblick der Gewährleistung einer hohen Netzzuverlässigkeit und -stabilität hierbei einen besonders hohen Stellenwert. Derzeitige Entwicklungstrends von Diagnose- und Monitoringverfahren ist, die Zustandsbewertung von Schaltanlagen vornehmen zu können, ohne hierbei die angeschlossenen Mittelspannungskabel aus der Schaltanlage ausbinden zu müssen. In diesem Beitrag wird ein permanent im Kabelstecker implementierter HPF-Sensor vorgestellt, der ein TE-Monitoring während des Betriebs der Anlage ermöglicht. Neben dem Vergleich mit den Anforderungen der IEC 60270 werden Ergebnisse von Untersuchungen des Sensors an aufgestellten Schaltanlagen validiert.

1 Einleitung

Mittelspannungs-Schaltanlagen (MS-SA) spielen eine zentrale Rolle in der Verteilung elektrischer Energie. Der sichere und fehlerfreie Betrieb dieser Anlagen stellt somit eine Grundvoraussetzung für die Stabilität der primären und sekundären Verteilungsebene ab dem Moment der Inbetriebnahme dar [1].

Zum Sicherstellen des fehlerfreien Isolationszustandes von neumontierten sowie bereits betriebsgealterten Anlagen hat sich die Detektion und Messung von Teilentladungen (TE) etabliert. Durch die internationale Norm IEC 60270 existiert ein standardisierter und kalibrierfähiger Messaufbau, welcher dafür u.a. sorgt, dass die Messergebnisse vergleichbar sind und reproduzierbar erfasst werden. Bei TE-Messungen an MS-SA wird zur Einhaltung der Norm eine externe Prüfspannungsquelle einschließlich Koppelkapazität verwendet. MS-Kabel dürfen hierbei an die MS-SA nicht angeschlossen sein bzw. müssen demontiert werden. Demzufolge wird eine potentielle Fehlerquelle, der Kabelendverschluss (KEV), aus der Messung ausgeschlossen. Die Montage und Demontage der MS-Kabel bedeutet Stress für die KEV und kann eine Materialschädigung hervorrufen. Weiterhin können Montagefehler nicht ausgeschlossen werden. Die Folge ist ein erhöhtes Betriebsrisiko. Erschwerend kommt noch hinzu, dass KEV meist aus Silikonen bestehen und diese durchaus empfindlicher gegenüber Teilentladungen sind als beispielsweise Keramiken oder Gießharz [3].

2 HPF – Sensor

2.1 Allgemeines

Das Ziel des Forschungsprojektes war die Entwicklung einer Sensorik zur Erfassung von Teilentladungen in MS-SA, sowohl an endmontierten Schaltanlagen ohne angeschlossenen MS-Kabeln, als auch während des Betriebs mit angeschlossenen MS-Kabeln. Die Kalibrierung und damit die Bewertung der Teilentladung in Picocoulomb sollte möglichst erhalten bleiben, um eine Vergleichbarkeit zu Messungen nach IEC 60270 zu ermöglichen. Des Weiteren sollten die TE- Impulse in einem breiten Frequenzbereich, mit Überschneidung des durch die Norm vorgegebenen Frequenzbereichs, übertragen werden. Ein Amplitudenfrequenzgang mit konstanter Amplitudendichte über einen breiten Frequenzbereich erlaubt eine flexible Wahl der Mittenfrequenz und Bandbreite zur Ermittlung der Ladung durch Quasiintegration im Frequenzbereich. Durch diese Möglichkeit der Messfrequenzwahl können Signale von Störern unterdrückt und damit das Signal-zu-Rausch-Verhältnis gesteigert werden.

2.2 Aufbau und Funktion

Die entwickelte Sensorik besteht aus einem passiven Hochpass-Filter und einem Kondensator zur Ankopplung an die Hochspannung. Somit entspricht der Aufbau des Sensors im Wesentlichem dem des Prüfkreises nach IEC 60270. Die Größe des Koppelkondensators hat direkten Einfluss auf die Empfindlichkeit der Messung. So fordert die o. a. Norm eine deutlich größere Kapazität des Koppelkondensators als die Kapazität des Prüflings [2]. Im Falle der Prüfung kompletter Schaltanlagen ist dieses Kapazitätsverhältnis schwer zu erreichen. Messungen haben gezeigt, dass mit einer Kapazität von bis zu 400 pF je Schaltfeld zu rechnen ist. Koppelkapazitäten von etwa 1 nF erzielen gewöhnlich eine akzeptable Empfindlichkeit [2].

Neben der Koppelkapazität spielt auch die Wahl des verwendeten Filters eine entscheidende Rolle für die Signalqualität und -quantität. Die verwendete Filterschaltung erreicht in Verbindung mit unterschiedlichen, getesteten Koppelkapazitäten zwischen 700 pF und 2000 pF einen Amplitudenfrequenzgang mit einer Schwankung der Amplitudendichte von ≤ 3 dBm in einem Bereich zwischen 3 MHz und 100 MHz. Damit steht prinzipiell ein weiter Frequenzbereich zur Auskopplung der Teilentladungsimpulse zur Verfügung ebenso wie die oben erwähnte Flexibilität der Messbereichswahl. Die Messergebnisse sind in Abbildung 1 dargestellt.

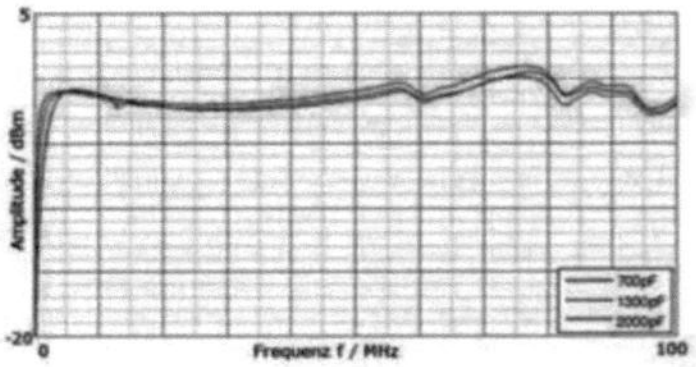

Abbildung 1: Frequenzgang des HPF-Sensors mit unterschiedlichen Kapazitäten (blau: 700 pF, grün: 1300 pF, rot: 2000 pF)

In Abbildung 2 ist der Frequenzbereich bis 10 MHz vergrößert dargestellt. Besonders in diesem unteren Frequenzbereich wird der Unterschied durch verschiedene Kapazitätsgrößen deutlich und zeigt sich in einer Reduzierung der unteren Grenzfrequenz mit steigender Kapazität.

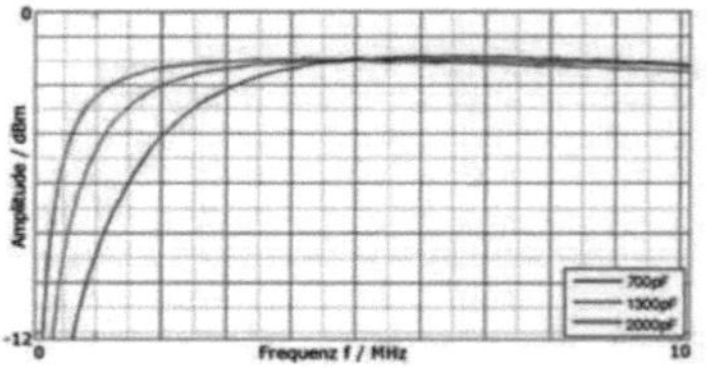

Abbildung 2: Zoom in Frequenzgang des HPF-Sensors mit unterschiedlichen Kapazitäten (blau: 700 pF, grün: 1300 pF, rot: 2000 pF)

Aufgrund des geringen Bauteilaufwands und Bauteilvolumens kann die Formgebung des Sensors variabel vorgenommen werden und somit an spezielle Anforderungen und Montageorte angepasst werden. Um die in 2.1 gestellte Zielsetzung zu erreichen, wurde sich für das in Abbildung 3 dargestellte Design entschieden. Diese Form ermöglicht es, den herkömmlich verwendeten Verschlussstopfen des Kabelsteckers durch den HPF-Sensor zu ersetzen. Dadurch befindet sich der Sensor an der Übergangsstelle zwischen Schaltanlage und Kabel. Dieser Bereich wird durch die notwendigen Montagearbeiten beim Kabelanschluss besonders beansprucht und wird nicht durch die herkömmliche Inbetriebnahmeprüfung abgedeckt. Durch die Verwendung des HPF-Sensors kann auch in diesem Bereich eine mögliche TE-Quelle erfasst werden. Somit wird das Betriebsrisiko durch das frühzeitige Erkennen von Teilentladungen in dem kritischen Kabelanschlussbereich reduziert.

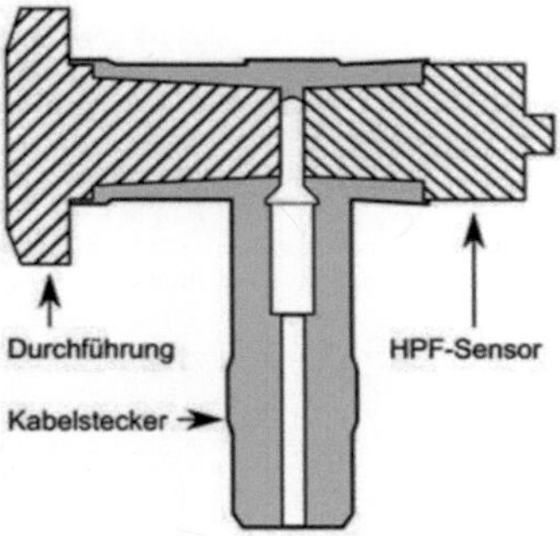

Abbildung 3: HPF-Sensor schematisch im Kabelstecker verbaut

3 Untersuchungen unter Laborbedingungen

Zur Untersuchung der Funktion des Sensors, dessen Übertragungseigenschaften und zum Überprüfen der Auswertbarkeit der Signale im Vergleich zur IEC 60270 wurden im Labor Messungen an einer 20-kV-Ringkabelanlage durchgeführt. Dazu wurden zwei Phasen der Anlage geerdet und die dritte Phase unter Spannung gesetzt. An dieser Phase wurde auch ein TE-Prüfkreis nach Norm IEC 62270 (Koppelkondensator mit 0,6 nF) sowie der HPF-Sensor mit einer Kapazität von 2 nF angeschlossen. Dadurch konnten beide Detektionsmethoden zur Erfassung von Teilentladungen gleichzeitig genutzt werden. In Abbildung 3 ist der Anschluss des Prüfkabels sowie des HPF-Sensors dargestellt. Nach der Kalibrierung beider Methoden mit einer Ladung von 100 pC bei einer Mittenfrequenz von 250 kHz und einer Bandbreite von 300 kHz erfolgten Messungen von verschiedenen, künstlich eingebrachten TE-Quellen.
Beispielhaft sind die aufgezeichneten Phase Resolved Partial Discharge (PRPD) - Diagramme beider Detektionsmethoden, in Abbildung 4 dargestellt.

Bei den Untersuchungen zeigte sich, dass die ermittelte scheinbare Ladung bei beiden Methoden übereinstimmt. Unterschiede der Empfindlichkeit – bedingt durch die unterschiedliche Größe der Koppelkapazitäten – wurden durch eine Kalibrierung der Messketten ausgeglichen. Außerdem zeigte sich, dass sich bei der Detektion mit dem HPF-Sensor das gleiche PRPD- Diagramm ergibt wie bei der Messung nach Norm. Zusammenfassend konnte bei dieser Untersuchung eine gute Übereinstimmung der beiden Detektionsmethoden festgestellt werden.

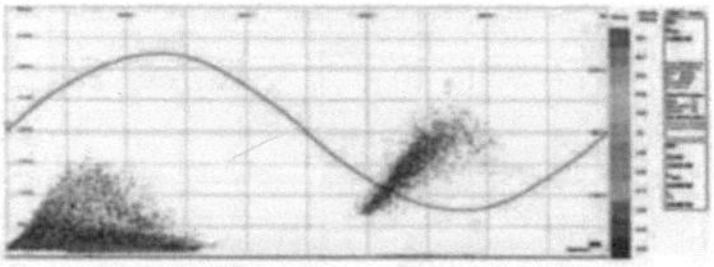

(a) IEC 60270

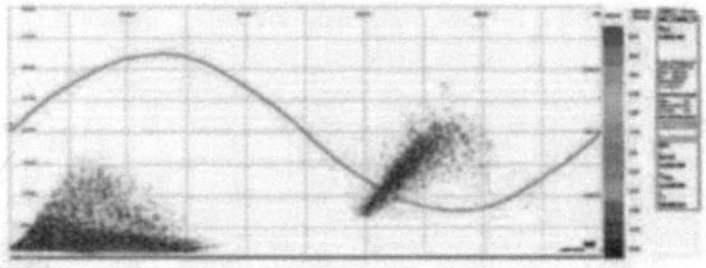

(b) HPF-Sensor

Abbildung 4: PRPD-Diagramm bei einer Spitze auf Erdpotential zur Durchführung gerichtet

4 Untersuchungen an aufgestellten Schaltanlagen

4.1 Versuchsaufbau

Um den realen Bedingungen bei der Anwendung des HPF-Sensors näherzukommen, wurden Untersuchungen an einer aufgestellten Mittelspannungs-Schaltanlage der ENSO NETZ GmbH durchgeführt. Dazu standen die Schaltfelder =J02 bis =J07 des in Abbildung 5 dargestellten Blocks zur Verfügung. Die eingebauten Spannungswandler konnten je nach gewünschtem Belastungszustand an- bzw. abgeschaltet werden. Diese Untersuchungen dienten dazu, das Verhalten des Sensors und der Teilentladungssignale unter der Beeinflussung mehrerer Anlagen zu bestimmen. Dazu wurde im ersten Schritt der HPF-Sensor an die Phase L1 des Schaltfeldes =J07 montiert und sukzessive Signale von =J06 nach =J02 eingespeist. Als Signalquelle standen ein TE-Kalibrator sowie der Trackinggenerator des verwendeten Spektrumanalysators zur Verfügung. Das Sensorsignal wurde in Abhängigkeit von der Signalquelle mit einem Oszilloskop oder einem Spektrumanalysator aufgezeichnet.

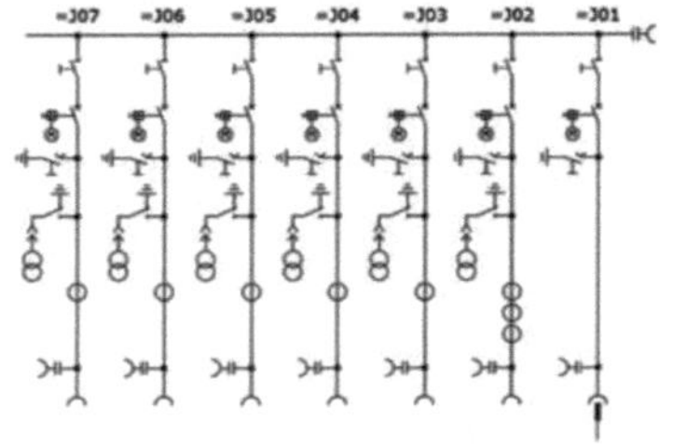

Abbildung 5: Schaltbild der MS-SA an der die Untersuchungen durchgeführt wurden

Im zweiten Schritt der Untersuchungen wurde das Verhalten des HPF-Sensors gegenüber künstlich in die Anlage eingebrachten TE-Quellen untersucht. Das Verhalten soll dem durch die Norm spezifizierten Messkreis gegenübergestellt werden. Bei den Fehlstellen handelte es sich zum einen um eine Spitz-Platte-Anordnung zur Generierung äußerer TE und zum anderen um einen Überspannungs-Gasableiter, welcher durch kapazitive Kopplung zur Hochspannung zum Auslösen gebracht wurde. Die dabei entstehenden Signale kommen einer äußerst konstanten, inneren Teilentladung gleich. Die TE-Einsetzspannung betrug bei beiden Fehlstellen etwa 5 kV.
Die Spannungsversorgung erfolgte über einen Prüftransformator mit angeschlossenem TE-Prüfkreis (Koppelkondensator mit 1 µF) nach IEC 60270. Der Anschluss an die MS-SA wurde über ein MS-Kabel inklusive Kabelstecker an L1 der Schaltzelle =J07 realisiert. Die Phasen L2 und L3 wurden geerdet. Der HPF-Sensor mit einer Kapazität von 700pF wurde anstelle des Kabelverschlussstopfens des Kabelsteckers montiert. Die Signalaufnahme und -verarbeitung erfolgte bei beiden Messketten über ein herkömmliches, digitales TE-Messsystem.

4.2 Übertragungsverhalten

In Abbildung 6a ist das Ausgangssignal des Sensors bei Einspeisung von 100 pC Kalibrierimpulsen an unterschiedlichen Stellen der Anlage dargestellt. Durch die Hochpass-charakteristik des Sensors schwingt der übertragene Impuls. Die Impulse bei Einspeisung in =J06 und =J04 zeigen einen zeitlichen Verlauf mit ähnlichen Amplituden auf. Überraschend ist die deutlich höhere Amplitude bei Einspeisung in =J02, dem vom Sensor am weitesten entfernten Ort. Dieses Verhalten kann durch Resonanzen und Reflektionen auf der Leitung, beziehungsweise entlang der Sammelschiene, begründet werden.

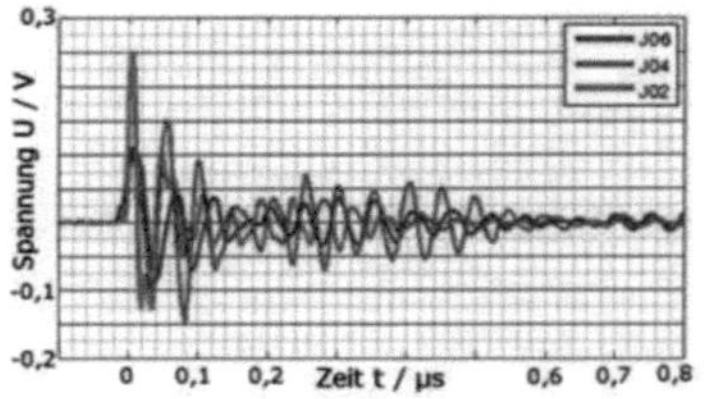

(a) 100 pC Kalibrierimpuls

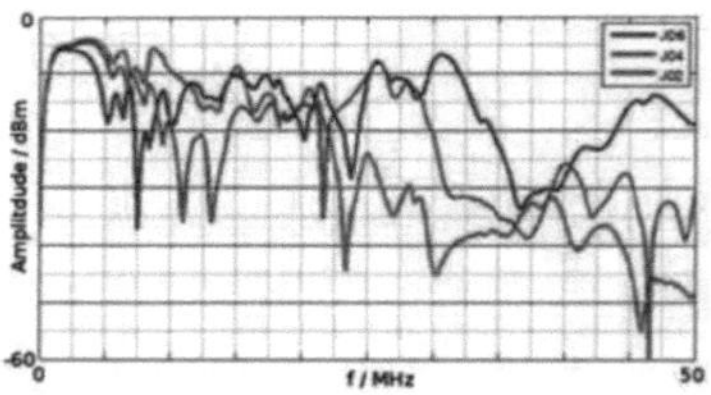

(b) Trackinggenerator und Spektrumanalysator

Abbildung 6: Signalübertragungsverhalten im Zeit- und Frequenzbereich des HPF-Sensors an MS-SA bei unterschiedlichen Einspeiseorten (blau: =J06, grün: =J04, rot: =J02)

Die Signaldämpfung aufgrund verlustbehafteter Leitung entlang der Schaltzellen spielt bei der untersuchten Anlage beziehungsweise Anlagendimension eine untergeordnete Rolle. Wie Abbildung 6b vermuten lässt, sind Signalbestandteile über ca. 25 MHz erst von einer Dämpfung betroffen. Verschiedene Resonanzstellen dominieren das Spektrum.

Abbildung 7 veranschaulicht den deutlichen Einfluss der Spannungswandler auf den spektralen Inhalt der Signalamplitude. Mit zunehmender kapazitiver Last durch die Spannungswandler sinkt die Amplitude und der Impuls schwingt mit geringerer Frequenz.

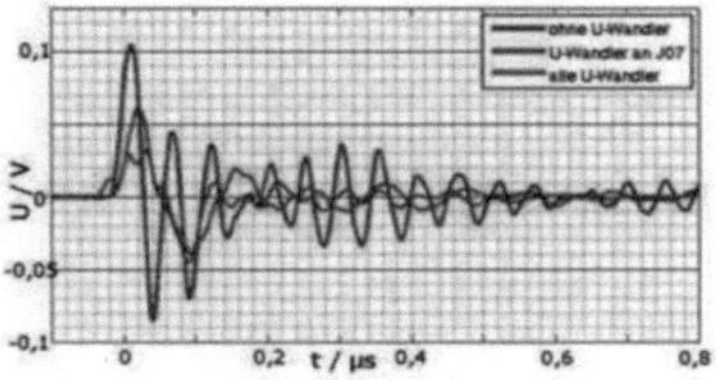

Abbildung 7: Kalibrierimpulse bei Einspeisung in =J02 bei unterschiedlichen Lasten (blau: ohne U-Wandler, grün: U-Wandler an =J07, rot: alle U-Wandler)

4.3 Vergleichende TE-Messung

4.3.1 Kalibrierung

Zu Beginn der Untersuchung erfolgte das Kalibrieren des Prüfkreises nach Norm. Die Einspeisung der Kalibrierimpulse erfolgte über =J06. Mit dem gleichen Verfahren wurde auch die mit dem HPF-Sensor versehene Messkette kalibriert. Wie in Abbildung 8 dargestellt, zeigte sich bei der Kalibrierung ein ausgeprägtes Hochpassverhalten der Messkette mit dem HPF-Sensor, sodass eine Mittenfrequenz von 1 MHz und eine Bandbreite von 300 kHz gewählt wurde. Die Messung nach Norm erfolgte mit gleicher Bandbreite bei einer Mittenfrequenz von 250 kHz. Die Unterschiede der Empfindlichkeit sind auf die unterschiedlichen Kapazitäten zurückzuführen und wurden durch den eingestellten Kalibrierfaktor berücksichtigt. Im Bereich zwischen 1 MHz und 9 MHz weisen beide Messverfahren eine gute Übereinstimmung des Amplitudendichtespektrums auf. Demzufolge ist in diesem Messbereich mit übereinstimmenden Messergebnissen zu rechnen.

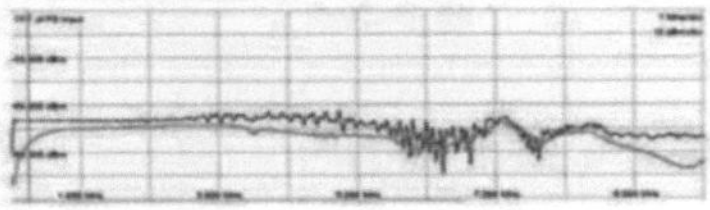

Abbildung 8: Spektrum des Kalibrierimpulses am Ende der Messkette (blau: IEC 60270, grün: HPF-Sensor)

4.3.2 Messergebnisse

Die Messergebnisse der Untersuchung mit dem Prüfkreis nach IEC60270 sowie mit dem HPF-Sensor wurden für verschiedene Konfigurationen der Schaltanlage und mit zwei Fehlertypen an jeweils zwei Fehlerorten aufgenommen. Dabei weichen die Ergebnisse der ermittelten scheinbaren Ladung der beiden Messerketten um weniger als 10 % voneinander ab. Die aufgenommene Gesamtzahl an Impulsen stimmt bei beiden Messmethoden überein.

Beispielhaft sind in Abbildung 9 die Aufgezeichneten PRPD- Diagramme einer äußeren TE an L1 der Schaltzelle =J06 dargestellt.

Der Einfluss der untersuchten Schaltanlagenkonfigurationen war auf beide Messketten identisch, sodass sich auch hier keine nennenswerten Unterschiede im Messergebnis ergaben. Vorteilhaft zum Vergleich der Messergebnisse, besonders in Bezug auf den Ort der Fehlstelle, ist die konstante Entladungsmenge des Gasableiters beim Durchzünden.

Bei aktiver Fehlstelle nahe des Prüfkreises – am Schaltfeld =J06 – beziehungsweise des Sensors wird von beiden Messketten eine Ladungsmenge von etwa 2,2 nC ermittelt. Wandert die Fehlstelle an =J02 der, den Messketten entferntesten Stelle, steigt die ermittelte scheinbare Ladung auf ca. 2,8 nC an.

Dieses Verhalten wurde bereits in Punkt 4.2 festgestellt und betrifft sowohl die Messung nach Norm wie auch die Messung mit dem HPF-Sensor

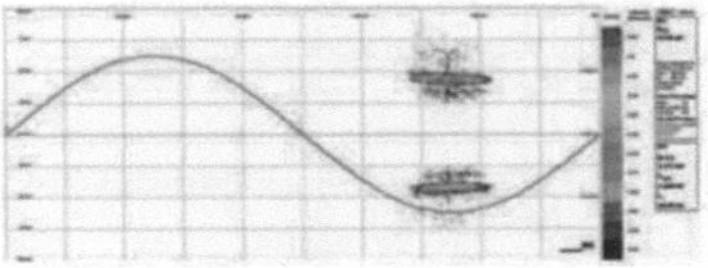

(a) IEC 60270

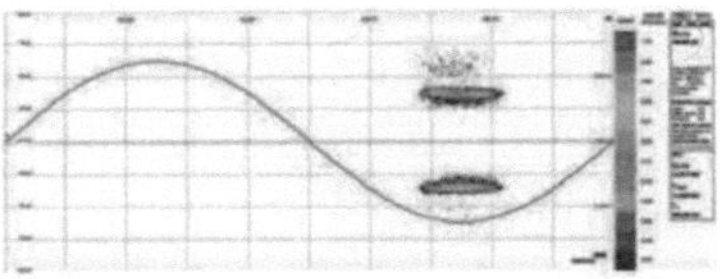

(b) HPF-Sensor

Abbildung 9: Äußere TE an =J06 aufgenommen nach IEC 60270 und mit dem HPF-Sensor

5 Zusammenfassung und Ausblick

In diesem Beitrag wurde eine optimierte Version des HPF-Sensors vorgestellt [4]. Mit Hilfe dieses Sensors soll die Teilentladungsdetektion und Messung in Mittelspannungs-Schaltanlagen vereinfacht werden. Dabei sollen bei der Messung nach Norm IEC 60270 gesammelte Erfahrungen weiterhin Verwendung finden können und die Messergebnisse vergleichbar sein. Durch diesen Sensor soll auch während des Betriebs der Anlagen die TE- Messung durchführbar werden und somit der kritische Bereich des Kabelanschlusses überwacht werden können. Zur Verifizierung des Sensors wurden vorerst vergleichende Messungen zur Norm im Labor und später an aufgestellten Anlagen durchgeführt. Der Fokus bei diesen Messungen lag vor allem in der Bewertung des Übertragungsverhaltens des Sensors bei verschiedenen Belastungen durch unterschiedliche Konfigurationen der Schaltanlage. Weiterhin wurden TE-Messungen mit zwei verschiedenen Fehlstellentypen durchgeführt. Parallel zu den Messungen mit dem HPF-Sensor wurden Messungen mit dem Prüfkreis nach Norm durchgeführt. Auf Basis dieser Ergebnisse konnte ein Vergleich beider Messmethoden erfolgen. Dabei konnten mit dem HPF-Sensor sehr gute Ergebnisse erzielt werden. Trotz der Belastung mehrerer Schaltzellen einschließlich der angeschlossenen Spannungswandler konnte über mehrere Schaltfeldern hinweg ein Signal ausgekoppelt werden, welches sich deutlich vom Grundrauschen abhebt. Der breite nutzbare Frequenzbereich ermöglicht es variabel und der Situation angepasst die Mittenfrequenz und Bandbreite zu wählen. Im Vergleich zu Messungen nach Norm wurde mit dem HPF-Sensor bei den untersuchten Fehlstellen und Anlagenkonfiguration die Übereinstimmung der ermittelten scheinbaren Ladung festgestellt. Weiterhin ergaben sich identische PRPD-Pattern und die gleiche Anzahl erfasster Impulse.

Die größte Herausforderung für die Detektion von Teilentladungen an in Betrieb befindlichen Anlagen wird die starke Belastung durch die angeschlossenen Kabel sowie ein erhöhtes Störaufkommen sein. Die große Kapazität der Kabel wird zu starken Einbußen der Empfindlichkeit des Sensors führen. Dem entgegen steht die Induktivität der Kabel, welche besonders im höheren Frequenzbereich vom Vorteil zur TE-Auskopplung mit dem HPF-Sensor sein kann. Durch die Wahl der Messfrequenz kann auch die räumliche Empfindlichkeit beeinflusst werden. Dies ist möglich, da Signalbestandteile hoher Frequenz einer stärkeren Dämpfung entlang ihres Ausbreitungsweges ausgesetzt sind als Signalbestandteile geringerer Frequenz. Dies spiegelt sich im Spektrum des TE-Impulses und damit auch in seiner Form im Zeitbereich wider. Dieses Verhalten könnte zur Lokalisierung der Fehlstelle genutzt werden, aber auch um zwischen Fehlern in und außerhalb der Schaltanlage unterscheiden zu können.

Zur Minimierung von Störern und dem Sicheren Erkennen von Teilentladungen während des Betriebs werden vor allem Softwarelösungen nötig sein. Erst durch eine klare Trennung von Störern und TE-Signal kann eine fundierte Bewertung der TE erfolgen.

Literatur

[1] G. Valtin, S. Kornhuber, M. Boltze: Teilentladungsmessung an betriebsgealterten Mittelspannungs-Schaltanlagen, Netzpraxis 1-2, 2013.

[2] *IEC 60270:2015-11* High Voltage Test Techniques - Partial Discharge Measurments, Norm, 3. Edition, 2015

[3] Behrend,S.: Optische und elektrische Untersuchungen zu Teilentladungen in transparenten Silikonelastomeren, Dissertation TU Berlin, 2015

[4] M.Weise, G. Valtin, et al: Anwendung nicht-konventioneller Sensorik zur Teilentladungs-erfassung an gasisolierten Mittelspannungs-Schaltanlagen, ETG-FB 144: Diagnostik elektrischer Betriebsmittel, VDE, 2014

INSTANDHALTUNG DER GROßVERSUCHSANLAGE THERESA IM ZITTAUER KRAFTWERKSLABOR

Christian Vogel, Sebastian Braun, Torsten Klette, Thomas Gubsch, Doreen Kratzsch, Steffen Härtelt, Alexander Kratzsch
Hochschule Zittau/Görlitz (IPM), Theodor-Körner-Allee 16, 02763 Zittau

An der Hochschule Zittau/Görlitz wird die Großversuchsanlage THERESA (**THER**mische **E**nergie**S**peicher**A**nlage) für experimentelle und methodische Untersuchungen im Bereich der thermischen Prozesstechnik (z.B. Energiespeichersysteme, Wärmeübertrager, Messtechnik) betrieben. Die Instandhaltung der Großversuchsanlage ist eine grundlegende Aufgabe der Hochschule Zittau/Görlitz. Im vorliegenden Beitrag erfolgt die Darstellung der Methoden und wesentlichen Maßnahmen, die zur Instandhaltung der Großversuchsanlage notwendig sind.

1. Großversuchsanlage THERESA

Im Rahmen des Förderprogramms „Energie und Klimaschutz – RL EuK 2007" wurde durch das Institut für Prozeßtechnik, Prozeßautomatisierung und Messtechnik (IPM) der Hochschule Zittau/Görlitz (HSZG) die Versuchsanlage (VA) THERESA im Zittauer Kraftwerkslabor errichtet und in Betrieb genommen (Abbildung 1-1).

Abbildung 1-1: VA THERESA im Zittauer Kraftwerkslabor

Die VA THERESA ist eine überwachungsbedürftige Dampfkesselanlage, die in die DIN EN 12953 „Großwasserraumkessel" eingeordnet wird (nähere Informationen zum Aufbau und der Funktionsweise sind [1] zu entnehmen). Die VA THERESA dient der experimentellen Untersuchung thermischer Energiespeichersysteme und wissenschaftlicher Fragestellungen zur Flexibilisierung von thermischen Energieanlagen. Dabei werden Wasser-Dampf-Prozesse mit bis zu 350 °C und 60 bar nachgebildet. Maßgebend für die sicherheitstechnische Einordnung der Anlage ist der Hochdruckdampferzeuger. Aufgrund des hohen Gefährdungspotenzials besitzt die Anlage umfangreiche Sicherheitseinrichtungen, welche nach DIN EN 61508 dem Sicherheitsintegritätslevel (SIL) 2 entsprechen. Nach der erfolgreichen „Prüfung vor Inbetriebnahme", welche durch die zugelassene Überwachungsstelle (TÜV Süd) erfolgte, wurde durch die Landesdirektion Sachsen im Juni 2016 die Betriebserlaubnis erteilt. Diese wurde aufgrund des speziellen Einsatzgebietes in Lehre und Forschung nur unter Einhaltung zusätzlicher Betriebsauflagen erteilt. Die Betriebsauflagen regeln u.a., dass der Betrieb, die Bedienung und die Instandhaltung ausschließlich durch entsprechend geschultes Fachpersonal (Kesselwärter, Elektrofachkraft usw.) erfolgen darf. Durch die Komplexität der Prozesse und der technischen Zusammenhänge stellt die Instandhaltung einen wesentlichen Schwerpunkt dar.

2. Grundlagen der Instandhaltung

Im Allgemeinen dient die Instandhaltung zum Erhalt bzw. zur Wiederherstellung des funktionsfähigen Zustandes. Um dies zu gewährleisten, werden verschiedene Maßnahmen getroffen, die nach DIN EN 31051 in Grundmaßnahmen unterteilt werden (s. Abbildung 2-1).

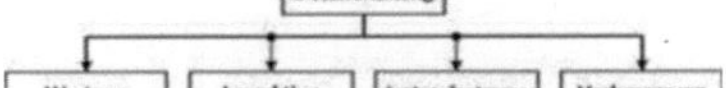

Abbildung 2-1: Grundmaßnahmen der Instandhaltung [2]

Die Wartung dient der Verzögerung des Abbaus des vorhandenen Abnutzungsvorrates. In Abbildung 2-2 ist ein möglicher Abbau des vorhandenen Abnutzungsvorrates ohne und mit Wartung über der Zeit dargestellt. Sinkt der Abnutzungsvorrat unter die Abnutzungsgrenze kann es zu einem Ausfall der Anlage kommen.

Abbildung 2-2: Beispiel für Abbaukurve des Abnutzungsvorrates [2]

Eine weitere Maßnahme ist die Inspektion, die den Istzustand eines Systems festlegt sowie beurteilt. Durch zyklische Inspektionen können die Ursachen einer möglichen Abnutzung bestimmt und daraus eine Systematik zur Nutzung abgeleitet werden, welche zukünftig den Abbau des Abnutzungsvorrates verzögert.
Die Instandsetzung stellt die Funktion des fehlerhaften Systems durch direkte Eingriffe im System wieder her. In Abbildung 2-3 wird die theoretisch mögliche Wiederherstellung des Abnutzungsvorrates und die Ausfallzeit durch die Instandsetzung dargestellt.

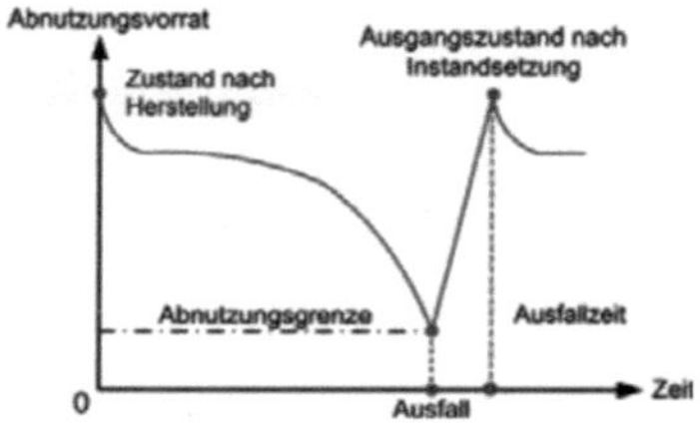

Abbildung 2-3: Beispiel für Instandsetzung nach einem Ausfall [2]

Die Verbesserung dient als letzte Maßnahme zur Optimierung des Systems, ohne die ursprüngliche Funktion grundlegend zu ändern. Mit der Verbesserung soll die Zuverlässigkeit, die Instandhaltbarkeit und die Sicherheit des Systems gesteigert werden. Eine Verbesserung des Systems ist auch während des Betriebs möglich, um Fehler zu verhindern und Ausfälle zu vermeiden.

3. Instandhaltung der THERESA

Die Instandhaltung der VA THERESA wird im Rahmen des Qualitätsmanagements des IPM durch definierte Prozesse geregelt.

Dabei erfolgt die Durchführung der Instandhaltungsmaßnahmen nutzungsspezifisch und zyklisch. Die Aktorik und Sensorik der Anlage besitzt umfangreiche elektronische Überwachungsfunktionen, welche zyklisch die Betriebsbereitschaft der VA THERESA prüfen und im Fehlerfall Warn- bzw. Fehlermeldungen ausgeben. Der Abbau des Abnutzungsvorrates wird für jede Komponente, durch in der Leittechnik implementierte Zyklen- und Betriebsstundenzähler, detektiert. Im Rahmen der Versuchsvorbereitung erfolgt vor jedem Versuchsbeginn eine Inspektion der Anlage sowie die Funktionsprüfung der Aktorik durch automatisierte Testprozeduren.
Dadurch können Veränderungen rechtzeitig festgestellt, Ausfälle minimiert und die Verfügbarkeit der Anlage gewährleistet werden.
Des Weiteren können der personelle Aufwand und die Gesamtkosten für die Wartung und Instandsetzung gering gehalten werden. [3] Die Durchführung der Instandhaltung an der VA THERESA wird in Eigen- und Fremdarbeiten unterteilt. Dabei beeinflussen die folgenden verschiedenen Aspekte die Instandhaltung maßgeblich:

- Vollständigkeit der Dokumentation,
- Möglichkeit der Reparatur,
- Fehlersuche und Störungsfindung,
- Management von Ersatzteilen.

Die Dokumentation von durchgeführten Instandhaltungsmaßnahmen wird in Checklisten und dem Anlagenlogbuch (Datenbank) vorgenommen.

3.1. Datenmanagement

Im Rahmen des Qualitätsmanagements erfolgte die Entwicklung einer Datenbank, um die erheblichen Informationsmengen der Versuchsanlage konsistent und effizient handhaben zu können. Die entwickelte Datenbank stellt ein wichtiges Instrument im Instandhaltungsprozess dar, da diese die komponentenbezogene Ablage von Dokumenten (z.B. Zeichnungen, Bedienungsanleitungen, Kalibrierscheinen, Berechnungen) und Informationen (z.B. technischen Eigenschaften, Kosten, Lieferanten, Wartungszyklen etc.) ermöglicht.
Eine weitere Aufgabe der Datenbank ist die Erfassung von Ereignissen, Fehlern, Fehlerabstellungs- und Instandhaltungsmaßnahmen und Verbesserungsvorschlägen.
Die Datenbank besitzt ein Versionsmanagement für das Hauptprogramm und die Programmbibli-

othek der Leittechnik. Darüber hinaus werden Informationen zu durchgeführten Versuchen, Simulationen und deren Auswertungen in der Datenbank erfasst. Die Datenbank ermöglicht die Verknüpfung und Auswertung der vielfältigen Informationen. Abbildung 3-1 zeigt beispielhaft eine Eingabemaske der Datenbank.

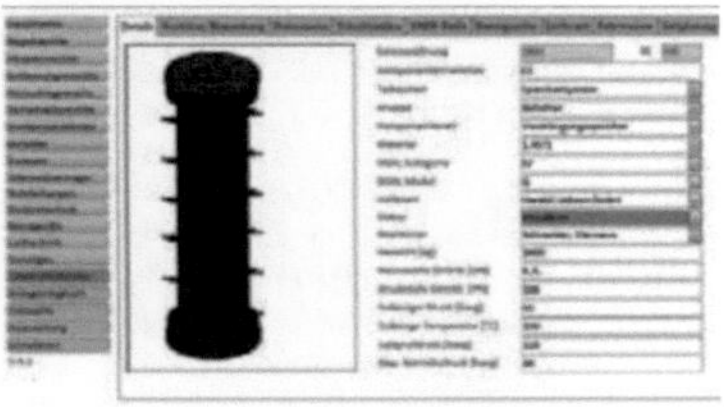

Abbildung 3-1: Datenbank der VA THERESA

3.2. Wartung und Inspektion

Da die VA THERESA eine überwachungsbedürftige Anlage ist, muss diese betriebssicher sein und unterliegt nach BetrSichV besonderen Prüfungen durch die zulässige Überwachungsstelle. Die Wartung und Inspektion der VA THERESA untergliedert sich in:

- verbindliche Arbeiten nach BetrSichV und
- sonstige Arbeiten.

Die verbindlichen Arbeiten umfassen Maßnahmen an überwachungsbedürftigen Ausrüstungsteilen mit Sicherheitsfunktion (z.B. Begrenzungseinrichtungen und Sicherheitsventilen). Diese werden durch die zulässige Überwachungsstelle im Rahmen der sogenannten wiederkehrenden Prüfung zyklisch geprüft. Die wiederkehrende Prüfung beinhaltet folgende verbindlich vereinbarten Arbeiten:

- Sichtprüfung,
- Funktionsprüfung,
- Äußere Prüfung,
- Innere Prüfung und
- Festigkeitsprüfung.

Die Sichtprüfung, Funktionsprüfung und äußere Prüfung findet an der VA THERESA jährlich bzw. halbjährlich statt, die innere Prüfung aller drei Jahre und die Festigkeitsprüfung i.d.R. aller neun Jahre.

Die sonstigen Arbeiten umfassen Maßnahmen an der Aktorik und Sensorik den Betriebseinrichtungen und der Leittechnik. Die Wartung der Betriebseinrichtungen erfolgt zyklisch nach Herstellerempfehlung. Bei der Sensorik erfolgt eine jährliche Kalibrierung und Funktionsprobe. Für eine übersichtliche Darstellung der notwendigen Wartungs- und Inspektionsarbeiten wurden Checklisten erstellt. Dort werden folgende Maßnahmen unterschieden:

- Sichtprüfung,
- Funktionsprobe,
- Stoffbuchse nachziehen,
- Dichtheitsprüfung,
- Kalibrierung,
- Schraubverbindungen nachziehen,
- Reinigen,
- Ölwechsel,
- elektr. Verbindungen kontrollieren,
- Luftfilter bzw. Filter kontrollieren und
- Wartung durch Servicefirma.

Die VA unterliegt keinem Dauerbetrieb. Fehlerhafte Sensoren oder Aktoren können erst im Betrieb festgestellt werden. Durch die genannten Maßnahmen zur Wartung und Inspektion wird sichergestellt, dass sich die Anlage auch nach langen Stillstandszeiten in einem funktionsfähigen und sicheren Zustand befindet.

3.3. Instandsetzung

Ist der Abnutzungsvorrat einer Komponente abgebaut, erfolgt durch das technische Personal der HSZG oder durch Fremdfirmen eine Instandsetzung. Während dieser Zeit ist i.d.R. kein Versuchsbetrieb möglich. Durch die in der Leittechnik implementierten Überwachungsfunktionen und die zyklische Wartung nach Herstellerempfehlung, ist der verbleibende Abnutzungsvorrat bekannt. Daher ist die Wahrscheinlichkeit unvorhersehbarer Ausfälle als gering einzuschätzen. Da sich Ausfälle dennoch nicht vollständig ausschließen lassen, wird derzeit ein Ersatzteillager aufgebaut. Dieses bietet einen entsprechenden Vorrat an Verschleißteilen und gewährleistet damit eine schnelle Wiederverfügbarkeit der Anlage bei einem unvorhersehbaren Komponentenausfall. Die Verschleißteile der VA THERESA sind im Wesentlichen Sensoren, Messumformer und Dichtungen.

3.4. Verbesserungen

Eine besonders wichtige Aufgabe des Qualitätsmanagements und der Instandhaltung der Großversuchsanlage THERESA ist es, Maßnahmen zur Verbesserung abzuleiten. Im Gegensatz zu einer klassischen prozesstechnischen Anlage, welche hinsichtlich des wirtschaftlichen Betriebs optimiert wird, liegt der Fokus bei einer Versuchsanlage auf der Qualität der experimentellen Ergebnisse und dem Forschungsfortschritt. In diesem Zusammenhang rücken Verbesserungsvorschläge zur messtechnischen Ausstattung und Automatisierung von Versuchsabläufen in den Fokus. Durch einen höheren Automatisierungsgrad kann die Qualität der Kalibrierung und die Reproduzierbarkeit von Experimentabläufen erheblich verbessert werden. Zusätzlich ergibt sich dadurch ein Zeitvorteil. Bevor die Umsetzung entsprechender Maßnahmen erfolgt, wird zunächst geprüft, ob die geplante Maßnahme die Betriebsgenehmigung der VA beeinflusst und ggf. mit der zulässigen Überwachungsstelle abgestimmt werden muss. Die Verbesserungsmaßnahmen an der VA THERESA werden in folgende Kategorien unterteilt:

- Bedienung,
- Betriebsverhalten,
- Qualität der Messtechnik,
- Qualität des Versuchsablaufs und
- Fehlerabstellung.

4. Zusammenfassung und Ausblick

Die Instandhaltung einer Großversuchsanlage ist ein komplexes Feld von Aufgaben, die für einen sicheren Betrieb und eine hohe Qualität und Verfügbarkeit entscheidend sind. Im vorliegenden Beitrag erfolgte die Beschreibung der allgemeinen Grundmaßnahmen der Instandhaltung der Großversuchsanlage THERESA. Durch den Einsatz von qualifiziertem Fachpersonal und der Datenbank, wird gewährleistet, dass die Aufgaben der Instandhaltung qualitätsgerecht erfüllt und dokumentiert werden.

Um die Qualität der experimentellen Untersuchungen zu erhöhen und die Prozesse der Instandhaltung weiter zu optimieren erfolgt eine stetige Weiterentwicklung der Überwachungsfunktionen, Checklisten und der Datenbank der VA THERESA.

Literatur

[1] IPM, „ipm.hszg.de," 28.07.2017. [Online]. Available: http://ipm.hszg.de/labore/zittauer-kraftwerkslabor-zkwl/thermische-energiespeicheranlage-theresa.html. [Zugriff am 28.07.2017].

[2] Deutsches Institut für Normung e.V., *DIN 31051 - Grundlagen der Instandhaltung,* Berlin: DIN e.V., 2012.

[3] W. Hodapp, „Die Bedeutung einer zustandsorientierten Instandhaltung - Einsatz und Nutzen in der Investitionsgüterindustrie," in *Betriebliche Instandhaltung*, Berlin, Springer, 2009, pp. 135-149.

Danksagung

Die Versuchsanlage THERESA ist Bestandteil des fakultätsübergreifenden Forschungsvorhaben „Zittauer Kraftwerkslabor", welches mit Mitteln des Europäischen Fonds für regionale Entwicklung (EFRE) und des Freistaates Sachsen gefördert wurde.

EUROPÄISCHE UNION
Europäischer Fonds für regionale Entwicklung

Oberlausitzer Energie-Symposium 2017, Zittau, Deutschland, 25./26. Oktober 2017

UHF TEILENTLADUNGSMESSUNGEN AN LEISTUNGSTRANSFORMATOREN GRUNDLAGEN, MÖGLICHKEITEN UND GRENZEN

Prof. Dr.-Ing. Peter Werle, M.Sc. Mohammad Akbari Azirani
Leibniz Universität Hannover
Institut für Elektrische Energiesysteme
Fachgebiet Hochspannungstechnik und Asset Management, Schering-Institut
Callinstr. 25 A, 30167 Hannover

Die Messung von Teilentladungen (TE) stellt eine der relevantesten und sensitivsten Diagnoseverfahren für Komponenten der Hochspannungstechnik dar, so dass infolge jahrzehntelanger Forschung diverse Verfahren zur Messung und Evaluierung von Teilentladungen entwickelt wurden. Die TE-Messung im ultrahohen (UHF) Frequenzbereich ist für gasisolierte Hochspannungssysteme mittlerweile infolge diverser Vorteile etabliert und Stand der Technik, so dass seit einigen Jahren untersucht wird, ob sich diese UHF-Methode auch für TE-Messungen an flüssigkeits-feststoff-isolierten Transformatoren vorteilhaft einsetzen lässt.

In dem Beitrag werden daher zunächst einige grundlegende Aspekte der UHF-TE-Messtechnik behandelt, um dann anhand von Messungen an Versuchsanordnungen im Labor Vor- und Nachteile dieses Verfahrens aufzuzeigen. Dabei wird unter anderem auf die Sensitivität der Methode eingegangen und dargestellt von welchen Parametern diese abhängt. Ferner wird die Möglichkeit einer Kalibrierung dieses Messverfahrens erörtert und die Empfindlichkeit gegenüber Störsignalen anhand von Messungen an einem realen Leistungstransformator veranschaulicht. Weiterhin wird die Charakterisierung des TE-Typs mit der Phase Resolved Partial Discharge (PRPD) Mustererkennungsanalyse mittels der elektrischen und der UHF-Methode verglichen, so dass letztlich die Potentiale aber auch die Grenzen dieser Technik transparenter und verständlicher werden.

1. Einleitung

Um die Zuverlässigkeit der Transformatoren zu erhöhen und die Betriebskosten zu minimieren, ist eine Online-Zustandsüberwachung von Transformatoren zu empfehlen. Der Zustand des Transformatorisolationssystems steht dabei im Fokus, wenn der Transformator überwacht werden soll [1].

Da Teilentladungen (TE) vor dem Beginn einer schweren Schädigung eintreten, kann die TE-Überwachung und dessen Auswertung verwendet werden, um frühzeitig vor einem baldigen Ausfall zu warnen. Vorteile wie Robustheit gegen externe Störungen, Möglichkeit der Online-Überwachung sowie Lokalisierung der TE machen die UHF-Methode scheinbar besonders attraktiv [2].

Um die Art der TE zu charakterisieren, ist einer der am meisten angewandten Methoden die Phase Resolved Partial Discharge (PRPD) Mustererkennungsanalyse. Hierbei wird sowohl die Amplitude als auch die Phase des Spannungszyklus jedes einzelnen TE-Pulses verwendet, um ein Muster zu erlangen. Durch die Verwendung der PRPD-Methode können die TE-Daten interpretiert werden. Auch die UHF-Methode kann eingesetzt werden, um solche Pattern aufzunehmen.

Der UHF-Sensor ist der Hauptteil eines UHF-Messsystems. Trotz verschiedener Ausführungen der Sensoren zur Verwendung in Leistungstransformatoren [3], sind UHF-Sensoren für Standard-Ölschieber besonders weit verbreitet.

In dieser Veröffentlichung werden sämtliche Effekte, die die Sensitivität und die Kalibrierung dieser Methode beeinflussen durch Labormessungen im Detail behandelt. Des Weiteren wird die Korrelation zwischen der elektrischen TE-Messung nach der Norm *IEC 60270* [4] und der UHF-Messmethode untersucht. Ferner wird die Robustheit der UHF-Messmethode gegenüber externen Störungen anhand von Messungen an einem Transformator untersucht.

2. Einfluss des UHF-Sensors

Die Wirkung des Transformatorkessels und des UHF-Sensors auf die empfangenen elektromagnetischen Signale wird in diesem Abschnitt untersucht. Hierfür wird ein UHF-Sensor mit einer Kopflänge von 5,5 cm und einem Durchmesser von 39 mm in ein luftgefülltes Transformatortankmodell über ein *DN 80* Ölablassventil eingeführt. Die Eindringtiefe für den Sensor ist aufgrund der hohen Felder im Transformator sehr beschränkt. Für diese Untersuchung wird die Eindringtiefe mit der Kopflänge des UHF-Sensors gleichgesetzt. Der Sensor wird mit einem 8 GHz Vektor-Netzwerkanalysator über ein 10 m langes UHF-Kabel mit einer Impedanz von 50 Ω verbunden.

Um eine Aussage über die Qualität der Impedanz-Anpassung des Sensors treffen zu können, wird der Reflexionsfaktor S_{11} des Sensors untersucht. Je negativer der Reflexionsfaktor, desto besser ist die Impedanz-Anpassung.

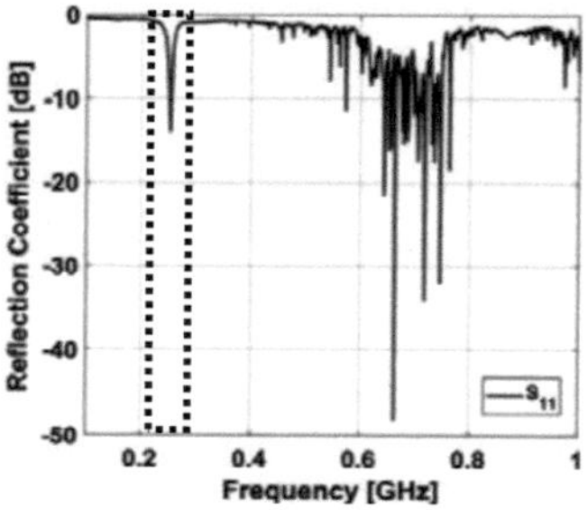

Abbildung 1: Reflexionsfaktor des UHF-Sensors bei verschiedenen Frequenzen

Der Reflexionsfaktor S_{11} des Sensors wird in Abbildung 1 gezeigt. Nach Jacobis Gesetz muss für maximale Leistungsübertragung die Impedanz einer Antenne mit der ihrer Umgebung übereinstimmen [5]. Hierbei handelt es sich um das Medium, in dem der Sensor eingesetzt wird, aber auch jedes metallische oder dielektrische Objekt in der Nähe des Sensors wirkt sich direkt auf die Anpassung aus. Der Innenraum des Transformatorkessels besteht aus Metallplatten, Stäben, Isolatoren usw., welche gekoppelt mit dem Sensor Induktivitäten bzw. Kapazitäten bilden. Daher verändert sich die Reaktanz des Sensors, je nachdem welche Abstände zwischen dem Sensor und die Transformatorwandung bzw. der aktive Teil des Transformators herrschen. Abbildung 1 zeigt, dass der UHF-Sensor eine höhere Empfindlichkeit bei höheren Frequenzen aufweist. Allerdings hat sich der Frequenzbereich zwischen 210 MHz und 280 MHz, in Abbildung 1 mit einem gepunkteten Kasten markiert, als geeignet für UHF-PRPD-Pattern-Messungen erwiesen. Dies liegt daran, dass bestimmte Entladungen kleinere Anteile in den höheren Frequenzen zeigen. Die Korona-Entladung in der positiven Halbwelle ist ein gutes Beispiel für dieses Verhalten. Ferner haben Untersuchungen am UHF-Sensor gezeigt, dass er in dem gewählten Frequenzbereich eine höhere Richtcharakteristik und somit weniger Nebenkeulen aufweist, welches für die vorgesehenen Anwendungen günstig ist [6]. Darüber hinaus werden die UHF-Signale durch den aktiven Teil des Transformators gedämpft. Dieser Effekt ist bei höherfrequenten Komponenten stärker zu sehen und bei der Wahl des genannten Frequenzbereichs liegt der Fokus ausschließlich auf niederfrequenten Komponenten, die noch erfasst werden können, auch wenn diese partiell gedämpft werden.

3. Effekt der Symmetrie oder Asymmetrie der Elektroden

Die Korrelation zwischen der konventionellen Messmethode nach *IEC 60270* und der UHF-TE-Methode ist Gegenstand vieler Forschungsarbeiten. In diesem Abschnitt werden Effekte von unsymmetrischen Elektroden um die TE-Stelle auf diese Korrelation mittels Labormessungen untersucht.

3.1. Messaufbau

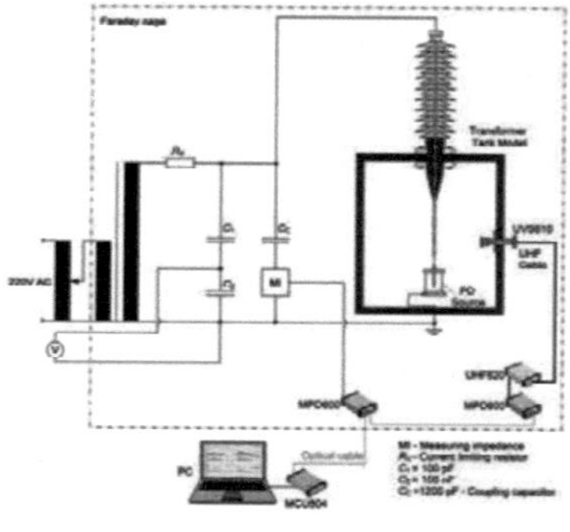

Abbildung 2: Messaufbau zur parallelen Messung von elektrischen und UHF-Methode

Abbildung 2 zeigt die verwendete Schaltung für die Messungen. Hierbei wird die konventionelle Methode nach der Norm *IEC 60270* parallel zu der UHF-Methode eingesetzt. Für diese

Untersuchung wurde ein *OMICRON* Messsystem verwendet.

Bei der elektrischen Messung wird die Erfassungsfrequenz von 100 kHz bis 400 kHz gewählt, während die UHF-Messung eine Frequenzbandbreite von 210 MHz bis 280 MHz (mittlere Bandbreite) abdeckt.

Das für die Experimente verwendete luftgefüllte Transformatortankmodell ist ein spezielles Design und in Abbildung 3 zu sehen. Es verfügt über sechs *DN 80* Ölablassventile, die zum Einschieben des UHF-Sensors in den Kessel eingesetzt werden können.

Abbildung 3: Transformatortankmodell

3.2. TE-Fehlermodelle

Die Erzeugung von TE wird mit zwei verschiedenen TE-Fehlermodellen realisiert. Die Korona-Entladung in Luft wird über eine Nadel-Platte-Konfiguration erzeugt, wobei eine scharfe Nadel auf Hochspannungspotential gelegt wird, wie in Abbildung 4 (a) dargestellt. Ferner werden Hohlraumentladungen in einem Epoxidharzprüfling, der aus zwei symmetrischen *Rogowski*-Elektroden bestehen, die in einem Abstand von 3 mm mit Epoxidharz eingegossen wurden. Bevor das Material aushärtete, wurde mit einer Spritze ein Hohlraum in Form von einer Luftblase mit einem Durchmesser von ca. 1 mm mittig zwischen den Elektroden injiziert, so dass zwischen den Elektroden und der Luftblase ca. 1 mm Abstand besteht. Danach wurde der Prüfling in einer Vakuumkammer bei einer Temperatur von 90 °C für vier Stunden ausgehärtet. Das Hohlraum-Fehlermodell ist in Abbildung 4 (b) zu sehen.

(a) (b)

Abbildung 4: TE-Fehlermodelle für Korona- (a) und Hohlraumentladung (b)

3.3. Aufnahme der PRPD-Pattern

Abbildungen 5 und 6 zeigen die erfassten PRPD Pattern für die TE-Fehlermodelle Korona- und Hohlraumentladung.

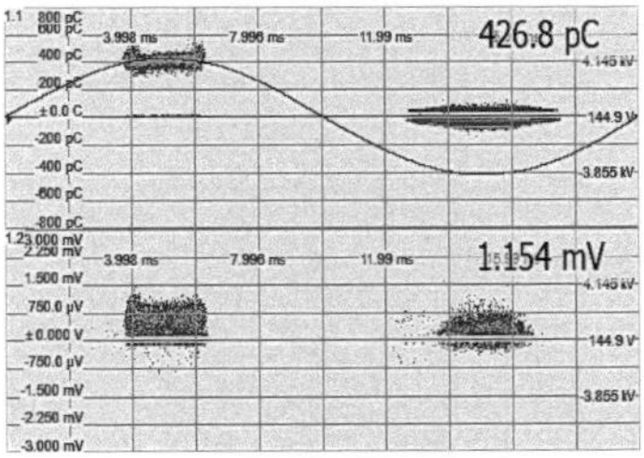

Abbildung 5: PRPD-Pattern des Korona-TE-Modells nach der elektrischen (oben) und UHF-Methode (unten)

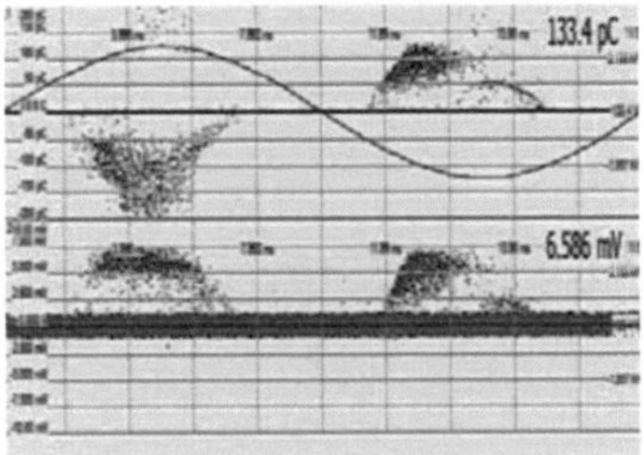

Abbildung 6: PRPD-Pattern des Hohlraum-TE-Modells nach der elektrischen (oben) und UHF-Methode (unten)

Laut Abbildung 5 hat die UHF-Methode für die Korona Entladung eine größere Empfindlichkeit in der negativen Spannungshalbwelle im Vergleich zur positiven Halbwelle.

Das Verhältnis Q_{peak} / V_{peak}, wobei Q_{peak} der Spitzenwert der nach *IEC 60270* gemessenen scheinbaren Ladung und V_{peak} der Spitzenwert des detektierten UHF-Pulses ist, beträgt 330 für die positiven und 67 für die negative Halbwelle. Dieses Verhältnis ist für Hohlraumentladungen in positiven und negativen Halbwellen je 33 und 27 und hat somit einen geringen Unterschied.

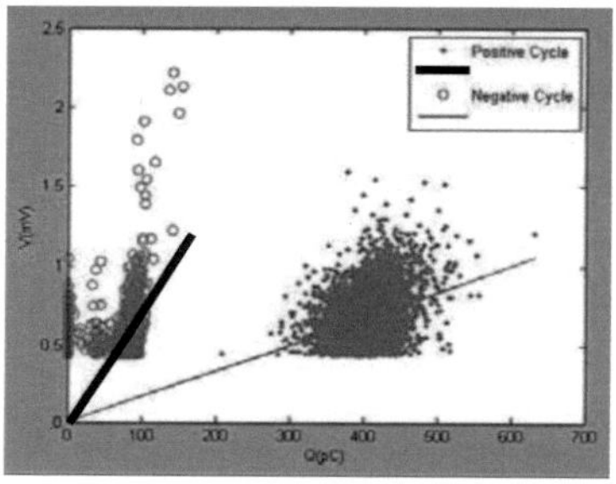

Abbildung 7: UHF-Spannungsmagnituden in Bezug auf scheinbare Ladung für Korona-Entladungen

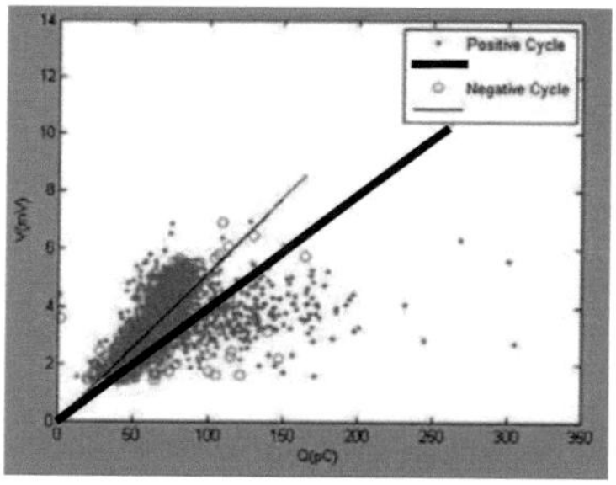

Abbildung 8: UHF-Spannungsmagnituden in Bezug auf die scheinbare Ladung für Hohlraum-entladungen

Die Abbildungen 7 und 8 stellen Scheitelspannungen von empfangenen UHF-Signalen in Bezug auf nach Norm gemessene scheinbare Ladung für Korona- und Hohlraum-entladungen dar. TE in positiven und negativen Spannungshalbwellen werden separat dargestellt und es wird jeweils die Linie mit dem kleinsten mittleren quadratischen Fehler, die sogenannte Sensitivitätslinie, an die Daten angepasst. Es ist zu erkennen, dass bei einer unsymmetrischen Elektrodenanordnung, im diesem Fall Korona-Entladungen, die Empfindlichkeit der UHF-Methode in den beiden Halbwellen stark voneinander abweicht. Für eine symmetrische Elektrodenanordnung, wie bei dem Fehlermodell zur Erzeugung von Hohlraumentladung, ist der Unterschied der Sensitivitätslinien wesentlich kleiner. Mit Erhöhung der Anzahl der gemessen Pulse, wird dieser Unterschied noch kleiner.

Neben der Elektrodenanordnung und Fehlerart sind Faktoren wie Antennen-polarisation, Strahlungscharakteristik und Dämpfung von UHF-Signalen aufgrund unterschiedlicher Übertragungswege weitere Einflussgrößen, die signifikante Unterschiede bei der Korrelation zwischen der konventionellen Methode und der UHF-Methode hervorrufen. Des Weiteren ist der Ort der Teilentladung sowie dessen Umgebung auf den erhaltenen PRPD-Pattern wirksam [4, 7, 8].

Bei der Kalibrierung der UHF-Methode ist das Ziel, UHF-Messungen untereinander vergleichbar zu machen. Hierfür muss der Einfluss der genannten Paramater, die sowohl vom UHF-Sensor selbst, als auch von der Geometrie und dem Ort der Signalauskopplung abhängen, ausgeglichen werden. Um dies zu erreichen, sind weitere Untersuchungen erforderlich.

4. Robustheit gegen externe Störungen

In diesem Abschnitt wird die Schirmwirkung des Transformatorkessels gegen über äußeren Störquellen untersucht.

4.1. Messaufbau

Zur Untersuchung der Robustheit der UHF-Methode gegenüber externem Rauschen, werden die Ergebnisse einer UHF-TE-Messung an einem 110kV Transformator mit einer Nennleistung von 15 MVA vorgestellt. Es wird eine kombinierte UHF-Messung parallel zu der elektrischen Messung durchgeführt, wobei ein UHF-Sensor außerhalb des Transformators platziert wird, um externe Störer aufzunehmen und ein UHF-Sensor über den *DN 50*-Ölablassschieber in den Transformatorkessel eingebracht wird, um die UHF-Signale im Kessel zu empfangen und ein UHF-PRPD-Pattern zu erstellen. Die Eindringtiefe des UHF-Sensors ist ähnlich wie beim letzten Abschnitt auf 5,5 cm fixiert. Der Transformator und die zwei UHF-Sensoren sind auf Abbildung 9 zu sehen. Es wurde weiterhin ein *OMICRON* Messsystem verwendet.

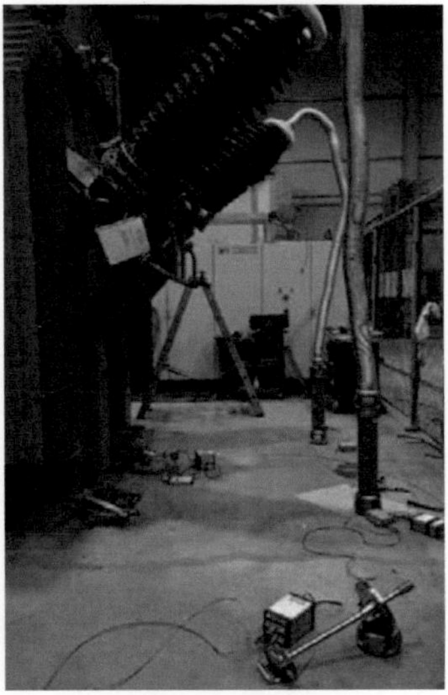

Abbildung 9: TE-Messung mit 2 UHF-Sensoren und einer elektrischen Auskopplung

4.2. Aufnahme des UHF-PRPR-Patterns

Die Ergebnisse dieser Messung sind in Abbildungen 10 und 11 dargestellt, wobei einmal der Grundstörpegel ohne anliegende Spannung gemessen wird und einmal das Pattern im Bereich der Nennspannung.

Wie zu erkennen, zeigt der interne UHF-Sensor im Vergleich zum externen UHF-Sensor einen wesentlich geringeren Grundstörpegel. Auffällig ist zudem, dass die Anzahl der empfangenen Pulse des internen UHF-Sensors und der elektrischen Messung in etwa übereinstimmen, während am externen UHF-Sensor etwa dreimal so viele Signale zu erfassen sind.

Wird die Spannung dann auf Nennspannung erhöht, zeigen sich wiederum TE-Signale mit einer mittleren scheinbaren Ladung im Bereich von 250 pC, wobei das Pattern dann auch mit dem internen UHF-Sensor nachzuweisen ist, während der externe UHF-Sensor überwiegend Störsignale aufzeichnet. Damit ist nachgewiesen, dass die TE-Signale aus dem Inneren des Transformators stammen, wobei auch bei dieser zweiten Messungen in etwa gleich viele Impulse durch der elektrischen Messung und mit dem inneren TE-Sensor erfasst wurden, während der externe UHF-Sensor wiederum etwa dreimal so viele Signale erfasste.

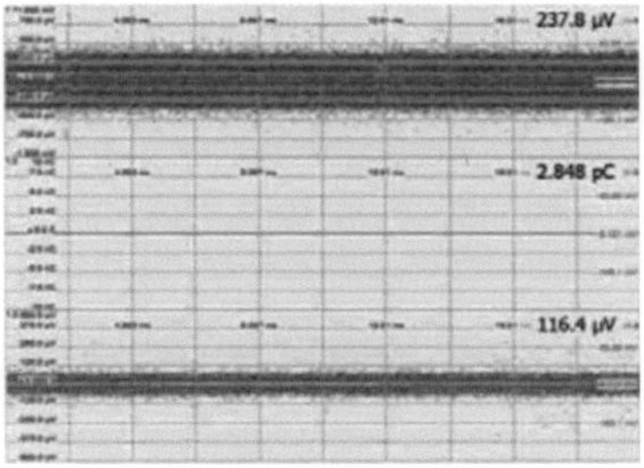

Abbildung 10: TE-Patten bei 0 V (oben externer UHF-Sensor, mittig elektrische Messung, unten interner UHF-Sensor)

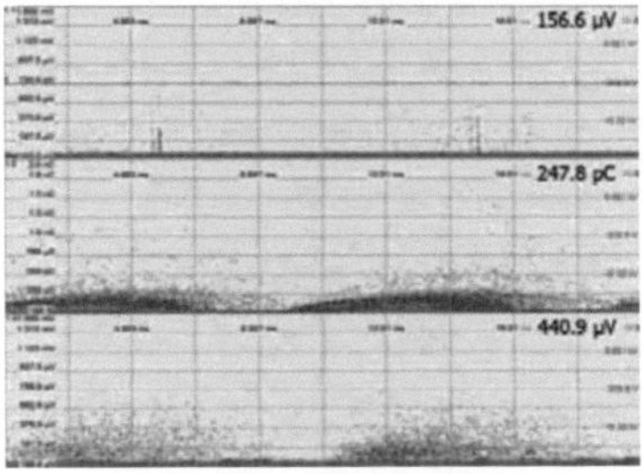

Abbildung 11: TE-Pattern bei Nennspannung (oben externer UHF-Sensor, mittig elektrische Messung, unten interner UHF-Sensor)

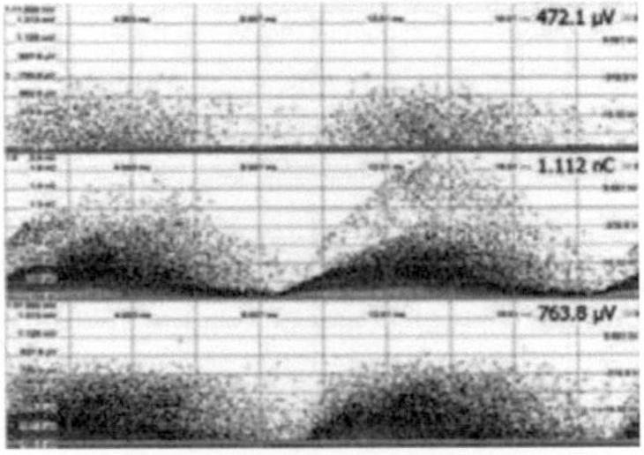

Abbildung 12: TE-Pattern bei 120% Nennspannung (oben externer UHF-Sensor, mittig elektrische Messung, unten interner UHF-Sensor)

Wird die Spannung weiter gesteigert zeigt sich auch auf dem externen Sensor ein entsprechendes Pattern entsprechend Bild 12, so dass nachgewiesen ist, dass der Transformatorkessel nicht einmal die Inneren Signale abschirmt, so dass äußere Störsignale auch durch dielektrische Fenster wie z.B. die Durchführungen einstrahlen können und somit von Sensoren im Transformatorkessel erfasst werden können.

5. Zusammenfassung

Die konventionelle TE-Messmethode nach *IEC 60270* hat sich durch seine konsistente Vergleichbarkeit der Messergebnisse von scheinbaren Ladungen als ein anerkanntes Maß für Werksabnahmeprüfung der Transformatoren etabliert. Die unkonventionellen Methoden, darunter auch die UHF-Messmethode, bieten Vorteile, die zur Ergänzung der elektrischen Methode dienen. Um eine ähnliche Vergleichbarkeit wie bei der konventionellen TE-Messmethode zu erreichen, wurden in diesem Beitrag die Einflussgrößen auf die empfangenen UHF-Pulse sowie das erlangte PRPD-Pattern dargestellt.
Darüber hinaus wurden die Herausforderungen auf dem Weg zur Kalibrierung der UHF-TE-Messmethode vorgestellt, wobei eine Kalibrierung im Sinne der aktuellen IEC-Norm 60270 nicht erfolgen kann.
Des Weiteren wurde die Robustheit dieser Methode gegenüber externen Rauschquellen untersucht, wobei sich gezeigt hat, dass die Messungen auch durch externe Störquellen beeinflusst werden, wenngleich dies geringer ausfallen kann als bei konventionellen Verfahren.

Danksagung

Die Autoren danken der ABB AG, für die Unterstützung dieses Forschungsprojektes.

Literatur

[1] CHAKRAVORTI, S. et al.: *Recent trends in the condition monitoring of transformers: theory, implementation and analysis* Springer Science & Business Media, 2013.

[2] MIRZAEI, H. R. et al.: *Advancing new techniques for UHF PD detection and localization in the power transformers in the factory tests*
IEEE Transactions on Dielectrics and Electrical Insulation, 2015, 22. Jg., Nr. 1, S. 448-455.

[3] SINAGA, H. H.: *Detection Identification And Localization Of Partial Discharges In Power Transformers Using UHF Techniques*
The University of New South Wales Austrailia. PhD Thesis, 2012.

[4] CONSEIL INTERNATIONAL DES GRANDS RÉSEAUX ÉLECTRIQUES. COMITÉ D'ÉTUDES D1. *Guide for partial discharge measurements in compliance to IEC 60270*
Cigre, 2008.

[5] ORFANIDIS, Sophocles J.: *Electromagnetic waves and antennas*
New Brunswick, NJ: Rutgers University, 2002.

[6] JAHANGIR, H., et al.: *UHF PD Measurements on Power Transformers - Sensitivity Investigations*
VDE High Voltage Technology 2016; ETG-Symposium; Proceedings of. VDE, 2016. S. 1-5.

[7] AKBARI, A. et al.: *Challenges in calibration of the measurement of partial discharges at ultrahigh frequencies in power transformers*
IEEE Electrical Insulation Magazine, 2016, 32. Jg., Nr. 2, S. 27-34.

[8] AKBARI AZIRANI, M. et al.: *An investigation on the relation between PRPD patterns acquired by conventional and UHF nonconventional PD measuring technique for power transformers*
International Symposium on High Voltage Engineering (ISH), 2017

Themenbereich 4

IT-Strategien in der Instandhaltung
IT-gestützte Zusammenarbeit bei der Instandhaltung
IT-Sicherheit in der Energietechnik

Oberlausitzer Energie-Symposium 2017, Zittau, Deutschland, 25./26. Oktober 2017

HERAUSFORDERUNGEN FÜR IT-SICHERHEIT IN SMART GRIDS

Adam Bartusiak*
Fraunhofer IOSB-AST, Görlitz, Deutschland
adam.bartusiak@iosb-ast.fraunhofer.de

Oliver Nitschke
Fraunhofer IOSB-AST, Görlitz, Deutschland
oliver.nitschke@iosb-ast.fraunhofer.de

Jörg Lässig
Fraunhofer IOSB-AST, Görlitz, Deutschland
joerg.laessig@iosb-ast.fraunhofer.de

Robert Stricker
Fraunhofer IOSB-AST, Görlitz, Deutschland
robert.stricker@iosb-ast.fraunhofer.de

Das vorliegende Positionspapier stellt einen kurzen Abriss der aktuellen Herausforderungen für die IT-Sicherheit insbesondere im Kontext Kritische Infrastrukturen - mit Schwerpunkt auf der Energieversorgung - dar. Aktuelle Analysen zeigen, dass der Faktor Sicherheit gerade hier aufgrund einer steigenden Anzahl von Bedrohungen mit zunehmender Intensität in den Fokus der Betrachtung drängt. Der Text thematisiert in diesem Zusammenhang die tiefgreifenden Veränderungen im Anforderungsprofil an IT-Systeme, die sich durch aktuelle Entwicklungen im Kontext von Digitalisierung und IoT-Konnektivität ergeben sowie die sich daraus ergebenden Risiken, denen die Branche effektiv entgegentreten muss. Diskutiert werden grundsätzliche Leitlinien zur Gestaltung der Digitalisierung im Sektor Energie in Bezug auf IT-Sicherheitsfragen, die im Unternehmen nach den dortigen Gegebenheiten gestaltet werden müssen.

1. Einführung

Die Digitalisierung von Infrastrukturen in Wirtschaft und Gesellschaft ist gegenwärtig ein Kernthema in den Kontexten Innovation und Wachstum. Neben den bedeutenden Vorteilen, welche die Unterstützung wichtiger Prozesse und Infrastrukturen durch IT-Systeme mit sich bringt, gibt es eine Reihe von Risiken, denen die zugrundeliegenden Systeme insbesondere aufgrund dieser Entwicklung ausgesetzt werden. Schwachstellen und Sicherheitslücken in der Vernetzung, Fernwartung und der Automatisierung stellen Angriffspunkte und Einfallstore dar, die in vielfältiger Hinsicht unter Kontrolle gehalten werden müssen. Dabei ist der Einsatz von punktuellen Gegenmaßnahmen nicht ausreichend, um wirksame Schutzmechanismen zu etablieren. IT-Sicherheit erfordert einen dauerhaft verankerten Prozess, der durchdacht, geplant und regelmäßig während des Betriebs auf seine Wirksamkeit überprüft und angepasst wird. Neben rein technischen und gesetzlichen Anforderungen, die für eine sichere Betriebsführung von digitalisierten Anlagen berücksichtigt werden müssen, ist in Sicherheitsfragen der "Faktor Mensch" von zentraler Bedeutung. Unsachgemäßes beziehungsweise nicht verantwortungsvolles Verhalten kann dann durch den "Faktor IT" potenziert werden und zu Auswirkungen erheblichen Umfangs führen. Das ist den Angreifern bewusst. Die Statistiken sowie zahlreichen Beispiele bestätigen, dass die Angriffsvektoren Phishing, Ransomware und Spam, denen der Mensch als Hauptschwachstelle ausgesetzt ist, besonders häufig im Jahr 2016 verwendet worden sind (Abbildung 1).

In diesem Positionspapier stellen wir die aus Sicht der Cybersicherheit wichtigsten Probleme und Herausforderungen dar, die gegenwärtig und insbesondere im Zuge der fortschreitenden Digitalisierung mit Bedacht behandelt werden müssen, um potentielle Vorteile dieser Entwicklung im Bereich der Energieinfrastrukturen auch sicher praktisch umsetzen und nachhaltig nutzen zu können. Der

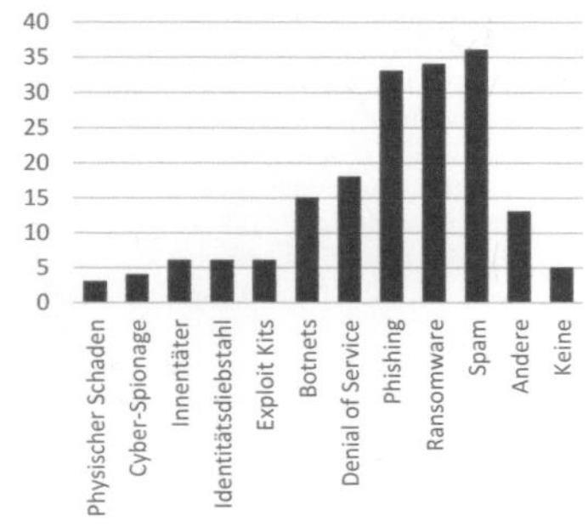

Abbildung 1: Die häufigsten Angriffsarten in 2016 [1]

Rest des Artikels gliedert sich wie folgt. Im Abschnitt 2 werden die Herausforderungen für IT-Sicherheit insbesondere für Kritische Infrastrukturen - Energie und Wasser - herausgestellt. Dies umfasst auch eine Analyse der Herausforderungen bei der Umsetzung und Gestaltung der Digitalisierung in diesen Domänen. Im Abschnitt 3 werden Risiken dargestellt, denen Smart Grids gegenwärtig ausgesetzt sind. Es folgt eine Diskussion und eine knappe Beschreibung des sich aus diesem Rahmen ergebenden Handlungsleitfadens zur erfolgreichen Gestaltung der Digitalisierung im Energiebereich in Bezug auf IT-Sicherheitsfragen in Abschnitt 4. Der Beitrag endet mit einem Ausblick sowie einer kurzen Zusammenfassung in Abschnitt 5.

2. Herausforderungen für IT-Sicherheit in Kritischen Infrastrukturen

Intelligente und verteilte Energiesysteme und -netze (Smart Grids) gehören gemäß der KRITIS-Verordnung nach dem BSI-Gesetz (BSI-KritisV), zusammen mit acht anderen grundlegenden Versorgungsbereichen, zu den sogenannten Kritischen Infrastrukturen (KRITIS)[1]. Diese sind definiert als Organisationen oder Einrichtungen, deren Ausfall weitreichende negative Folgen für die Gesellschaft mit sich bringen würde. Die Anforderungen an die IT-Sicherheit in der Energiewirtschaft, aber auch bei den anderen industriellen Sektoren durchlaufen gegenwärtig eine tiefgreifende Veränderung. Während die Systemanforderungen sich klassisch erheblich von den Sicherheitsansprüchen im Büroumfeld unterschieden haben, vgl. Abbildung 2, führt die Vernetzung von Energiesystemen im Kontext von Digitalisierung und IoT-Konnektivität zu einer dramatischen Höherpriorisierung von Anforderungen an Vertraulichkeit im ICS-Umfeld.

Abbildung 2: Schutzziele im ICT und ICS Kontext [2]

Obwohl ein Angriff auf dieses Schutzziel noch keine Gefahr für die Netzstabilität darstellt, ist die Vertraulichkeit von größter Bedeutung beim Umgang mit sensiblen Daten, die zum Beispiel durch Smart Meter erfasst und online übertragen werden. Darüber hinaus stellen die Ziele und Entwicklungen der Energiewende zusätzliche Herausforderungen an die IT-Sicherheit in der Energiewirtschaft, u. a. durch die folgenden Anforderungen [3]:

- *Dekarbonisierung* - volatile Energieeinspeisung durch erneuerbare Energien, veränderte Lastmuster durch Ladung von Elektroautos,
- *Dezentralisierung* - Energieeinspeisung in das Verteilnetz, große Anzahl von kleinen Anlagen und steuerbaren Lasten,
- *Digitalisierung* - steigende Menge an Messpunkten, Daten und Vernetzung, Software- und IT-Schwachstellen.

Diese Bewegungsfaktoren stellen auch komplett neue Forschungsgebiete für die IT-Sicherheit dar. Die Energiesysteme sowie deren neue, für

[1] Dabei werden weitere Einschränkungen getroffen, etwa in Bezug auf den Versorgungsumfang, etc. Dies soll hier zunächst nicht näher betrachtet werden, da dies auf die Implikationen bzgl. IT-Sicherheit kaum Einfluss hat.

Smart Grids typische Geschäftsprozesse (Messwerterfassung und -übermittlung, Bilanzierung) müssen angepasst oder sogar umgestaltet werden, um einen angemessenen Schutz gewährleisten zu können [4].

3. Risiken in Smart Grids

Die Energieinfrastrukturen sind durch den zunehmenden Automatisierungsgrad, die Zunahme verteilter Erzeuger und Verbraucher sowie durch die weitreichenden Auswirkungen eines Angriffes besonders gefährdet. Wie einige kritische Vorfälle und Sicherheitstests (z.B. [5][6]) zeigen, wird bei den Angriffen auf die IT-Infrastruktur des Energienetzes zumeist versucht, einen größtmöglichen Schaden im Stromnetz zu verursachen, beispielsweise durch Beeinträchtigung bzw. Zerstörung von physischen Komponenten des Verteilnetzes aufgrund einer zerstörerischen Interaktion zwischen Software und Hardware sowie durch eine schnelle Destabilisierung der Balance zwischen Erzeugung und Verbrauch. Eine der unmittelbaren Konsequenzen dieser Art von Störungen ist ein Stromausfall. Bei den Cyberangriffen auf Energiesystemen werden eines oder mehrere der Schutzziele der Informationssicherheit kompromittiert [7]:

- *Verfügbarkeit* - Unterbrechung der Kommunikation zwischen den Geräten durch Flutung des Netzes mit korrupten Paketen; Störung des Kommunikations-servers oder einer spezifischen Komponente (z. B. DoS-Angriffe),
- *Integrität* - Veränderung der zwischen Komponenten ausgetauschten Informationen, so dass ein gewünschtes Verhalten hervorgerufen wird; Sabotage von Energieerzeugungsanlagen durch Vorgabe manipulierter Sollwerte (z. B. Replay Angriffe),
- *Vertraulichkeit* - Missbrauch und Manipulation von Messwerten für Verhaltensanalyse oder zum wirtschaftlichen Vorteil oder Schaden des Endkunden (z. B. Man-In-The-Middle Angriffe).

Der Offline-Betrieb von Systemen - "Air-Gapped" stellt aufgrund veränderter Anforderungen der Konnektivität bei immer mehr Systemen keine Option mehr dar. ICS-Systeme und deren Komponenten werden immer öfter in öffentliche Netze eingebunden, um beispielsweise eine Fernsteuerung zu ermöglichen. Das offene Design der Industrieprotokolle sowie die Fehlkonfiguration der ICS-Komponenten führen meistens dazu, dass Sicherheitslücken und Schwachstellen automatisch aufgedeckt und möglichen Angriffen ausgesetzt werden. Das Aufspüren von (unsicheren) online-ICS-Systemen wird häufig durch entsprechende Suchmaschinen, wie Shodan und Censys unterstützt. Laut einem Bericht von Kaspersky Lab [8] gibt es ca. 33000 SPS und ca. 23000 SCADA-Geräte aus verschiedener Industrie- bzw. Wirtschaftsbereiche, die im Internet verfügbar sind und mithilfe der Suchmaschine Shodan gefunden werden können. Dies ermöglicht einen ersten Einstiegspunkt zur Aufklärung der gefundenen ICS-Anlagen und folglich eine Erprobung verschiedener Angriffsvektoren auf das jeweilige System, z.B.:

- Brute-Force-Angriffe auf die Webschnittstellen des zuganglichen Gerätes und Manipulation von Einstellungen und Parametern,
- Spoofing und Dos-Angriffe,
- punktuelle Ausnutzung von Schwachstellen der unterstützten Protokolle.

4. Handlungsleitfaden

Moderne Energieinfrastrukturen zeichnen sich insbesondere durch ein hohes Schutzniveau aus, wenn sie ein flächendeckendes IT-Sicherheitsmanagementsystem (ISMS) aufbauen. Dieses Vorgehen ermöglicht eine geplante, organisierte und nachhaltige Durchsetzung sowie Aufrechterhaltung einzelnen Maßnahmen zur Prävention und Reaktion auf Sicherheitsvorfälle unterschiedlichen Typs.

4.1. IT-Sicherheit als Managementaufgabe

Die größten Hürden bei der Einführung eines ISMS stehen den Verantwortlichen zu Beginn gegenüber. Zu den Voraussetzungen gehören, dass sich das Management für IT-Sicherheit im Unternehmen einsetzt und sowohl die notwendigen materiellen als auch personellen Ressourcen bereitstellt. Es müssen Ziele vereinbart werden, z. B. in Form von Leitlinien, zu denen sich die Geschäftsführung bekennt. Mit der Bildung eines Security-Teams bzw. der Festlegung eines IT-Sicherheitsbeauftragten sind die wichtigsten Rahmenbedingungen gesetzt und es kann mit der Strukturanalyse begonnen werden. Während dieser und der nächsten Schritte ist die Einbeziehung aller Mitarbeiter sowie aller Geschäftsbereiche wichtig. IT-Sicherheit muss in die Unternehmenskultur integriert werden und erfordert regelmäßige Beachtung, analog den Themen Arbeitsschutz und Umweltschutz. Mitarbeiter müssen motiviert werden, IT sicher einzusetzen und bestehende Systeme unter diesem Aspekt auch in Frage zu stellen. Die dafür benötigten Hilfsmittel und die Unterstützung liefert die Geschäftsführung. Vorgegangen wird nach den einschlägigen Normen und Standards in diesem Bereich, etwa ISO 27000.

4.2. Frühwarnsystem als wirkungsvoller Präventionsmechanismus

Eine konstante Überwachung und Überprüfung der Korrektheit von Messungen und Kontrollsignalen zwischen verteilten Steuerungskomponenten und Sensoren des Smart Grids sind wichtige Bestandteile des Sicherheitsprozesses. Das Erkennen von verdächtigem Verkehr im Netz ermöglicht u.a. eine frühzeitige Identifikation eines Advanced Persistent Thread (APT) Angriffs – eine häufig umgesetzte Strategie, um komplexe IT-Systeme über einen langen Zeitraum zu analysieren und nach wertvollen Informationen bzw. weiteren Schwachstellen und Angriffsmöglichkeiten zu durchsuchen. Verfahren zur Erkennung von APT-Angriffen sowie anderer spezifischer Angriffsmuster stellen momentan ein wichtiges Forschungsgebiet in der Energiebranche dar. Beispielsweise muss eine Prozedur zur automatisierten Analyse von Frühwarninformationen entwickelt werden, die in der Lage ist, einen echten Angriff von einem abnormalen Betrieb zu unterscheiden.

4.3. Resiliente Infrastruktur - Sicherstellen der Operation im Krisenmodus

Eine besonders wichtige Eigenschaft für die Sicherheit, die vor allem bei der Design- und Aufbauphase eines Smart Grids beachtet werden muss, ist die Resilienz. Resiliente Energiesysteme sind in der Lage [3][9]:

- Störungen und Anomalien zu *absorbieren*, beispielsweise durch Redundanzen bzw. Reduzierung von Abhängigkeiten zwischen Systemen,
- sich im Fall eines Angriffs oder eines Notfalls *anzupassen*, d.h. in eine außerplanmäßige Betriebsweise umzuschalten und
- sich einfach *wiederherstellen* bzw. *regenerieren* lassen.

Diese Merkmale ermöglichen einem Stromnetz, "intelligent" kaputt zu gehen (Fail-Safe Prinzip). Ein resilientes System fördert den Einsatz von zusätzlichen Sicherheitslösungen, wie eine verteilte Architektur der Betriebsführung, um einen Single Point of Failure zu vermeiden bzw. eine Nutzung von Micro-Grids, um Informationshaltung und Systemsteuerung unabhängig gestalten zu können. Demzufolge wird das Risiko der Entstehung großer Schäden durch Störungen deutlich reduziert und die Wahrscheinlichkeit, dass elementare Funktionen so lange wie möglich bereitgestellt werden, wesentlich vergrößert [10].

4.4. Passwortmanagement und Zugangskontrolle gemäß aktuellen Anforderungen

Im Kontext öffentlicher Vernetzung von Infrastrukturkomponenten wie SCADA und Fernwirksystemen spielen nach wie vor auch grundlegende Anforderungen eine wichtige Rolle. Insbesondere im Zusammenhang mit den rechtlichen Grundlagen und Anforderungen (BDSG[2], EU-DSGVO[3]) müssen sicherere Prozesse zur Bereitstellung und Verteilung der Energiedaten gewährleistet werden. Neben der Notwendigkeit der Verschlüsselung der Daten sind auch im KRITIS-Kontext die Themen, wie Passwortmanagement und Zugangskonzepte, von zentraler Bedeutung. Mittlerweile können Passwörter, deren Entschlüsselung im Jahr 2000 über 400 Jahre mit einem leistungsstarkem PC gedauert hat, heute in knapp 30 Minuten mit Einsatz von parallel arbeitenden Grafikkarten und Wörterbuchattacken erraten werden. Für Administrationszugänge werden daher mindestens zwölf Stellen mit je mindestens einem Zeichen aus allen Zeichenklassen empfohlen (Abbildung 3). Eselsbrücken oder Hilfsmittel wie die Verwendung der Anfangsbuchstaben eines Satzes, Passwortkarten bis hin zu Passwortmanagern sollen dem Mitarbeiter helfen, sich die vielen und langen Zugangsdaten zu merken. Die konsequente Anwendung dieser Strategien findet in der Praxis jedoch zu selten statt. Um einen benutzerfreundlichen Umgang mit Passwörtern zu ermöglichen, wird auch die Nutzung von Passphrasen vorgeschlagen, die

[2] Bundesdatenschutzgesetz

[3] EU-Datenschutz-Grundverordnung

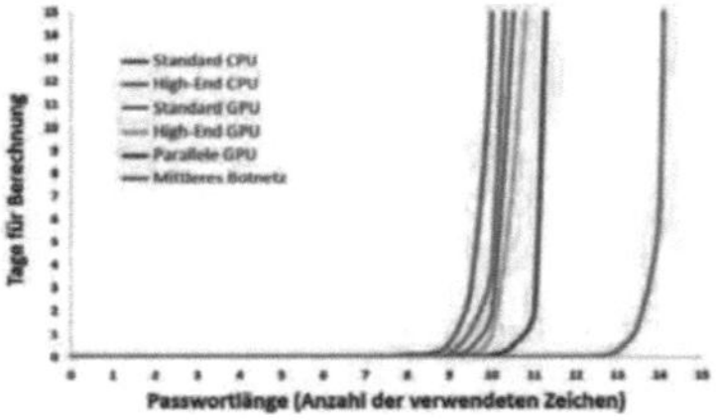

Abbildung 3: Aktueller Zeitaufwand zum Erraten von Kleinbuchstaben (ohne Wörterbuch)[4]

keinen Sinn ergeben, sich aber leicht merken lassen. Weiterhin empfiehlt das BSI, eine Zwei-Faktor-Authentifikation (2FA) einzusetzen [11]. In Umgebungen mit Office-PCs oder bei Zutrittssteuerungen ist dies mit vertretbarem Aufwand realisierbar. Bei Mess- und Regelungssystemen mit Fernmeldetechnik ist eine 2FA nur schwer oder überhaupt nicht implementierbar. Hier gilt es, die vorhandenen Möglichkeiten in den Steuerungssystemen auszunutzen, alte Geräte durch sicherere zu ersetzen und weitere Barrieren für Angreifer vor das eigentliche Ziel zu platzieren. Dazu gehören neben der klassischen Firewall auch physische Schutzsysteme sowie die Sensibilisierung der Mitarbeiter.

4.5. Einheitlicher Standard für Smart Grids

Die aktuelle Gesetzgebung stellt allgemeine organisatorische und technische Anforderungen gemäß aktuellem Stand der Technik an die Netzbetreiber, wie beispielsweise Implementierung eines ISMS auf der Basis von ISO 27000 und ISO 27019 (nach IT-Sicherheitskatalog der BNetzA[5]). Die beiden Sicherheitsstandards beschreiben grobe Rahmenbedingungen, deren Erfüllung bei Umsetzung eines ISMS notwendig ist, um sich zertifizieren lassen zu können. Es ist den betroffenen Organisationen überlassen, wie die Vorgaben konkret implementiert werden. Die gewisse Freiheit bzw. Flexibilität bei der Planung und Umsetzung der Sicherheitskonzepte und -maßnahmen innerhalb des Unternehmens ist sicherlich vorteilhaft. Allerdings führt dieses Vorgehen möglicherweise zum Einsatz heterogener Schutzlösungen und -Systeme auf der Gesamtebene eines Smart Grids. Es gibt momentan keine einheitlichen Systeme für die Vernetzung von Stromerzeugern, -speichern und -netzen sowie unterschiedlichen Akteuren. Wenn, zusätzlich dazu, individuelle und nicht kompatible Schutzlösungen quer durch das Energienetz eingesetzt werden, kann die sichere Integration und das sichere Betreiben von Smart Grid Komponenten deutlich erschwert werden. Es stellt sich die Frage, ob eine flächendeckende Standardfamilie zur Gewährleistung der Konformität von Entwicklungs- und Integrationsprozessen sowie der Implementation von IT-Sicherheitsfunktionen für Smart Grid Netze entwickelt werden sollte. Als Beispiel oder vielleicht sogar als eine ausbaufähige Grundlage zur Erstellung solcher Richtlinien kann die Standardfamilie IEC 62443 dienen, die sich seit 2009 als Basisdokument zur Überprüfung der Schwachstellen im Bereich industrielle ICS-Kommunikationsnetze und -Kontrollsysteme durchgesetzt hat. Im Smart Grid Umfeld wurde der erste Schritt zur Definition gemeinsamer Vorgaben durch das BSI bereits getan. Als nennenswerte Beispiele gelten das Messstellenbetriebsgesetz (MsbG) sowie die Schutzprofile für Smart-Meter-Gateways [12], mit denen konkrete Vorgaben zum Umgang mit personenbezogenen Daten sowie zur Gewährleistung der Datensicherheit festgelegt wurden. Zusätzlich werden technische Richtlinien nach Common Criteria definiert, um entsprechende Smart-Meter Geräte nach einheitlichen technischen Mindeststandards herstellen zu können und eine vergleichbare Sicherheitszertifizierung zu ermöglichen. Solche organisatorischen und technischen Vorgaben fehlen leider noch für die anderen Komponenten des Smart Grids.

5. Zusammenfassung

In Reaktion auf die steigende Bedrohung durch Cyberkriminalität ist im Juli 2015 das IT-Sicherheitsgesetz (IT-SIG) in Kraft getreten, worin die Bundesregierung von allen Betreibern Kritischer Infrastrukturen fordert, u.a. ihre Systeme auf dem neusten Stand der Technik zu halten bzw. vorgeschriebene Mindeststandards (z.B. ISO 27001 oder den BSI IT-Grundschutz) zu erfüllen. Diese rechtliche Grundlage sowie weitere offizielle Richtlinien und Standards schaffen strukturierte Rahmenbedingungen für Energienetzbetreiber zum Aufbau entsprechender Schutzstrategien. Das

[4] Quelle: http://password-checker.online-domain-tools.com (Sep/2017)

[5] Bundesnetzagentur

Themenfeld IT-Sicherheit umfasst aber auch viele Risiken, die aufgrund der dynamischen Sicherheitslage noch nicht von der Gesetzgebung berücksichtigt werden können. An dieser Stelle spielt der Mensch eine entscheidende Rolle: er sollte in der Lage sein, im Alltagsbetrieb bekannte aber auch neue Risiken zu erkennen und sowohl sich sowie die gesamte Organisation dagegen zu schützen. Dies ist jedoch nur durch eine kontinuierliche Sensibilisierung der Mitarbeiter in Bezug auf Gefährdungen in ihrem Arbeitsumfeld möglich. Derartige Schulungsprozesse müssen auch das Management einbinden, das zusätzlich zu den wechselnden rechtlichen Vorgaben auch über die ökonomischen Risiken unterrichtet werden muss. Sicherheit muss so einfach wie möglich sein, muss täglich gelebt werden und darf dabei die eigentliche Arbeit nicht behindern. Wie das funktioniert wird beispielsweise in den Seminaren im Rahmen des Lernlabors für Cybersicherheit des Fraunhofer ISOB-AST[6] und der Hochschule Zittau/Görlitz vorgestellt. Mit der Sensibilisierung und Vorbereitung des Managements wird der Grundstein für die erfolgreiche Einführung eines ISMS gelegt. In weiteren Kursen lernen die Verantwortlichen für IT-Sicherheit den strukturierten Aufbau und die nachhaltige Umsetzung eines solchen Managementsystems. Auf den Fachbereich bezogene Sicherheitsaspekte lernen Planer, Techniker und Fachingenieure in den Experten-Kursen des Weiterbildungsangebots[7] kennen.

Literatur

[1] IT-Sicherheit Kritischer Infrastrukturen, Broschüre, VeSiKi für ITS|KRITIS, BMBF 2017

[2] P. Simões, T. Cruz, J. Proença, E. Monteiro, M. Lehto, P. Neittaanmäki, *Specialized honeypots for SCADA*, New York, 2015

[3] E. Drayer, *Resiliente Netzbetriebsführung – die Kunst intelligent kaputt zu gehen*, Vortragsfolien, VDE / ITG-Fokusgruppe "Energieinformationsnetze und -Systeme", Frankfurt am Main, 2017

[4] Strategie- und Positionspapier Cyber-Sicherheit 2020: *Herausforderungen für die IT-Sicherheitsforschung*, Fraunhofer-Gesellschaft zur Förderung der angewandten Forschung e.V, München, 2014

[5] SANS ICS, E-ISAC, *Analysis of the Cyber Attack on the Ukrainian Power Grid*, Bericht, 2016

[6] Aurora Generator Test, US Department of Homeland Security, 2014

https://en.wikipedia.org/wiki/Aurora_Generator_Test

[7] W. Wang, Z. Lu, *Cyber security in the Smart Grid: Survey and challenges*. Comput. Netw., 2013

[8] O. Andreeva, S. Gordeychik, G. Gritsai, O. Kochetova, E. Potseluevskaya, S. I. Sidorov, A. A. Timorin, *Industrial Control Systems and their online availability,* Bericht, Kaspersky Lab, 2016

[9] B. Biringer, E. Vugrin, and D. Warren, *Critical Infrastructure System Security and Resiliency*. Boca Raton, FL, USA, 2013

[10] E. Drayer, J. Hegemann, S. Gehler and M. Braun, *Resilient distribution grids — cyber threat scenarios and test environment*, ISGT-Europe, Ljubljana, 2016.

[11] IT-Grundschutz, M 4.133 *Geeignete Auswahl von Authentikationsmechanismen*, https://www.bsi.bund.de/DE/Themen/ITGrundschutz/ITGrundschutzKataloge/Inhalt/_content/m/m04/m04133.html

[12] Das Smart-Meter-Gateway, *Sicherheit für intelligente Netze*, Broschüre, Bundesamt für Sicherheit in der Informationstechnik – BSI, 2008

[6] Fraunhofer-Institut für Optronik, Systemtechnik und Bildauswertung, Institutsteil Angewandte Systemtechnik

[7] https://www.academy.fraunhofer.de/kritis

IT-SICHERHEIT AKTUELL

Andreas Henschel*
Datom GmbH, Hamburger Straße 59, 01157 Dresden
Philip Eschenbach
Datom GmbH, Hamburger Straße 59, 01157 Dresden

Die IT-Sicherheit steht nicht erst seit den jüngsten Bedrohungen durch die Verschlüsselungstrojaner WannaCry und Petya im Fokus. Die sichere Datenhaltung und -übertragung, der Schutz der IT-Infrastruktur vor Angriffen von innen und außen und die Sensibilisierung der Mitarbeiter stellen große Herausforderungen für Unternehmen jeder Größenordnung dar. In unserem Beitrag zeigen und erläutern wir Möglichkeiten, wie Unternehmen adäquat auf diese Herausforderungen reagieren können.

1. Inhalte unseres Poster-Beitrags

Unser Beitrag vermittelt grundlegende Kenntnisse im täglichen Umgang mit sicherheitsrelevanten Informationen. Dabei wird das Bewusstsein für die Gefahren geschaffen, die beim Umgang mit E-Mail und Internet automatisch entstehen. Mit unserem Beitrag wollen wir Nutzern einen Einblick geben, wie sensible Unternehmensdaten zu schützen sind und IT-seitig abgesichert werden sollten.

Folgende Bereiche werden in unserem Beitrag näher betrachtet:

- Wichtige Richtlinien zur Passwortvergabe
- Sichere Datenhaltung und -übertragung
- Schutz der lokalen IT-Infrastruktur vor Angriffen von außen und innen z.B. durch moderne Firewall-Technologien
- Schutz vor sog. Verschlüsselungstrojanern, Viren und deren Auswirkungen
- Verhinderung der gezielten Manipulation und Herausgabe von Daten und weiterer vertraulicher Informationen
- Methoden zur Sensibilisierung der Mitarbeiter

2. Lösungsansätze

2.1. Wichtige Richtlinien zur Passwortvergabe

Warum ist 123456 kein sicheres Passwort?

Die Komplexität von Passwörtern ist unerlässlich für den Schutz vor sog. *Brute-Force-Attacken* und Passwortlisten, die mit den entsprechenden Konten abgeglichen werden. Im Fall einer solchen Attacke werden Passwortlisten mit den gängigsten Wort- und Zahlenkombinationen solange kombiniert, bis das richtige Passwort gefunden ist und somit Zugang zum Konto des Nutzers erlangt werden kann. In Tabelle 1 ist die maximale Rechenzeit einer Brute-Force-Attacke bei 1 Milliarde Schlüsseln pro Sekunde exemplarisch dargestellt. Dies entspricht der durchschnittlichen Rechenleistung eines handelsüblichen Notebooks. Folgende Punkte sollten beachtet werden, um derartige Attacken zu vermeiden:

- Regelmäßiges Ändern der Passwörter
- Zweifaktor-Authentifizierung
- Passwort-Manager
- Vermeidung von echten Informationen in Geheimfragen
- ein Kennwort pro Mailadresse pro Anwendung

Tabelle 1: Maximale Rechenzeit einer Brute-Force-Attacke bei 1 Milliarde Schlüsseln pro Sekunde
Quelle: https://de.wikipedia.org/wiki/Passwort

Passwortlänge

Zeichenraum	4 Zeichen	5 Zeichen	6 Zeichen	7 Zeichen	8 Zeichen	9 Zeichen	10 Zeichen	11 Zeichen	12 Zeichen
10 [0-9]	<1 ms	<1 ms	1 ms	10 ms	100 ms	1 s	10 s	2 min	17 min
26 [a-z]	<1 s	<1 s	<1 s	8 sek.	4 min	2 h	2 d	42 d	3 y
52 [A-Z;a-z]	<1 s	<1 s	20 s	17 min	15 h.	33 d	5 y	238 y	12.400 y
62 [A-Z;a-z;0-9]	<1 s	<1 s	58 s	1 h	3 d	159 d	27 y	1.649 y	102.000 y
96 (+Sonderzeichen)	<1 s	8 s	13 min	21 h	84 d	22 y	2.108 y	202.000 y	19 Mio. y

- Transportweg sichern

2.2. Sichere Datenhaltung und –übertragung

Jedes Unternehmen muss sich, bezüglich seiner IT-Sicherheit, in verschiedene Richtungen absichern und sich den Gefahren bewusst sein. D.h. es müssen alle Wege abgesichert werden, auf denen Daten ins Unternehmen gelangen oder selbiges verlassen. Dabei spielt z.B. der Einsatz der richtigen Firewall-Technologie eine große Rolle. Dabei wird der komplette eingehende und ggf. auch ausgehende Datenverkehr in einer geschlossenen und sicheren Umgebung dahingehend überprüft, ob ggf. schadhafte Inhalte nachgeladen werden oder sich neben harmlosen Daten auch Schadcode im Datenstrom befindet. Dieses Verfahren wird als *Sandboxing-Verfahren* bezeichnet.
Darüber hinaus muss die Datensicherung den Anforderungen des Gesetzgebers standhalten und zusätzlich auch die Möglichkeit bieten, verschiedene Sicherungsstände bereitzustellen, und den Speicher besonders effektiv zu nutzen. Durch *Deduplizierungstechnologien* wird der Speicher intelligent und effektiv genutzt. Folgende Punkte sind zu beachten:

- Einsatz von Firewall-Technologien (z.B. *Sandboxing-Verfahren*)
- Einatz Zwei-Faktor-Authentifizierung
- Mehrstufige Backups anlegen
- Updates und Patches installieren
- Festplattenverschlüsselung
- Sichere zertifikatsbasierte Kommunikation

2.3. Schutz vor sog. Verschlüsselungstrojanern, Viren und deren Auswirkungen

Grundsätzlich ist jedes Gerät (PC-System, Notebook, Server) mit einer aktuellen Antivirenlösung auszustatten. Neben den herkömmlichen und bekannten Viren gibt es täglich unzählige neue Bedrohungen in Form von z.B. Verschlüsselungstrojanern (sog. *Ransomware*). Noch nie war die Gefahr so groß wie heute, Opfer eines sog. Verschlüsselungstrojaners und damit einer Erpressung zu werden. Dabei werden die kompletten Daten auf den Festplatten eines Rechners oder ganzer Unternehmensnetzwerke verschlüsselt und nach Zahlung eines Lösegeldes – im besten Fall - wieder entschlüsselt. Der Schaden für Unternehmen kann immens sein, wenn keine ausreichenden Vorkehrungen zur Datensicherung bzw. zur Datenwiederherstellung getroffen worden sind. Besonders gefährlich sind sog. *Zero-Day-Attacken*, welche den meisten Antivirenlösung noch nicht bekannt sind, da die Antiviren-Signatur hierbei lediglich einmal täglich erneuert wird. Abhilfe kann hier das bereits erwähnte *Sandboxing-Verfahren* schaffen. Bei diesem Verfahren werden die per E-Mail empfangenen Dateien in einer geschlossenen und sicheren Umgebung geöffnet und überprüft, ob ggf. schadhafte Inhalte nachgeladen werden oder sich Schadcode in der Datei befindet. Sollte die Datei als unkritisch eingestuft werden, wird diese dem Nutzer freigegeben und zur Verfügung gestellt. Sollte die Datei Schadcode beinhalten, wird die Datei für den Nutzer gesperrt. Dieses Verfahren kann auch, unter Berücksichtigung des Datenschutzes auf den kompletten Internetverkehr - bspw. über die Firewall - ausgeweitet werden. Folgende Punkte sind zu beachten:

- Sichere zertifikatsbasierte Kommunikation
- Einsatz von sog. *Deep Package Inspection*
- Einsatz von sog. *Sandboxing-Verfahren*
- Berücksichtigung Datenschutz

Abschließend sei angemerkt, dass sich mit der Methode des *Sandboxings* nicht alle Bedrohungen vollumfänglich abwehren lassen. Es gibt beispielsweise auch Viren, die bereits in der Lage sind zu überprüfen, ob die Ausführung in einer *Sandboxing-Umgebung* geschieht. Dieser Umstand verhindert, dass der Virus in einer solchen Umgebung aktiv wird und sich als schadhaft zu erkennen gibt. Somit muss angemerkt werden, dass längst nicht alle Sicherheitsmaßnahmen zu einem einhundertprozentigen Schutz führen. Grundsätzlich sollten allerdings alle zur Verfügung stehenden Mittel angewendet werden, um einen möglichst hohen Sicherheitsstandard im Unternehmen zu etablieren.

2.4. Verhinderung der gezielten Manipulation und Herausgabe von Daten

Jeder kennt das Szenario: Eine E-Mail eines Onlinehändlers, Kreditinstituts oder eines persönlich bekannten Absenders findet sich im E-Mail-Postfach. In dieser E-Mail wird man um die Abgleichung von Nutzerdaten, die Eingabe von Anmeldedaten, PINs, TANs oder sonstiger sensibler Daten gebeten. Folgende Punkte sollten beachtet werden:

- Schulung/Sensibilisierung der Mitarbeiter im Umgang mit derartigen Gefahren
- E-Mails genau prüfen, Fragen stellen
- Keine unbekannte Hardware benutzen (USB-Sticks, sonstige Datenträger)
- Gegenüber/ Absender vor der Herausgabe von Informationen genau prüfen

2.5. Methoden zur Sensibilisierung der Nutzer

Grundsätzlich gibt es für Unternehmen verschiedene Möglichkeiten die Nutzer bzw. Mitarbeiter für die aktuellen Herausforderungen der IT-Sicherheit zu sensibilisieren. In regelmäßig wiederkehrenden Schulungsmaßnahmen werden die Nutzer adäquat geschult, auf aktuelle Bedrohungen richtig zu reagieren. So sollten beispielsweise keine fremden oder gefundenen USB-Sticks zum Einsatz kommen. Generell sollten USB-Sticks nie unverpackt gekauft oder als Geschenk angenommen werden. Außerdem sollten aktuelle Technologien wie z.B. das *Sandboxing*, den Nutzern, unter Berücksichtigung des Datenschutzes, zur Verfügung gestellt werden und regelmäßige Schulungsmaßnahmen zu den eingesetzten Produkten durchgeführt werden.

3. Schlussfolgerung

Der Einsatz eines der genannten Lösungsansätze kann individuell und punktuell zu einer Erhöhung der Sicherheit beitragen. Allerdings sollten alle Lösungsansätze gleichsam zum Einsatz kommen. Nur die Anwendung und Berücksichtigung aller genannten Methoden kann zur Sicherheit beitragen. Aufgrund der schnellen Entwicklung der Produkte, des Marktes und der Bedrohungen ist es ratsam, sich immer über die aktuellen Entwicklungen auf dem Laufenden zu halten.
In der Regel werden Unternehmen von den jeweiligen IT-Systemhäusern durch individuelle Beratungs- und Consultingleistungen, sowie Risikoanalysen und entsprechenden Produkten unterstützt, welche helfen den gesetzlichen Verpflichtungen bezüglich Datensicherheit des Unternehmers nachzukommen.

4. Literatur

[1] Bundesamt für Sicherheit in der Informationstechnik (BSI) - IT-Grundschutz M 2.11 Regelung des Passwortgebrauchs

[2] Bundesamt für Sicherheit in der Informationstechnik (BSI) - IT-Grundschutz B 3.301 Sicherheitsgateway (Firewall)

ANGRIFFSZIEL KRAFTWERK IT-SICHERHEIT VON PROZESSLEITSYSTEMEN IN ERZEUGUNGSANLAGEN

Heiko Kanisch*

Lausitz Energie Kraftwerke AG, Vom Stein Straße 39, 03050 Cottbus

Dietmar Haake

Lausitz Energie Kraftwerke AG, Vom Stein Straße 39, 03050 Cottbus

Das Thema IT-Sicherheit ist im Bereich der Büro-Informationstechnik und im privaten PC-Umfeld beinahe täglich Gegenstand von Darstellungen in den Medien. Zu erinnern ist an Schlagworte wie Schadsoftware, Daten- und Identitätsdiebstahl.
Spätestens seit dem Bekanntwerden der Computerwürmer *Stuxnet, Duqu* und *Flame* ist das Thema IT-Sicherheit auch in Leitsystemen von kritischen Infrastrukturen, wie der Energieversorgung, kein rein akademischer Betrachtungsgegenstand mehr. Insbesondere vor dem Hintergrund des Einsatzes von modernen digitalen Prozessleitsystemen nach Stand der Technik und in Folge des geänderten Bedrohungspotenzial ist die IT-Sicherheit in den prozessnahen Bereichen (Automatisierung und Bedienen und Beobachten) neu zu bewerten, um gegebenenfalls mit technischen und organisatorischen Maßnahmen den Sicherheitsstandard zu sichern bzw. Verbesserungen zur erreichen.
Aus Sicht eines Erzeugers von elektrischer und thermischer Energie wird in dem Vortrag auf Besonderheiten, Randbedingungen, Problemstellungen und Grenzen bei der Bewertung der IT-Sicherheit und der Auswahl geeigneter Lösungsansätze im Bereich von Leitsystemen zur Automatisierung, sowie Bedien- und Beobachtung der technologischen Kraftwerksprozesse eingegangen. Hierbei steht die Sicherung der hohen und höchsten *Verfügbarkeit* der Leitsysteme –gegenüber der Priorität der *Datenvertraulichkeit* im Office- und privatem Umfeld - im Vordergrund.

Weiterhin werden konkrete in der Umsetzung befindliche Verbesserungsprojekte vorgestellt sowie ausgewählte Problemstellungen aus Sicht eines Betreibers an die Herstellerindustrie und die Wissenschaft und Forschung herangetragen. Aktuelle Forschungs- und Entwicklungsansätze an Universitäten und Hochschuleinrichtungen und deren Umsetzungszielstellung bei der Lausitz Energie Kraftwerke AG vervollständigen das Themengebiet.

1. Hintergrund und aktuelle Situation der informationstechnischen Sicherheit

Das Thema *IT-Sicherheit* oder *Cyber-Security* ist im Bereich der Büro-Informationstechnik und im privaten Computer-Umfeld beinahe täglich Gegenstand von Darstellungen in den Medien. Zu erinnern ist an Schlagworte, wie Schadsoftware, Daten- und Identitätsdiebstahl, Erpressungstrojaner bis zur bösartigen Sabotage. Dabei sind nahezu alle Bereiche betroffen, welche heute durch digitale software-programmierbare Systeme durchdrungen sind.
Während noch vor Jahren das Thema nahezu ausschließlich auf Windows- und Intel-basierte PC- und Server-Systeme beschränkt war, zeigt sich seit geraumer Zeit eine neue Entwicklung. Zunehmend liegen im Zielfokus auch *eingebettete digitale Systeme*, welche nicht unmittelbar und auf den ersten Blick offensichtlich als IT-Systeme zu erkennen sind. Beispiele finden sich bei Fernsehgeräten [1], Automobilen [2], medizinisch-technischen Geräten [3], der Steuerung und Überwachung von Übertragungsnetzen für elektrische Energie [4] bis zur Produktionssteuerung von Industrieanlagen [5] und Kraftwerken [6]. Dieser Trend wird sich mit der fortschreitenden Digitalisierung der Industrie (Stichwort: *Industrie 4.0*) weiter an Bedeutung gewinnen.

Bevor aus der oben skizzierten Situation abgeleitet Problemfelder, Anforderungen und besondere Herausforderungen für den Bereich der Prozess-Leitsysteme in Kraftwerken diskutiert werden, soll auf die besondere Funktions- und Betriebsweise der Leittechnik in technologischen Anlagen - insbesondere im Vergleich zum datenbezogenen Büro-IT-beziehungsweise Rechenzentrumsbetrieb – eingegangen werden.

2. Gemeinsamkeiten und Unterschiede beim Betrieb von Büro-IT und Prozessleittechnik

Moderne, dem Stand der Technik entsprechende digitale Prozessleitsysteme zur Steuerung und Überwachung von Industrieanlagen und Infrastrukturen nutzen in zunehmenden Maße Technologien, Hard- und Softwarekomponenten und Netzwerk-Protokolle, wie sie in der klassischen Informationstechnik zum Einsatz kommen und häufig nach Anforderungen dieser Industriebranche entwickelt wurden und werden.
Beispiele sind Intel-basierte Client- und Serversysteme mit Standard-Betriebssystemen, wie Microsoft Windows, mit Anwendungen wie relationale Datenbank-Managementsysteme (RDBMS) und deren Kommunikation über Ethernet-basierte TCP/IP-Netzwerke. Im Bereich der Prozessleittechnik kommen diese Standardprodukte insbesondere in der Ebene der Prozessführung (Bedienen und Beobachten, Mensch-Maschine-Schnittstelle), der Planungs- und Engineering-Werkzeuge und der technologischen Expertensysteme zur Anlagenanalyse und -optimierung zum Einsatz.
Neben dieser Gleichartigkeit von zum Einsatz gebrachten Technologien sind die Betriebsanforderungen an Prozessleitsysteme durchaus unterscheidbar.
Leitsysteme dienen primär nicht der Informations- und Datenverarbeitung, sondern steuern, regeln und überwachen vielfältige und komplexe technologische Prozesse. Dazu werden eine Vielzahl von aktuellen Messwerten und Signalen aus dem technologischen Prozess (Feldsensorik der Anlage) verwendet und über Stelleingriffe (Feldaktorik) auf die Anlage und den Prozess unmittelbar eingewirkt. Besonderes Kennzeichen ist hierbei die Echtzeit-Anforderung für die gesamte Signalkette (Erfassung, Übertragung, Verarbeitung, Rückwirkung/Visualisierung), welche aus der Dynamik der physikalischen und chemischen Naturgesetzmäßigkeiten unmittelbar folgt. Hierbei lautet ein Merksatz: „In der Büro-IT wartet der Anwender auf eine gegebenenfalls verzögerte Reaktion des IT-Systems („Sanduhr"), im technologischen Umfeld wartet die Physik nicht auf das Leitsystem. Unzulässige Abweichungen können unter Umständen zur Abschaltung der Anlage und zur Überführung in den sicheren Prozesszustand (Not-Aus) führen.

Ein weiteres Merkmal ist die überwiegend geforderte 24 h/365 d-Betriebsführung der Anlage. Daraus folgt die Anforderung für eine sehr hohe Verfügbarkeit des Leitsystems. Planmäßige und umfangreiche Wartungen können in der Regel nur in Revisionsstillständen mit Intervallen von zwei bis vier Jahren durchgeführt werden. Ein monatliches „Wartungsfenster" in den Nachtstunden oder am Wochenende – wie in der Büro-Datenverarbeitung üblich – ist bei der derzeitigen Betriebsweise nur bedingt anwendbar.

3. Herausforderung IT-Sicherheit in Leitsystemen

Spätestens seit dem Bekanntwerden der Computerwürmer *Stuxnet, Duqu* und *Flame* ist das Thema IT-Sicherheit auch in Leitsystemen von kritischen Infrastrukturen, wie der Energieversorgung, kein rein akademischer Betrachtungsgegenstand mehr. Insbesondere vor dem Hintergrund des geänderten Bedrohungspotenzials ist die IT-Sicherheit in den prozessnahen Bereichen (Automatisierung und Bedienen und Beobachten) neu zu bewerten, um gegebenenfalls mit technischen und organisatorischen Maßnahmen den Sicherheitsstandard zu sichern und notwendige Verbesserungen zur erreichen.
Neben der Anwendung von Standardprodukten ist eine Entwicklung zur fortgesetzten Vernetzung der Leittechnik untereinander und in Netze der Unternehmens-IT erkennbar. Klassische Sicherheitsverfahren und -techniken, wie Antivirus-Scanner zeigen Grenzverhalten und können vielfach „nur noch Schadensbegrenzung" bewirken [7]. Diese Entwicklungen stellen die Sicherstellung der IT-Sicherheit von Leitsystemen vor nicht zu unterschätzende Probleme und Aufgaben.
Nachfolgend wird dieses am Beispiel von Antivirus-Software exemplarisch dargestellt.

Beim Einsatz von kommerziell verfügbarer Antivirus-Software ist der Ressourcenbedarf unter anderem von Prozessorkapazität und Netzwerk bei *On-Access*-Verfahren problematisch und kann zu Unverträglichkeiten bezüglich der Echtzeit-Anforderungen auf ressourcenarmen Komponenten mit oben beschriebenen Folgen führen. Die für die sichere Erkennung von Schadsoftware erforderliche zeitnahe Aktualisierung der *Pattern* (in der Regel täglich) ist im

Leittechnikbetrieb aufwendig bis nicht umsetzbar. Die Pattern müssen auf Verträglichkeit (Performance und Rückwirkungsfreiheit), vorzugsweise durch den Hersteller des Leitsystems, geprüft und für den Einsatz in der jeweiligen Anlagenkonfiguration freigegeben werden. Eine automatische Aktualisierung aus dem Internet, - wie in der Büro-IT üblich und empfohlen - ist nicht vertretbar. Weiterhin ist ein unter Umständen erforderlicher Neustart (Reboot) der mit Antivirus-Scanner ausgerüsteten Bedien- und Beobachtungsstationen und –server mit Verweis auf die im Kraftwerksumfeld erforderlichen Verfügbarkeitsanforderungen und Revisionszyklen nicht darstellbar. Vergleichbares gilt auch für Sicherheitsaktualisierungen von Firmware, Betriebssystemen und Anwendungen. Derartige „Patches“ unterliegen den gleichen Randbedingungen und Restriktionen. Das Vorgenannte wird so auch vom Bundesamt für die Sicherheit in der Informationstechnik (BSI) bewertet [8].

4. Aktivitäten und Projekte bei der Lausitz Energie Kraftwerke AG

Seit 2009 besteht bei der Lausitz Energie Kraftwerke AG bzw. der Rechtsvorgängerin Vattenfall Europe Generation AG ein Firmenstandard, welcher alle informationsverarbeitenden Systeme je nach Kritikalität für den Geschäftszweck in sechs Sicherheits-Zonen einteilt. Die für den Kraftwerksprozess unmittelbar erforderlichen Leitsysteme und prozessnahen Rechensysteme werden ausschließlich den *kritischen Sicherheits-Zonen* 1 (Automatisierung) und 2 (Bedien- und Beobachten) zugeordnet (Abbildung 1).

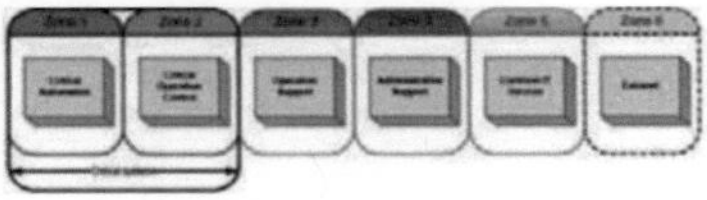

Abbildung 1: Sicherheits-Zonen-Modell

Primäres Ziel des Sicherheits-Zonenmodells ist der Schutz der den Zonen 1 und 2 zugeordneten Systeme.

Dazu wurden eine Sachstandsanalyse zum aktuellen IST-Stand des technischen IT-Sicherheitsniveaus an einem Kraftwerksstandort durchgeführt. Realisiert wurde diese durch die Brandenburgische Technische Universität Cottbus-Senftenberg. Als Reverenz dienten der Vattenfall-Standard zum Sicherheits-Zonenmodell, die VGB-S-175 [9] sowie Teile des BSI-Grundschutzkataloges [10]. Ziele der Analyse waren neben der Bestandsaufnahme eine Risikobewertung und die Entwicklung von Verbesserungsansätzen. Systemspezifische Teilaspekte wurden durch detaillierte Untersuchen durch den Systemhersteller der am Standort eingesetzten Leittechnik untersetzt und vertieft.

Im Ergebnis entstand ein konkreter Maßnahmeplan zum Erreichen eines definierten SOLL-Zustandes mit einer Vielzahl von Einzelaktivitäten und –projekten. Hieraus sollen einige ausgewählte näher vorgestellt werden.

4.1. Isolation und Segmentierung

Übereinstimmende Empfehlung einer Reihe von internen sowie externen Standards und Richtlinien ist, die Netze der Leittechnik möglichst strikt von sonstigen Kommunikationsnetzen zu isolieren und zu segmentieren. Dies schließt auch die Büro-Netze der Unternehmens-IT ein. Notwendige Schnittstellen und Netzübergänge zu anderen Sicherheitszonen sind bestmöglich und nach Stand der Technik zu schützen und zu überwachen. Externe Zugänge sind zu vermeiden. Dies ist in der Praxis nicht umfänglich umsetzbar, da in der Regel Fernzugänge für die Systemhersteller erforderlich sind und betriebsbereit gehalten werden, die für Systemsupport, Fehleranalysen und dringende Wartungsmaßnahmen genutzt werden. Unbedingt notwendige Fernzugänge sind extrem gut abzusichern und zu überwachen. Alle Teilsysteme von Leittechnikanlagen und technologischen Expertensystemen und –steuerungen (Blackboxen) sind auf Netzwerkebene stark zu segmentieren. Der Netzwerkverkehr über Segment- und Sicherheits-Zonengrenzen ist durch geeignete Netzwerkkomponenten (Switches, Router und Gateways) oder Virtuelle Lokale Netzwerke (VLAN-Konzepte) zu beschränken [11].

Um diesen Empfehlungen und Anforderungen zu entsprechen, wurde für die Kraftwerke der Lausitz Energie Kraftwerke AG ein Konzept für produktionsnahe Datennetze (PDN) entwickelt, welches unabhängig von den vorhandenen leittechnischen Netzwerken und unabhängig von den vorhandenen Büro-Unternehmensnetzwerken arbeitet und verwaltet wird. Derzeit befindet sich dieses Konzept an den einzelnen Standorten in Umsetzung.

Die neue Infrastruktur dient primär zur (weiteren) sicherheitstechnischen Entkopplung der Leittechniknetze von allen übrigen Netzen. Diese „isolierende" Eigenschaft wird durch das Konzept und die Mechanismen einer sogenannten „De-Militarisierte Zone" (DMZ) zwischen den Leitsystemen in Zone 1 und 2 und den Unternehmens- und externer Netzwerken (Zone 4 und höher) erreicht (Abbildung 2). Alle Leitsysteme im jeweiligen Kraftwerk mit datentechnischen Schnittstellenfunktionen, d. h. mit Zugang von der Unternehmens-IT und/oder externen Wartungszugängen (Remote Service) werden ausschließlich über das produktionsnahe Datennetz vernetzt und durch dessen Sicherheitsfunktionen für Zugriff und Datenaustausch gesteuert. Eine vollständige physikalische Isolation aller kritischen Leitsysteme von anderen Netzwerken ist im Bedarfsfall schnell und einfach durchführbar. Weiterhin werden zentrale Dienste und einheitliche Verfahren für die Ablage von System-Backups, die Bereitstellung von Sicherheitsupdates und Antivirus-Signaturen, einen sicheren Datenaustausch über Wechseldatenträger (USB-Sticks, externe Festplatten, CD/DVD) in bzw. aus Netzwerken der Leittechnik, sowie Schnittstellen für Servicegeräte externer Dienstleister (Service-Notebooks, Programmiergeräte) bereitgestellt und ermöglicht. Alle Dienste werden durch Sicherheitsfunktionen im PDN kontrolliert (authentifiziert) und protokolliert (logging).

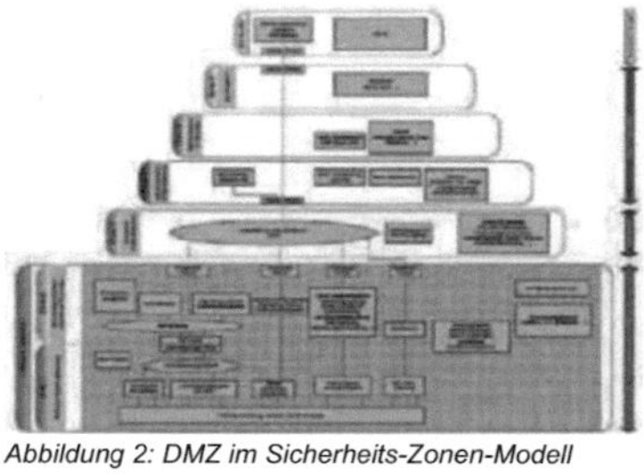

Abbildung 2: DMZ im Sicherheits-Zonen-Modell

4.2. Weiterentwicklung Analyseverfahren

Mit der Einführung des Gesetzes zur Erhöhung der Sicherheit informationstechnischer Systeme *IT-Sicherheitsgesetz* [12] ergeben sich neue Herausforderungen für Betreiber von Energieanlagen, die unter den Geltungsbereich der Verordnung zur Bestimmung kritischer Infrastrukturen *BSI-KritisV* [13] fallen.

Neben der bereits gültigen Meldepflicht besteht eine erwartete Anforderung in der Einführung eines Informations-Sicherheits-Management-Systems (ISMS) einschließlich Zertifizierung nach DIN ISO/IEC 27001.

In einem vom Bundesministerium für Bildung und Forschung geförderten dreijährigen Projekt *SICIA* (Security Indicators for Critical Infrastructures) [14] entwickelt die Brandenburgische Technische Universität Cottbus-Senftenberg in Zusammenarbeit mit der der RWE Deutschland AG und der Lausitz Energie Kraftwerke AG ein Verfahren, mit dessen Hilfe Betreiber von Energieanlagen und -netzen den IST-Zustand der technischen IT-Sicherheit in ihren Anlagen ermitteln können. Im Gegensatz zu existierenden Bewertungsverfahren werden bei der im Projekt SICIA entwickelten Analyse vor allem technische Parameter in Zahlenwerte (Sicherheitsindikatoren) verdichtet, um die tatsächliche IT-Sicherheit für Betreiber sichtbar zu machen. Diese Indikatoren sollen in ein ISMS integriert werden. Auch der direkte Vergleich der ermittelten Sicherheitsindikatoren auf System- und Geräteebene soll Betreibern die Erkennung von Schwachstellen und eine Priorisierung von Verbesserungsmaßnahmen in komplexen Infrastrukturen ermöglichen. Zur Unterstützung der Beurteilung potenzieller Verbesserungsmaßnahmen wird zudem ein Werkzeug entwickelt, welches eine automatisierte Ermittlung von Kenngrößen, deren Verdichtung sowie eine Simulation der Auswirkungen potenzieller Verbesserungsmaßnahmen ermöglichen soll.

4.3. Alternativen für Antivirus-Software

In einem weiteren vom Bundesministerium für Bildung und Forschung geförderten dreijährigen Projekt *INDI* (Intelligente-Intrusion-Detection-Systeme für Industrienetze) [15] sollen alternative Ansätze zu den heute üblichen Antivirus-Scannern entwickelt und für den Industrieeinsatz verifiziert werden. Projektpartner sind die Technische Universität

Braunschweig, die Brandenburgische Technische Universität Cottbus-Senftenberg, die Genua GmbH und die Lausitz Energie Kraftwerke AG. Intrusion-Detection-Systeme (IDS) basieren im Gegensatz zur Mustererkennung bei Antivirus-Produkten auf dem Prinzip der Anomalie-Erkennung. Dabei wird der Netzwerkverkehr mit Methoden des maschinellen Lernens untersucht und fortlaufend mit einem als „gut" definierten Zustand verglichen. Bei signifikanten Abweichungen sollen IDS den Nutzer alarmieren, um die Situation im Anschluss weiter zu analysieren. IDS sind im Bereich der Büro-IT bereits Stand der Technik, jedoch im Industrieumfeld noch Gegenstand von Forschung und Entwicklung. Für eine Anwendungstauglichkeit in Kraftwerksanlagen ist höchstes Augenmerk hinsichtlich Rückwirkungsfreiheit auf die zu überwachenden Leit- und Steuerungssysteme zu legen.

5. Zusammenfassung und Ausblick

Besondere Bedeutung kommt im Bereich der IT-Sicherheit denjenigen Infrastrukturen zu, die für das Funktionieren des Gemeinwesens zentrale Bedeutung haben. Dies trifft im Besonderen auch auf die Energieversorgung und auf Kraftwerke zu.

IT-Sicherheit ist nicht durch einzelne und einmalige Maßnahmen beherrschbar, sondern vielmehr als kontinuierlicher Prozess über die gesamte Lebenszeit einer Anlage zu betrachten. Dazu sind risikobasierte Ansätze für IST-Standanalysen und für die Definition des zu erreichenden Schutzzieles (SOLL-Zustand) geboten. Eine 100-prozentige Sicherheit wird nicht zu erreichen sein, beziehungsweise ist wirtschaftlich nicht darstellbar.
„Die Eine" einheitliche und für jedes Kraftwerk passende IT-sichere Lösung für prozessgekoppelte Automatisierungs- und Leitsysteme ist nicht in Sicht, da jede Anlage und damit auch jedes diese Anlage automatisierende Leitsystem in der Detailapplikation ein Unikat ist.

Literatur

[1] Heise Security, Heise Medien GmbH & Co.KG, Hannover, www.heise.de 02.03.2015

[2] Heise Security, Heise Medien GmbH & Co.KG, Hannover, www.heise.de 05.02.2015

[3] Heise Security, Heise Medien GmbH & Co.KG, Hannover, www.heise.de 28.04.2014

[4] Heise Security, Heise Medien GmbH & Co.KG, Hannover, www.heise.de 20.06.2011

[5] Heise Security, Heise Medien GmbH & Co.KG, Hannover, www.heise.de 30.14.2014

[6] VDI-Nachrichten Nr. 5/2016, VDI-Verlag, Düsseldorf, Seite 1, Uwe Sievers: Angriffsziel Kraftwerk

[7] Heise Security, Heise Medien GmbH & Co.KG, Hannover, www.heise.de 06.05.2014

[8] Bericht Lage der IT-Sicherheit in Deutschland 2009, Seite 39 Bundesamt für die Sicherheit der Informationstechnik, BSI, Bonn, 2009

[9] VGB-S-175, VGB PowerTech e.V. , Essen, 2014

[10] BSI-Grundschutz, Bundesamt für Sicherheit in der Informationstechnik, BSI, Bonn

[11] Bericht Lage der IT-Sicherheit in Deutschland 2011, Seite 29 Bundesamt für die Sicherheit der Informationstechnik, BSI, Bonn, 2011 Informationstechnik in der Prozessüberwachung und –steuerung (ohne Seitenangabe) Bundesamt für die Sicherheit der Informationstechnik, BSI, Bonn, 2008

[12] Gesetz zur Erhöhung der Sicherheit informationstechnischer Systeme (IT-Sicherheitsgesetz), 25.07.2015

[13] Verordnung zur Bestimmung Kritischer Infrastrukturen (BSI-KritisV), Sektoren: Energie, Informationstechnik, Telekommunikation, 03.05.2016

[14] SICIA-Projekt, www.sicia-project.org

[15] INDI-Projekt, www.indi-project.org

DER VIRTUELLE TAGEBAU – BASIS EINES ZUKÜNFTIGEN SERVICEKONZEPTES

Dr.-Ing. Matthias Martin*
Actemium BEA GmbH,
An der Heide, 03130 Spremberg

Im Mittelpunkt des Vortrages steht die Vision der Integration einer virtuellen Umgebung in einer Leitsystemapplikation unterschiedlicher industrieller Anlagen. Die gesamte Applikation ist sowohl lokal im Leitstand als auch auf mobilen Geräten zur Unterstützung von Betriebs-, Service- und Diagnosekonzepten industrieller Anlagen konzipiert. Hier wird am Beispiel eines mobilen Schüttgutgerätes die Bandbreite der zu lösenden Teilprojekte vorgestellt. Durch die finale Kopplung der Steuerungsebene der realen Anlage mit dem virtuellen Gerät ist der gesamte steuerungstechnische Informationsgehalt in der virtuellen Welt verfügbar, was neben Bedienhandlungen auch im Service- und Wartungsfall mehr Transparenz und Übersichtlichkeit in konkreten Zuständen und historischen Abläufen bietet.

1. Motivation

Getrieben von dem kontinuierlichen Willen mit der objektiv fortschreitenden Entwicklung Schritt zu halten, um nicht langfristig den Anschluss zu verlieren, vollzieht sich durch immer neue Innovationen ein konstanter Wandel in allen Bereichen. Mit Blick auf die langjährige technische Entwicklungsgeschichte des Abbaus, des Transportes und der Verkippung von Schüttgütern, lässt sich aus einem bestimmten Blickwinkel der eine oder andere Meilenstein markieren.

In der Vergangenheit wurden zum Beispiel Geräte und Anlagen mit modernen Antriebs- und Steuerungssystemen ausgerüstet. Zielstellung war neben der kontinuierlichen Sicherung der Verfügbarkeit der Anlagentechnik die schrittweise Optimierung von Funktionsstrukturen und Bedienarbeitsplätzen. Somit wurden die erhofften Kapazitätssteigerungen im gesamten Förderprozess erzielt. Doch diese Ertüchtigungen haben auch ihre physikalischen und technischen Grenzen.

Parallel zur Ertüchtigung der Gerätetechnik wurde der gesamte Förderprozess einer kontinuierlichen Bewertung unterzogen. Neben dem fachgerechten und sicheren Betrieb einer Anlagentechnik, ist die kontinuierliche Sicherung der Produktqualität ein wichtiges Ziel. Dies wird durch moderne Qualitätsmanagementsysteme und allumfassende Prozessüberwachung geleistet.

Automatisch aktualisierende Flöz- und Kippenmodelle erleichtern den Anlagenbedienern schneller Entscheidungen zu Gunsten von Qualität und Effektivität zu treffen.

Die Actemium BEA GmbH beschäftigt sich seit vielen Jahren im Bereich Automatisierung mit der Entwicklung und Realisierung von Assistenzsystemen, um einerseits Prozesse zu optimieren und andererseits Menschen von physisch belastender und monotoner Tätigkeit zu entbinden.

2. Der Weg zur digitalen Mine

Eine digitale Mine umfasst in diesem Kontext alle geologischen, technologischen und maschinentechnischen Strukturen, die für den Prozess der Gewinnung von Rohstoffen aus dem natürlichen Umfeld notwendig sind. Dabei fokussiert sich der Artikel im Weiteren ausschließlich auf den Betrieb, die Wartung und Instandhaltung der Maschinentechnik.

2.1. Paradigmenwechsel

Die Maschinentechnik im Bereich der Rohstoffgewinnung soll hier in Gewinnungsgeräte, Transportsysteme und Lagerplatzsysteme unterschiedlichster Konfigurationen klassifiziert werden.

Betrachtet man den Einsatz der Maschinentechnik bezogen auf die objektiv stattfindende kontinuierliche Weiterentwicklung stellt man fest, dass alle Maßnahmen zur Optimierung der Anlagentechnik stets eine Effektivitätssteigerung brachten und den Menschen immer mehr von monotonen, teils auch schweren und gefährlichen Tätigkeiten entbanden.

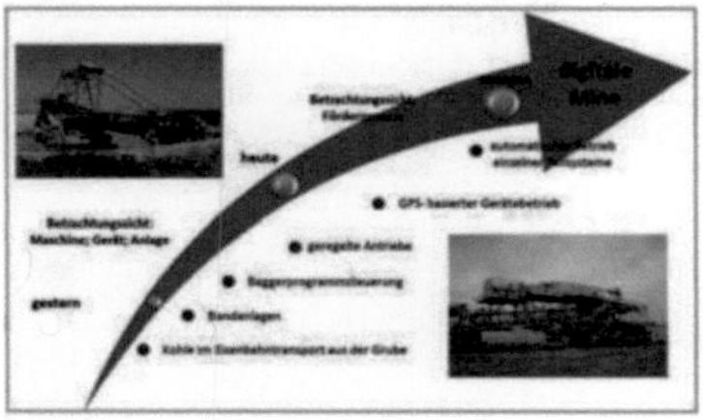

Abbildung 1: Paradigmenwechsel auf dem Weg zur Digitalisierung

War die Automatisierung bisher auf den Schwerpunkt der Modernisierung und Optimierung der Geräte und Anlagen ausgerichtet, stehen heute mehr und mehr Themen der Verknüpfung einzelner Systeme zur Gestaltung komplexer, effektiver Prozesse im Mittelpunkt.

Prozesse zu vernetzen heißt zum einen die Anlagen und Geräte so auszurüsten, dass sie unter Beachtung der Sicherheitsrichtlinien möglichst autark arbeiten können, und zum anderen eine Kommunikationsstruktur zu entwickeln, dass unter Beachtung der IT-Sicherheit alle Informationen unterschiedlichster Systeme auch mobil verfügbar sind.

Abbildung 2: Förderprozesse zu vernetzen - eine Vision?

Damit die Vernetzung der unterschiedlichen IT-Systeme im Förderprozess keine Vision bleibt, sind aus heutiger Sicht noch einige Hürden zu nehmen, aber es wird und muss gelingen, da andere zukünftige Systeme diese Datenbasis benötigen werden, wie auch im Weiteren gezeigt wird.

2.2. Assistenzsysteme übernehmen die Anlagenbedienung

Ein Beispiel ist die Entwicklung und Inbetriebnahme eines Assistenzsystems, welches den Bandschleifenwagen und den Zwischenförderer eines Bandabsetzers vom Typ A2Rs10000.150 ohne menschliche Präsenz betreiben lässt.

Dieser Bandabsetzer ist ein Verkippungsgerät für Schüttgut, welches von einer zufördernden Bandanlage über einen Bandschleifenwagen Schüttgut aufnimmt und es über ein vom Fahrwerk des Zwischenförderers gestützten Bandes auf das Hauptgerät fördert, welches es dann über ein weiteres Band aus einer bestimmten Höhe auf einen bestimmten Punkt im Gelände oder einer Halde abkippt.

Ein dazugehöriges Datenmonitoring schreibt alle für den Betrieb und die Sicherheit notwendigen Daten mit. Somit wird exakt nachgewiesen, dass die Maschine durch die automatische Steuerung zu keinem Zeitpunkt in einen kritischen oder gar gefährlichen Zustand gekommen ist. Neben der Erfüllung der sicherheitsrelevanten Kriterien wurde durch Gegenüberstellung der Betriebszeit der automatischen Steuerung im Verhältnis zur Gesamtbetriebszeit der Anlage ein überdurchschnittlich positives Kosten/Nutzen-Verhältnis ermittelt. Damit konnte auch der Nachweis erbracht werden, dass die Einführung des Assistenzsystems in diesem Teilprozess effektiv ist. Zugleich eröffnet dieses Ergebnis den Weg für weitere Entwicklungen.

2.3. Die Maschinentechnik übernimmt Aufgaben des Menschen

Um dieses Assistenzsystem realisieren zu können, muss die Maschine derart erweitert werden, dass die Informationen, die der Mensch bisher aufgenommen hat, um seine Bedienhandlungen durchführen zu können, jetzt durch die Maschine selbst erfasst werden.

Stellvertretend sollen zwei Beispiele dargestellt werden. Der Bediener hatte die Aufgabe, dem Hauptgerät bei dessen Verfahrbewegungen mit dem Zwischenförderer zu folgen. Dazu musste er den Startpunkt zum Verfahren und die Richtung bestimmen und vorgeben. Die Winkelstellungen der einzelnen Drehwerke waren nur durch Endschalter gesichert, damit keine gefährlichen Positionen erreicht werden konnten. In der Realisierung wurden zusätzlich alle Drehwerke mit analogen

Drehwinkelgebern nachgerüstet, um kontinuierlich der Steuerung aktuelle Winkelwerte zur Verfügung zu stellen. Aus diesen Werten berechnet die Steuerung die Weg- und Richtungsvorgaben für die Fahrwerke. Die mechanischen Endschalter sind aus Gründen der Sicherheit weiter erhalten geblieben.

Eine weitere Aufgabe bestand für den Bediener in der Überwachung des Schieflaufes des Fördergutes des Bandes 2. Der Schieflauf eines Gurtes ist dadurch gekennzeichnet, dass er nicht mittig auf den Tragrollen läuft. Dadurch kann es einerseits zu Abwurf von Fördergut kommen und andererseits zu mechanischen Beschädigungen des Gurtes, die bis zum Gurtriss oder Bränden führen können. Die technische Lösung der Gurtüberwachung besteht in einer Gurtpositionsüberwachung, gekoppelt mit einer Gurtlenkeinrichtung, die die Gurtposition korrigiert.

3. Abbildung der realen Welt

Um dem Anspruch innovativer Betriebs-, Wartungs- und Servicekonzepten gerecht zu werden, sollten sich auch die Darstellungen der Prozesse und deren Verknüpfungen einer Veränderung unterziehen.

Weit verbreitet in der Fördertechnik sind heute statische Visualisierungsapplikationen.

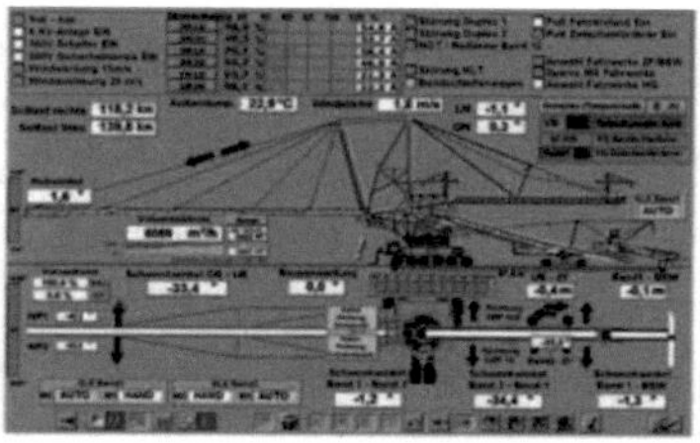

Abbildung 3: statische Prozessvisualisierung für den Anlagenbediener

Diese statischen Applikationen sind durch Farbumschläge der Anzeigen und Aktualisierung der Prozessvariablen gekennzeichnet. Nur das geschulte Auge kommt hier zu einem schnellen Informationsgewinn. Um Aussagen für die Position des Gerätes im Raum treffen zu können, ist viel Vorstellungskraft von Nöten, um sich aus den Winkelwerten die Position im Raum abzuleiten.

Durch die notwendigen Maßnahmen zur Automatisierung der mannlosen Bedienung des Zwischenförderers des Gerätes wurde es möglich, aktuelle Winkel und Positionsdaten in der Steuerung zur Verfügung zu haben. So konnten neben der Berechnung von Verfahr- und Lenkbewegungen auch die Darstellungen für den Gerätebediener neu gestaltet werden.

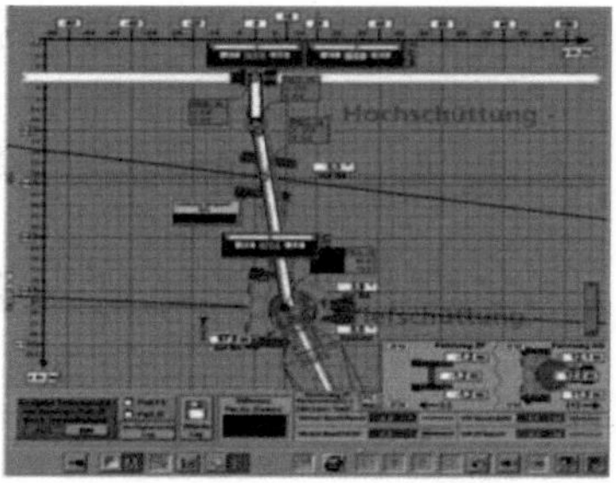

Abbildung 4: dynamische Prozessvisualisierung

In der dynamischen Prozessvisualisierung erkennt man von oben beginnend die zufördernde Bandanlage und den Bandabsetzer mit seinen 3 Bändern und den zwei Fahrwerken in der Draufsicht. Diese Darstellung ist maßstabsgerecht und ändert sich analog zur Veränderung der Prozesswerte.

3.1. Erstellung der Mechanik der virtuellen Anlagenmodelle

Um einen virtuellen Tagebau bezüglich seiner Anlagentechnik realisieren zu können, ist es notwendig, die Geräte entsprechend den Anforderungen zu konzipieren.

Der erste Schritt zu virtuellen Geräten sollte die Nutzung von dreidimensionalen Konstruktionszeichnungen sein. Untersuchungen haben jedoch gezeigt, dass diese Konstruktionszeichnungen meist sehr viele Details enthalten, die für ein virtuelles Gerät nicht nötig sind und den Simulationsumfang unnötig erhöhen.

Somit wurden Rahmenbedingungen definiert, um eine konstruktive Gestaltung der virtuellen Geräte modular zu ermöglichen [1].

Im Ergebnis dieser Untersuchungen ist ein Modulkatalog entstanden, der es möglich macht, durch den Einsatz häufig wiederkehrender, parametrierbarer Konstruktionselemente die Konstruktion virtueller Fördergeräte zu unterstützen.

Eine sehr wichtige Rahmenbedingung in der Konstruktion ist die Einhaltung des Maßstabes zum realen Gerät. Dies dient als Grundlage, damit das echte Gerät und sein virtuelles Abbild sich synchron bewegen können.

3.2. Einbindung des Modells in die virtuelle Umgebung

Nach erfolgreicher Erstellung der virtuellen Maschine wird diese in 3-D Engine des Prozessleitsystems eingebunden.

Abbildung 5: Blick aus dem Leitsystem auf die virtuelle Maschine

Die virtuelle Welt wird nun Teilsystem des Prozessleitsystems und ergänzt damit die Darstellung der Prozessabläufe.

Oben links ist die Komplettansicht des Gerätes dargestellt und der Benutzer kann, wie er es von anderen virtuellen Welten gewohnt ist, durch die Anlage „fliegen".

Unten links befindet sich der Bediener im Bedienstand des Gerätes. Das Bedienpult ist mit dem Realen identisch und die Funktionen der Bedien- und Anzeigeelemente vollständig gegeben.

Oben rechts befindet sich der Servicetechniker im E-Haus, auch hier ist der Zutritt benutzerabhängig. Neben dem Öffnen der Schaltschränke sieht er die real verbauten Elemente. Er hat von hier digitalen Zugriff auf die aktuellen Schaltungsunterlagen, Funktionsbeschreibungen sowie Lager- und Beschaffungsinformationen.

Unten rechts ist ein Sensorelement zur Bestimmung des Fahrweges dargestellt, selbstverständlich auch verlinkt mit allen notwendigen Prozess- und Produktinformationen.

3.3. Signaltechnische Kopplung der realen und der virtuellen Welt

Um die Funktionalität des virtuellen Gerätes zu sichern wurde der Datentransfer der Prozessdaten über das systemunabhängige Protokoll OPC UA realisiert.

Die Kommunikation weiterer Daten (z.B. Video) geschieht über separate Netze. Ausschlaggebend für die Wahl dieser Kommunikationsform ist neben der Herstellerunabhängigkeit die die Wahrung der Echtzeitfähigkeit der Prozessdaten.

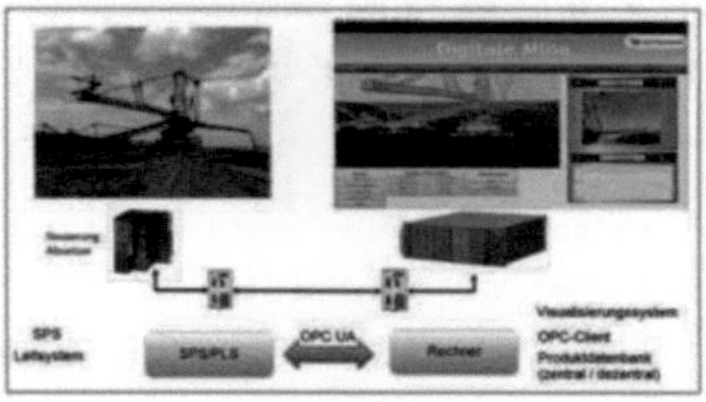

Abbildung 6: Kommunikationsschema zwischen realer und virtueller Anlage

Im linken Bereich der Abbildung ist der Bandabsetzer mit seiner Steuerung dargestellt. Zur Überbrückung weiterer Entfernungen wird das Kommunikationsprotokoll auf LWL übertragen. Einem noch ausstehenden Test bleibt vorbehalten, in wie weit Steuereingriffe über größere Entfernungen freigegeben werden können.

Im rechten Bereich ist die für die Konzeptstudie vorbereitete Leitsystemoberfläche zu sehen. Zentraler Punkt ist dabei die Anzeige der Virtuellen Umgebung mit seinen Navigationsbuttons. Im rechten Bereich ist eine Videoeinblendung einer Außenkamera zur Prozessbeobachtung eingebunden. Im unteren Bereich befindet sich eine Trendaufzeichnung wichtiger Prozessdaten. Dem Bediener steht es nun frei, den für sich optimalen Darstellungsumfang auszuwählen, natürlich auch die klassische Darstellung.

3.4. IT-Sicherheit im Kommunikationsnetzwerk

Das Leitsystem mit der virtuellen Maschine ist grundlegend in das IT-System des Kunden eingebunden. Somit ist es ein Bestandteil eines den IT- Richtlinien und der Sicherheitsphilosophie des Kunden unterliegenden Systems. Dieses System ist in der Regel professionell vor Angriffen von außen geschützt. Für Zugriffe berechtigter Nutzer, die sich außerhalb dieser geschützten Umgebung befinden, sind in der Regel Zugriffsysteme vorgesehen, die den Sicherheitsanforderungen gerecht werden.

Im Zuge der Neuerrichtung eines solchen Kommunikationsnetzwerkes sollten folgende Voraussetzungen sichergestellt werden.

In die Prozess-oder Produktionsanlage wird ein auf Lichtwellenleitertechnik basierender Kommunikationsring geschaffen. Er bietet meist 6 physikalisch getrennte Datenkanäle, die den einzelnen Nutzern als Netzinfrastruktur zur Verfügung gestellt werden. Zudem steht dem Nutzer frei, den Datenkanal logisch in virtuelle Netze zu strukturieren. Somit kann zum Beispiel die Kommunikation der Prozessdaten, der Videodaten und der IP-Telefonie separiert werden. Für den Schutz des Netzwerkes und die sichere Kommunikation außerhalb des Netzwerkes kommt eine Firewall zum Einsatz. Es haben nur zertifizierte Nutzer aus dem Virtual Private Network (VPN) einen Zugriff auf netzinterne Daten.

4. Potentielle Einsatzgebiete

Die Einbindung virtueller Welten in Prozessleitsysteme stellt vom Grund her eine Erweiterung der Anwendungsmöglichkeiten auf den Bedarf unterschiedlicher Benutzergruppen dar.

4.1. Anlagenbedienung

Betreiber von Anlagen, die hier als Beispiel dienten, denken im Kontext der Prozess-optimierung darüber nach, die Aufgaben der Anlagenbedienung zu zentralisieren. Da die Wahrscheinlichkeit, dass ein Bediener gleichzeig mehrere Bedienhandlungen an unterschiedlichen Geräten vornehmen muss, gegen Null geht, kann die Bedienung / Überwachung der Geräte von einem zentralen Punkt, dem Leitstand, erfolgen. Die technischen Voraussetzungen sind durchaus gegeben und bekommen durch virtuelle Applikationen neue, weiterführende Möglichkeiten.

4.2. Anlagenservice und Diagnose

Virtuelle Applikationen in der Verbindung mit dem Abruf zentraler Datenressourcen lassen den Anlagenservice flexibler und effektiver werden. Wird der Servicetechniker zu einem Störfall gerufen, steht neben der Beseitigung der eigentlichen Störung oft die Frage nach der Ursache. Dort könnte ihn zukünftig sein mobiles Leitsystem unterstützen, indem ggf. aufgezeichnete Betriebszyklen oder historische Stillstandsursachen ihn bei der Analyse unterstützen könnten. Schließlich kann auch der schnelle Blick ins Lager oder Onlinezugriff auf den Einkauf helfen, Stillstandszeiten zu verkürzen.

4.3. Unterstützung zentraler Service-konzepte und -ressourcen

Aufgrund der immer zuverlässiger werdenden Anlagen- und Steuerungstechnik rückt die Frage nach der Vorhaltung von Servicepersonal nur für den innerbetrieblichen Einsatz immer mehr auf den Prüfstand. Auf der anderen Seite steht immer die Frage, wie gut und wie schnell kann sich der Servicetechniker in einer unbekannten Umgebung zurechtfinden und sich in die unbekannte Anlage hineindenken. Auch hier bietet das vorgestellte System durchaus neue Ansätze.

Die mobile, virtuelle Applikation besitzt das Potential, den Anwender durch die Anlage zu führen, bzw. kann er sich durch den persönlichen virtuellen Rundgang orientieren. Der Abruf benötigter Unterlagen und Informationen unterstützen ihn zusätzlich bei der Störungsbeseitigung.

5. Resümee

Die im Vortrag vorgestellten Ansätze und Gedanken zu künftigen Servicekonzepten auf der Basis des Einsatzes moderner Technologien basieren auf einer Machbarkeitsstudie zur Realisierbarkeit der Kopplung von virtuellen und realen Maschinen und deren Einbettung in ein Prozessleitsystem. Wir sind zu dem Schluss gekommen, die Machbarkeit ist prinzipiell gegeben, es wird jedoch noch vieler interdisziplinärer Kooperationen bedürfen, bis ein solches hochkomplexes System mit der benötigten Exaktheit, Verfügbarkeit und Systemsicherheit die Kundenakzeptanz erobert und den erhofften Mehrwert generiert.

Literatur

[1] Entwicklung eines Konzeptes zur Modularen Erstellung virtueller Maschinen im Bereich Materials und Mining; Masterarbeit Kay Kollowa 2016; BTU Cottbus Senftenberg

LEAG DIGITAL THINK TANK

Julia Radtke
Lausitz Energie Bergbau AG, An der Heide, 03130 Spremberg
Enrico Noack
Lausitz Energie Bergbau AG, An der Heide, 03130 Spremberg
Florian Beyer
Lausitz Energie Bergbau AG, Vom-Stein-Straße 39, 03050 Cottbus

In der globalisierten und immer schneller agierenden Wirtschaftswelt birgt der Megatrend der Digitalisierung großes Potential für alle Unternehmen. Auch die LEAG hat diesen Trend erkannt und sieht die fortschreitende Digitalisierung des Unternehmens als größte langfristige Aufgabe, um auch in Zukunft ihre Wettbewerbsfähigkeit zu stärken. Aus diesem Anlass wurde auf Initiative des Vorstandes der Digital Think Tank der LEAG gegründet. Zehn Mitarbeiter aus verschiedensten Unternehmensbereichen und losgelöst von Hierarchieebenen gestalten den digitalen Wandel des Unternehmens und sind Impulsgeber und Impulsnehmer der Digitalisierung.

1. Die Idee

1.1. Bewerberauswahl und Zusammensetzung des Digital Think Tank

Für die Gestaltung der Digitalisierung in der LEAG wurde auf Initiative des Vorstandes der Digital Think Tank (DTT) ins Leben gerufen. In einem beschleunigten Bewerbungsverfahren konnten sich alle Mitarbeiter um einen von zehn Plätzen in der sich neu bildenden digitalen Task Force bewerben.

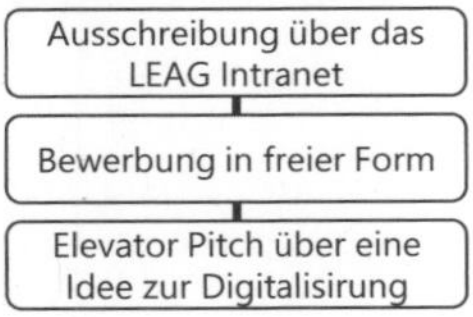

Abbildung 1 - Bewerbungsprozess DTT

Die Motivation bestand darin, den digitalen Wandel des eigenen Unternehmens direkt mitzugestalten und seine eigenen Ideen einfließen zu lassen, wie die LEAG den Weg der Digitalisierung weiter beschreitet. Aus dem Bewerbungsprozess gingen zehn Mitglieder hervor, die aus den unterschiedlichsten Bereichen der LEAG kommen und sowohl die Kraftwerkssparte als auch die Bergbausparte mit ihren Kompetenzen abdecken.
Die Vereinbarkeit mit der bisherigen Arbeit wird über ein Modell gesichert, welches den Mitgliedern des DTT 20% ihrer Arbeitszeit für die Mitarbeit im Digital Think Tank zusichert. Dabei ist der DTT keiner Linienorganisation untergeordnet und bewegt sich frei von den Zwängen vertikaler und horizontaler Hierarchien. Die Organisation erfolgt in Eigenregie.

2. Arbeitsweise

Die Gruppe arbeitet mit unterschiedlichen Innovations- und Kreativmethoden (z. B. Design Thinking, Business Model Canvas). Die dabei entstandenen Ideen werden innerhalb der Gruppe bewertet und geclustert. Der DDT orientiert sich an den fünf Arbeitsrichtungen IT, Infrastruktur, Arbeitskultur, Anlageneinsatz und Geschäftsfelder (siehe Abb.)

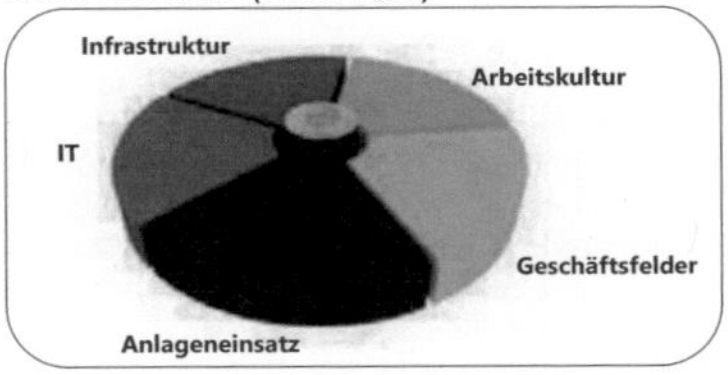

Abbildung 2 - Handlungsfelder des DTT

Ausgewählte Themen werden innerhalb von Arbeitsgruppen zur Übergabe als Impuls an die Linie vorbereitet. Dabei können Themen auch arbeitsfeldübergreifend sein. Die Kommunikation zwischen den Arbeitsgruppen wird dazu genutzt, Umsetzungsvorschläge anderer Arbeitsgruppen zu bewerten und bei Bedarf weiter zu qualifizieren. Somit werden viele verschiedene Sichtweisen betrachtet, um

Themen und Lösungsvorschläge ganzheitlich zu betrachten.

3. Ergebnisse

Der Digital Think Tank sieht sich selbst als Impulsnehmer und –geber in der Unternehmensstruktur der LEAG und fungiert als Bindeglied für den Ideenaustausch zur Digitalisierung des Unternehmens. Die Mitglieder übergeben selbst entwickelte Ideen sowie Ideen von Dritten nach Analyse und Bewertung an den Vorstand, einzelne Abteilungen und Mitarbeiter. Dabei sind die Mitglieder des Digital Think Tank auch stets Ansprechpartner für die genannten Gruppen und können durch die Sonderstellung außerhalb der Hierarchie Hinweise und Ideen über ebendiese hinweg kommunizieren und verbreiten. Dies schafft einen erweiterten Ideenaustausch und ermöglicht die Nutzung von Synergieeffekten zwischen Hierarchieebenen.

Seit dem Start im April 2017 fungiert der DTT auch als Pilot für verschiede Hard- und Softwareanwendungen. Die Gruppe testet oft parallel mehrere Anwendungen und gibt Hinweise und Empfehlungen für ein mögliches Roll-Out an die IT. Mit dem Start des Projektes wurden die Mitglieder mit neuer Hardware ausgestattet, die zur Flexibilisierung der Arbeitsweise dient. Somit ist der nächste Schritt zu einer neuen Definition von Arbeit getan, was im Hinblick auf die Work-Life-Balance für die Mitarbeiter und zukünftige Bewerber von immer größerer Wichtigkeit ist.

Die Arbeit im DDT lebt von der Einbindung ins Unternehmen. Um Prozesse bewerten zu können und mögliche Zukunftsszenarien zu bewerten, unterhalten die Mitglieder des DDT Kontakt zu Multiplikatoren aus verschiedenen Unternehmensbereichen. Zusätzlich wurde Kontakt zu verschiedenen externen Partnern, insbesondere Hochschulen und Servicepartner, intensiviert bzw. aufgenommen. Ideen können so schnell auf ihre Eignung und mögliche Umsetzbarkeit geprüft werden.

Nach erfolgreicher Teambildung ist im Digital Think Tank in der Kreativphase ein qualifizierter Ideenspeicher von über 200 Ideenimpulsen entstanden. In Zusammenarbeit mit den Fachabteilungen werden die Ideen konkretisiert und an den Vorstand übergeben.

Auch weiterhin ist der DTT Ansprechpartner für alle Mitarbeiter, die mit neuen Ideen die Innovationskraft der LEAG weiter steigern wollen.